U0792250

普通高等教育高职高专“十二五”规划教材　水利水电类

水利工程测量

（第二版）

主编　牛志宏　吴瑞新

中国水利水电出版社
www.waterpub.com.cn

内 容 提 要

本教材是普通高等教育高职高专“十二五”规划教材。全书共分11章，主要内容包括水利工程测量的认知、高程控制测量、平面控制测量、工程地形图测绘及应用、施工测量基本工作、水工建筑物施工测量、渠道测量、河道测量、水利工程变形观测、GPS测量技术在水利工程测量中的应用和测量误差基本知识。

本教材主要供水利水电建筑工程、水利工程施工、工程地质勘查、水文与水资源、工程造价等专业使用，也可供从事水利水电工程的专业技术人员参考。

图书在版编目（CIP）数据

水利工程测量 / 牛志宏，吴瑞新主编. -- 2版. -- 北京 : 中国水利水电出版社，2013.4(2022.2重印)
普通高等教育高职高专“十二五”规划教材. 水利水电类
ISBN 978-7-5170-0751-7

Ⅰ. ①水… Ⅱ. ①牛… ②吴… Ⅲ. ①水利工程测量—高等职业教育—教材 Ⅳ. ①TV221

中国版本图书馆CIP数据核字(2013)第068957号

书　名	普通高等教育高职高专“十二五”规划教材 水利水电类 **水利工程测量（第二版）**
作　者	主编　牛志宏　吴瑞新
出版发行	中国水利水电出版社 （北京市海淀区玉渊潭南路1号D座　100038） 网址：www.waterpub.com.cn E-mail：sales@waterpub.com.cn 电话：(010) 68367658（营销中心）
经　售	北京科水图书销售中心（零售） 电话：(010) 88383994、63202643、68545874 全国各地新华书店和相关出版物销售网点
排　版	中国水利水电出版社微机排版中心
印　刷	清淞永业（天津）印刷有限公司
规　格	184mm×260mm　16开本　13印张　308千字
版　次	2005年8月第1版　2005年8月第1次印刷 2013年4月第2版　2022年2月第4次印刷
印　数	9001—11000册
定　价	**39.00**元

第二版前言

为适应高职高专教学改革发展的需要，本书基于水利水电建筑工程领域测绘项目工作过程系统化，开发与“教、学、做”一体化教学模式相匹配的教材。本教材注重结合水利水电工程行业的实际，体现行业的人才需求特点，重点突出学生职业能力的培养，按照职业教育教学的基本规律，将水利水电工程领域测绘项目的工作任务整合、序化，力求做到简明易学。在内容的编排上，主要体现了水利水电行业特色，既包含了水利水电工程领域工程测量技术岗位基本职业能力的培养内容，又包含了水工建筑物施工测量、渠道测量、河道测量、水利工程变形观测等水利水电工程领域核心职业能力培养的内容。

本教材由长江工程职业技术学院牛志宏、长江工院勘测设计院吴瑞新担任主编，全书共 11 章，分工如下：长江工程职业技术学院牛志宏编写第 1 章，福建水利电力职业技术学院徐启杨编写第 2 章，长江工院勘测设计院吴瑞新编写第 3 章，杨凌职业技术学院孙茂存编写第 4 章，沈阳农业大学高等职业技术学院谷云香编写第 5 章，长江工程职业技术学院徐健梅编写第 6 章，长江工程职业技术学院崔建彪编写第 7 章、第 8 章，华北水利水电学院水利职业学院王郑睿编写第 9 章、第 10 章，长江工程职业技术学院陈古琴编写第 11 章。全书由牛志宏统稿，沈阳农业大学高等职业技术学院谷云香副教授主审。

本教材在编写过程中引用了大量的规范、专业文献和资料，恕未在书中一一注明，在此对有关作者表示诚挚的感谢。同时也感谢在本书编写过程中得到教务处和宋萌勃系主任的大力支持。

由于编者的水平、经验有限，书中可能有欠妥之处，敬请专家和广大读者批评指正。

编　者

2012年11月

第一版前言

本书是根据《全国高职高专水利水电类精品规划教材》编审会的会议精神和水利水电类专业对工程测量技术的要求，在有关学校测量教师多次研讨交流的基础上编写而成的。考虑到高职高专类学校的学生特点和具体情况，特别加强了实践实用环节的内容，力求简化理论知识的叙述。在保持教材内容系统完整的前提下，尽量考虑了水利水电类专业的特点，有针对性地安排了一些实用的章节，并简要地介绍一些新的测量技术。

本教材由长江工程职业技术学院牛志宏担任第一主编，并编写了第1章、第7章和第14章的内容，福建水利电力职业技术学院徐启杨担任第二主编，并编写了第10章和第11章的内容，广西水利电力职业技术学院蓝善勇担任第三主编，并编写了第8章和第9章的内容，长江工程职业技术学院崔建彪参加编写了第6章、第15章和第16章的内容，长江工程职业技术学院刘飞参加编写了第3章和第4章的内容，长江工程职业技术学院李丽参加编写了第5章、第12章和第13章的内容，广西水利电力职业技术学院陆鹏参加编写了第2章的内容。全书由牛志宏统一审核定稿。

长江工程职业技术学院熊德松参加了审核工作。在编写的过程中长江工程职业技术学院水利工程系主任汤能见给予了大力的支持和帮助，在此一并表示衷心的感谢。

由于编者的业务水平有限以及时间仓促，热忱希望使用本教材的教师和读者提出宝贵意见，对书中的缺点和错误批评指正。

编　者

2005年6月

目录

第1章　水利工程测量的认知

1.1　水　利　工　程

1.1.1　水资源

水对人类社会的产生和发展起到了巨大的作用。所以人们认识到，水是人类赖以生存和发展的最基本的生产、生活资料。水是一种不可或缺、不可替代的自然资源；水是一种可再生的有限的宝贵资源。

广义上的水资源，是指地球上所有能直接利用或间接利用的各种水及水中物质，包括海洋水、极地冰盖的水、河流湖泊的水、地下及土壤水。其总储量达13.86亿km^3，其中海洋水约占97.47%。目前，这部分高含盐量的咸水，还很难直接用于工农业生产。

陆地淡水存储量约为0.35亿km^3，而能直接利用的淡水只有0.1065亿km^3，这部分水资源常称为狭义的水资源。

一般来讲，当前可供利用或可能被利用，且有一定数量和可用质量，并在某一地区能够长期满足某种用途的并可循环再生的水源，称为水资源。

水资源是实现社会与经济可持续发展的重要物质基础。随着科学技术的进步和社会的发展，可利用的水资源范围将逐步扩大，水资源的数量也可能会逐渐增加。但是，其数量还是很有限的。同时，伴随人口增长和人类生活水平的提高，随着工农业生产的发展，对水资源的需求会越来越多，再加上水质污染和不合理开发利用，使水资源日渐贫乏，水资源紧缺现象也会愈加突出。

1.1.2　水利工程与水工建筑物

水利工程，是指对自然界的地表水和地下水进行控制和调配，以达到除水害和兴水利目的而修建的工程。一个水利工程项目，常由多个不同功能的建筑物组成，这些建筑物统称水工建筑物。而由不同作用的水工建筑物组成的协同运行的工程综合群体，称为水利枢纽。

1. 水利工程的分类

水利工程一般按照它所承担的任务进行分类，如防洪治河工程、农田水利工程、水力发电工程、供水工程、排水工程、水运工程、渔业工程等。一个工程如果具有多种任务，则称为综合利用工程。

水利枢纽常按其主要作用，可分为蓄水枢纽、发电枢纽、引水枢纽等。

蓄水枢纽是在河道来水年际、年内变化较大，不能满足下游防洪、灌溉、引水等用水要求时，通过修建大坝挡水，利用水库拦洪蓄水，用于枯水期灌溉、城镇引水等。

发电枢纽是以发电为水库的主要任务，利用河道中丰富的水量和水库形成的落差，安装水力发电机组，将水能转变为电能。

引水枢纽是在天然河道来水量或河水位较低不能满足引水需要时，在河道上修建较低的拦河闸（坝）等水工建筑物，来调节水位和流量，以保证引水的质量和数量。

2. 水工建筑物的分类

水工建筑物按其作用可分为以下几种：

（1）挡水建筑物。用以拦截江河水流，抬高上游水位以形成水库，如各种坝、闸等。

（2）泄水建筑物。用于洪水期河道入库洪量超过水库调蓄能力时，宣泄多余的洪水，以保证大坝及有关建筑物的安全，如溢洪道、泄洪洞、泄水孔等。

（3）输水建筑物。用于满足发电、供水和灌溉的需求，从上游向下游输送水量，如输水渠道、引水管道、水工隧洞、渡槽、倒虹吸管等。

（4）取水建筑物。一般布置在输水系统的首部，用于控制水位、引入水量或人为提高水头，如进水闸、扬水泵站等。

（5）河道整治建筑物。用于改善河道的水流条件，防治河道冲击变形及险工的整治，如顺坝、导流堤、丁坝、潜坝、护岸等。

（6）专门建筑物。为水力发电、过坝、量水而专门修建的建筑物，如调压室、电站厂房、船闸、升船机、筏道、鱼道、各种量水堰等。

需要指出的是，有些建筑物的作用并非单一，在不同的状况下有不同的功能。例如，拦河闸，既可挡水又可泄水；泄洪洞，既可泄洪又可引水。

1.1.3　水利工程的建设程序

按照我国《水利工程建设项目管理规定》（水利部水建［1995］128 号令），水利工程建设程序一般分为项目建议书、可行性研究报告、设计阶段、施工准备（包括招标设计）、建设实施、生产准备、竣工验收、后评价等阶段。其主要阶段及各阶段的步骤见图 1－1。

1. 项目建议书

项目建议书应根据国民经济和社会发展长远规划、流域及区域综合规划，按照国家产业政策和国家有关投资建设方针进行编制，是对拟进行建设项目的初步说明。

项目建议书应按照《水利水电工程项目建议书编制暂行规定》编制。项目建议书编制一般由政府委托有相应资格的工程咨询、设计单位承担，并按国家现行规定权限向主管部门申报审批。项目建议书被批准后，由政府向社会公布，若有投资建设意向，应及时组建项目法人筹备机构，按相关要求展开工作。

2. 可行性研究报告

可行性研究报告，由项目法人组织编制。经过批准的可行性研究报告，是项目决策和进行初步设计的依据。

（1）可行性研究的主要任务是根据国民经济、区域和行业规划的要求，在流域规划的基础上，通过对拟建工程的建设条件作进一步调查、勘测、分析和方案比较等工作，进而论证该工程在近期兴建的必要性、技术上的可行性及经济上的合理性。

（2）可行性研究的工作内容和深度是：基本选定工程规模；选定坝址；初步选定基本坝型和枢纽布置方式；估算出工程总投资及总工期；对工程经济合理性和兴建必要性做出定量、定性评价。该阶段的设计工作可采用简略方法，成果必须具有一定的可靠性，以利于上级主管部门决策。

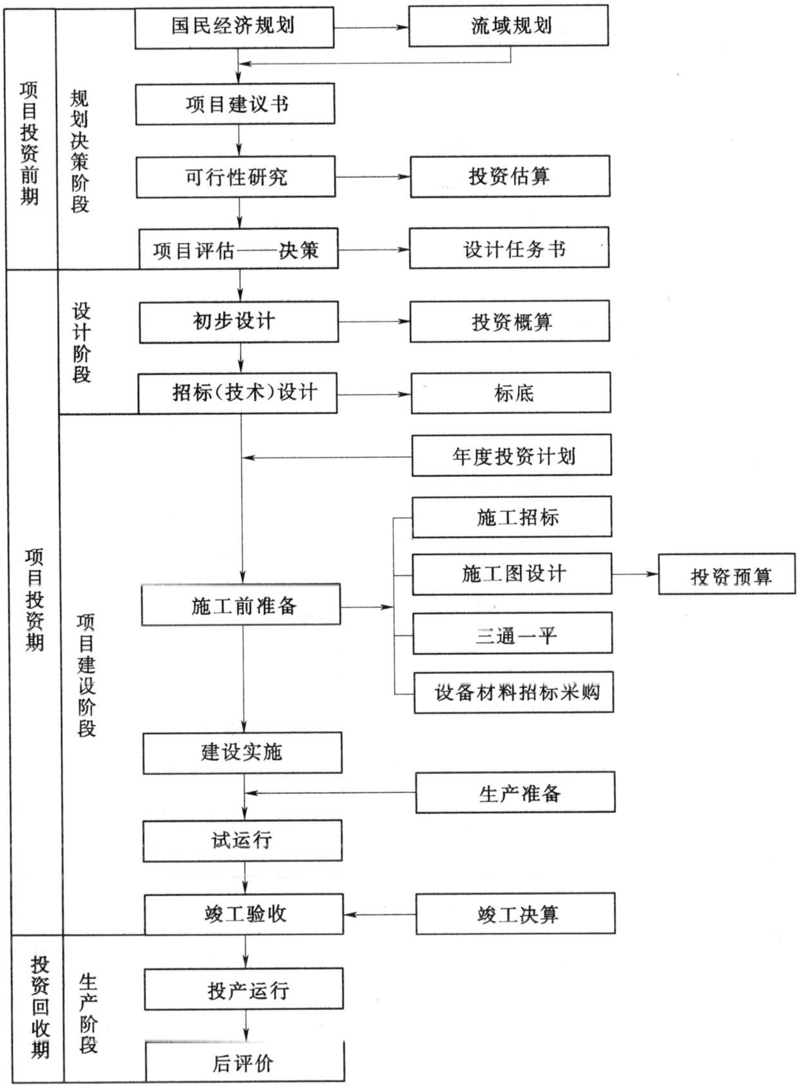

图 1-1　建设项目程序图

(3) 可行性研究报告的审批按国家现行规定的审批权限报批。申报项目可行性研究报告，必须同时提出项目法人组建方案及运行机制、资金筹措方案、资金结构及回收资金的办法，并依照有关规定附具有管辖权的水行政主管部门或流域机构签署的规划同意书、对取水许可预申请的书面审查意见。审批部门要委托有项目相应资格的工程咨询机构对可行性研究报告进行评估，并综合行业归口主管部门、投资机构等方面的意见进行审批。

项目的可行性报告批准后，应正式成立项目法人，并按项目法人责任制实行项目管理。

3. 设计阶段

(1) 初步设计应根据已批准的可行性研究报告和必要的设计基础资料，对设计对象进行通盘研究，确定建筑物的等级；选定合理的坝址、枢纽总体布置、主要建筑物型式和控制性尺寸；选择水库的各种特征水位；选择电站的装机容量，电气主接线方式及主要机电设备；提出水库移民安置规划；选择施工导流方案和进行施工组织设计；编制项目的总概算。

初步设计报告应按照《水利水电工程初步设计报告编制规程》的有关规定编制。初步设计文件报批前，应由项目法人委托有关专家进行咨询，设计单位根据咨询论证意见，对初步设计文件进行补充、修改、优化。初步设计按国家现行规定权限向主管部门申报审批。经批准后的初步设计文件主要内容不得随意修改、变更，并作为项目建设实施的技术文件基础。如有重要修改、变更，须经原审批机关复审同意。

（2）技术设计或招标设计。对重要的或技术条件复杂的大型工程，在初步设计和施工详图设计之间增加技术设计。其主要任务是：在深入细致地调查、勘测和试验研究的基础上，全面加深初步设计的工作，解决初步设计尚未解决或未完善的具体问题，确定或改进技术方案，编制修正概算。技术设计的项目内容同初步设计，只是更为深入、详尽。审批后的技术设计文件和修正概算是建设工程拨款和施工详图设计的依据。

（3）施工详图设计。该阶段的主要任务是：以经过批准的初步设计或技术设计为依据，最后确定地基开挖、地基处理方案，进行细节措施设计；对各建筑物进行结构及细部构造设计，并绘制施工详图；进行施工总体布置及确定施工方法；编制施工进度计划和施工预算等。施工详图预算是工程承包及工程结算的依据。

4. 施工准备

（1）项目在主体工程开工之前，必须完成各项施工准备工作，其主要内容包括：施工现场的征地、移民、拆迁；完成施工用水、用电、通信、道路和场地平整等工程；建生产、生活必需的临时建筑工程；组织监理、施工、设备和物资采购招标等工作；择优确定建设监理单位和施工承包队伍。

（2）工程项目必须满足以下条件施工准备方可进行：初步设计已经批准；项目法人已经成立；项目已列入国家或地方水利建设投资计划，筹资方案已经确定；有关土地使用权已经批准；已办理报建手续。

5. 建设实施

建设实施阶段是指主体工程的建设实施，项目法人按照批准的建设文件，组织工程建设，保证项目建设目标的实现。

（1）项目法人或其代理机构必须按审批权限，向主管部门提出主体工程开工申请报告，经批准后，主体工程方能正式开工。主体工程开工须具备的条件是：前期工程各阶段文件已按规定批准，施工详图设计可以满足初期主体工程施工需要；工程项目建设资金已落实；主体工程已决标并签订工程承包合同；现场施工准备和征地移民等建设外部条件能够满足主体工程开工需要。

（2）按市场经济机制，实行项目法人责任制，主体工程开工还须具备以下条件：项目法人要充分授权监理工程师，使之能独立负责项目的建设工期、质量、投资的控制和现场施工的组织协调。要按照“政府监督、项目法人负责、社会监理、企业保证”的要求，建立健全质量管理体系。重大建设项目，还必须设立项目质量监督站，行使政府对项目建设的监督职能。

水利工程的兴建必须遵循先勘测、后设计，在做好充分准备的条件下，再施工的建设程序；否则，就很可能会设计失误，造成巨大经济损失，乃至灾难性的后果。

6. 生产准备

生产准备应根据不同工程类型的要求确定，一般应包括以下主要内容：

(1) 生产组织准备。建立生产经营的管理机构及相应管理制度；招收和培训人员。按生产运营的要求，配备生产管理人员。

(2) 生产技术准备。其主要包括技术资料的汇总、运行技术方案的制定、岗位操作规程制定和新技术准备。

(3) 生产物资准备。其主要是落实投产运营所需要的原材料、协作产品、工器具、备品备件和其他协作配合条件的准备。

(4) 运营销售准备。及时具体落实产品销售协议的签订，提高生产经营效益，为偿还债务和资产的保值增值创造条件。

7. 竣工验收

竣工验收是工程完成建设目标的标志，是全面考核基本建设成果、检验设计和工程质量的重要步骤。竣工验收合格的项目即从基本建设转入生产或使用。

(1) 当建设项目的建设内容全部完成，并经过单位工程验收、完成竣工报告、竣工决算等文件后，项目法人向主管部门提出申请，根据相关验收规程组织竣工验收。

(2) 竣工决算编制完成后，须由审计机关组织竣工审计，其审计报告作为竣工验收的基本资料。另外，工程规模较大、技术较复杂的建设项目可先进行初步验收。

8. 后评价

建设项目经过1～2年生产运营后，进行系统评价称后评价。其主要内容包括：①影响评价，项目投产后对政治、经济、生活等方面的影响进行评价；②经济效益评价，对国民经济效益、财务效益、技术进步和规模效益等进行评价；③过程评价，对项目的立项、设计、施工、建设管理、生产运营等全过程进行评价。

项目后评价一般按3个层次组织实施，即项目法人的自我评价、项目行业的评价、计划部门（或主要投资方）的评价。

项目后评价工作必须遵循客观、公正、科学的原则，做到分析合理、评价公正。通过后评价以达到肯定成绩、总结经验、研究问题、吸取教训、提出建议、改进工作的目的。

1.2 水利工程测量

1. 工程测量

测量学是研究地球形状和大小以及确定地球表面物体的空间位置，并将这些空间位置信息进行处理、储存和管理的科学和技术。以3S技术（GPS、RS、GIS）和4D产品（DLG、DOM、DRG、DEM）为代表的当代测绘成果正为未来中国数字化的建设提供坚实的保障和基础。

工程测量是测量学的重要组成部分，是为工程建设服务的，贯穿于工程建设的整个过程中，是研究工程建设在规划设计、施工和管理阶段进行测量工作的理论、技术和方法，其任务主要有以下几个阶段：

（1）规划设计阶段。为项目规划的实施提供各种比例尺的地形图与相关的地形数据资料和属性资料，并为施工准备期的地质勘探及水文测验提供位置及标高等。

（2）施工阶段。经过设计论证及勘测后，项目进入施工阶段。工程测量任务首先要将所设计的工程建筑物，按施工的要求在现场标定出来，作为实地修建的依据。首先，根据工地地形、工程性质及施工计划等，建立不同形式的施工控制网，作为定线放样的基础。之后，按照施工进度需求，采用各种放样方法，将图纸上设计的内容转移到实地。

在工程收尾完工时，还要进行工程的竣工测量，作为工程日后运行期间维护、管理的主要依据。

（3）经营管理阶段。在工程建筑物营运期间，为了了解其安全及稳定情况，确定其设计是否合理，需定期对工程建筑物位移、沉降、倾斜及摆动等实行变形观测。

2. 水利工程测量的任务和内容

水利工程测量是在水利工程规划设计、施工和运营各阶段所进行的测量工作。主要工作内容包括以下几个阶段：

（1）规划设计阶段。为规划设计人员提供各种比例尺的地形图；编制河流纵断面图及河谷地形图；水库淹没界线测量；地质勘察测量；为河道的开发整治进行河道测量。

（2）施工阶段。建立工程施工控制网；测设工程建筑物轴线和轮廓点，进行设备安装测量和隧洞贯通测量；测定水库淹没界线，进行工程的竣工验收测量。

（3）运营管理阶段。水利工程建筑物在投入运营后，由于本身的自重和外力的原因，建筑物会产生变形。例如，大坝、水闸会产生位移、沉降、倾斜和挠曲等变形；码头建筑物可能出现滑移、沉降、倾斜和裂缝等变形；水库可能出现库岸崩塌，水库淤积。为了使建筑物正常运行，必须定期地对建筑物进行监视观测。

第2章 高程控制测量

测量地面点高程的测量工作，称为高程测量。高程测量是先测定地面点间的高差，然后测定已知点的高程，推算其余各点的高程。本章主要介绍等外水准测量及三、四等水准测量的施测方法和成果计算等内容。

2.1 高程控制测量基本知识

水准测量是利用水准仪提供的一条水平视线，配合竖立在地面点上的水准尺，测出两地面点之间的高差，然后根据已知点的高程和高差，推算出另一个点的高程。

2.1.1 水准测量原理

如图 2-1 所示，设已知 A 点高程为 H_A，要测出 B 点高程 H_B，在 A、B 两点间安置一台能提供水平视线的水准仪，并在 A、B 两点各竖立水准尺，利用水平视线分别读出 A 点水准尺上的读数 a 及 B 点水准尺上的读数 b，则 A、B 两点间的高差为

$$h_{AB}=a-b \tag{2-1}$$

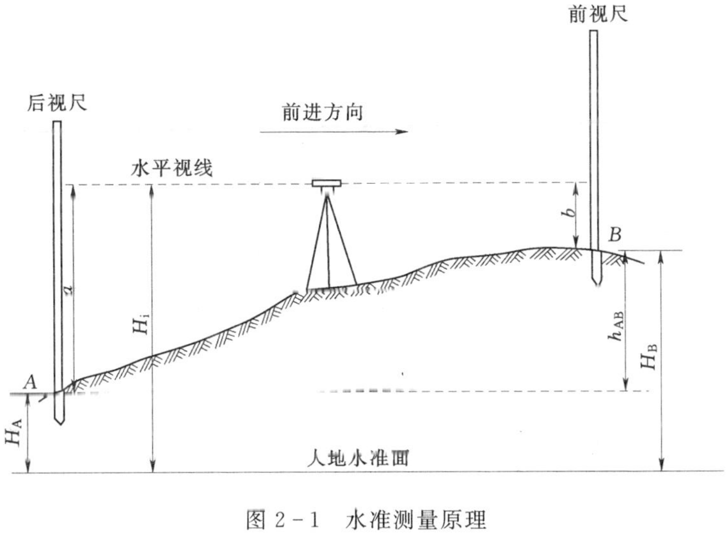

图 2-1 水准测量原理

如果测量路线是由 A 点到 B 点的前进方向，则 A 点称为后视点，B 点称为前视点，a 和 b 分别为后视读数和前视读数，两点间的高差就等于后视读数减去前视读数。如果 B 点高于 A 点，则高差 h_{AB} 为正；反之，高差 h_{AB} 为负。

2.1.2 高程计算

1. 高差法

如图 2-1 所示，首先通过水准仪测得 A、B 两点的高差，然后利用公式（2-1）根

据 A 点的高程 H_A 计算 B 点的高程 H_B，即

$$H_B = H_A + h_{AB} = H_A + (a - b) \tag{2-2}$$

由式（2-2）根据高差推算待定点高程的方法叫做高差法。

2. 仪器高法

如图 2-1 所示，B 点高程 H_B 也可以通过仪器视线高程求得。由图可知，A 点的高程 H_A 加上后视读数 a 可得仪器高程（或称视线高程），用 H_i 表示，即

$$H_i = H_A + a \tag{2-3}$$

$$H_B = H_i - b \tag{2-4}$$

此法利用一个已知点的高程，就能较简单地测出数个前视点的高程，因而仪器高法在建筑施工中被广泛采用。

由上述可以看出，用水准测量测定地面点的高差时，视线水平是最重要、最基本的条件，水准仪的位置和高度可以较自由地选择，只要水准仪视线水平时能在前、后尺上读数即可。

2.2 水　准　仪

水准仪和水准尺是水准测量的主要仪器，按其精度可分为 $DS_{0.5}$、DS_1、DS_3 等，其中 D、S 分别为“大地测量”和“水准仪”的汉语拼音第一个字母，数字 0.5、1、3 表示该仪器精度，即每千米往返测量高差中数的偶然中误差值，以 mm 计。本章着重介绍 DS_3 微倾式水准仪。

2.2.1　DS_3 型微倾式水准仪的构造

如图 2-2 所示，DS_3 型水准仪主要由望远镜、水准器及基座 3 个部分组成。

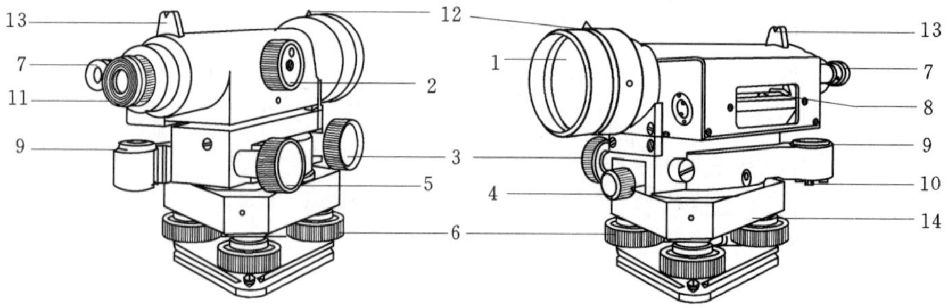

图 2-2　DS_3 型水准仪

1—物镜；2—物镜调焦螺旋；3—微动螺旋；4—制动螺旋；5—微倾螺旋；6—脚螺旋；7—管水准气泡观察窗；8—管水准器；9—圆水准器；10—圆水准器校正螺钉；11—目镜；12—准星；13—照门；14—基座

2.2.1.1　望远镜

望远镜是用以照准目标和对水准尺进行读数的设备。它由物镜、十字丝分划板、调焦镜、目镜等，如图 2-3 所示。镜筒外面装有准星，用来初步照准目标。目标通过物镜在望远镜内形成倒立的小物像（实像）；转动物镜调焦螺旋，对光透镜则随之前后移动，可

使物像落到十字丝平面上。再经过目镜放大作用，使物像和十字丝同时放大成虚像。放大后的虚像与眼睛直接看到的目标大小的比值，称为望远镜放大率，通常以 V 表示。放大率是鉴别望远镜质量的主要指标。DS_3 型水准仪望远镜放大率为 30 倍。

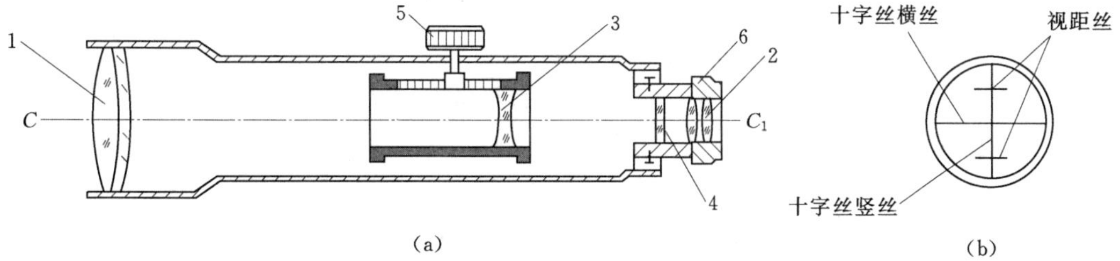

图 2-3 望远镜的构造

1—物镜；2—目镜；3—调焦透镜；4—十字丝分划板；5—物镜调焦螺旋；6—目镜调焦螺旋

十字丝分划板是用来瞄准目标和读数的，其形式一般如图 2-3（b）所示。十字丝分划板是一块刻有分划线的玻璃薄片，分划板上互相垂直的两条长丝称为十字丝，竖丝与横丝是用来照准目标和读数用的。在横丝的上下各有一根短丝，称为视距丝，可用来测定距离。其中十字丝的交点与物镜光心的连线，称为望远镜的视准轴，视准轴的延长线就是望远镜的观测视线。

2.2.1.2 水准器

水准器是整平仪器的器具。水准仪上通常装置有圆水准器和管水准器（简称水准管）两种。

1. 圆水准器

如图 2-4 所示，圆水准器是一个顶面内壁磨成球面的玻璃圆盒，盒内亦装有酒精或乙醚之类的液体，并留空间形成气泡。球面中央可有小圆圈，圆圈中心称为圆水准器的零点，零点与球心的连线称为圆水准器轴。当气泡中心与圆圈中心重合时，表示气泡居中；此时圆水准器轴处于铅垂位置。在圆水准器表面通过零点的各个方向上，每 2mm 弧长所对应的圆心角，称圆水准器分化值。国产 DS_3 型水准仪的圆水准器，其分化值一般为 $10'$。

2. 管水准器

如图 2-5 所示，水准管的玻璃管内壁为圆弧，圆弧的中心点称为水准管的零点。通过零点与圆弧相切的切线 LL 称为水准管的水准管轴。当气泡中心与零点重合时称为气泡

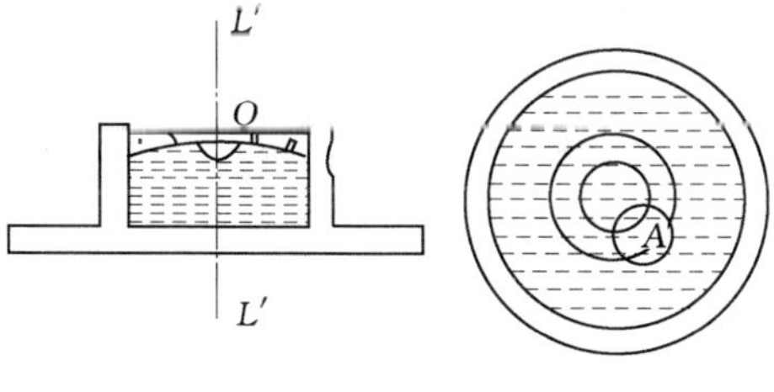

图 2-4 圆水准器

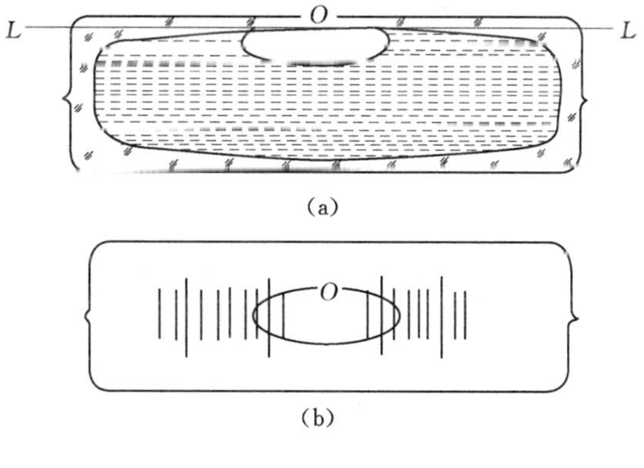

图 2-5 管水准器

居中，此时水准管轴 LL 处于水平位置。水准管内壁弧长 2mm 所对应的圆心角 γ 称为水准管的分划值，DS_3 型水准仪的水准管分划值为 $20'$。水准管分划值越小，灵敏度越高，用来整平仪器精度也越高。因此，水准管的精度比圆水准器的精度高，适用于仪器的精确整平。若水准管轴平行于视准轴，则气泡居中时，视准轴也水平。视准轴平行于水准管轴，是水准仪在构造上应具备的最重要的条件。

为了提高水准管气泡居中精度，目前生产的水准仪都在水准管上安装了一组复合棱镜，通过棱镜的反射作用将气泡两端的像反映到望远镜旁的观察窗内，如图 2-6 所示。两个半边气泡的影像错开；如图 2-7（b）、（c）所示，则说明气泡未居中；当两个半边气泡影像吻合时，如图 2-7（a）所示，则表明气泡居中。这种具有棱镜装置的水准器，称为符合水准器。

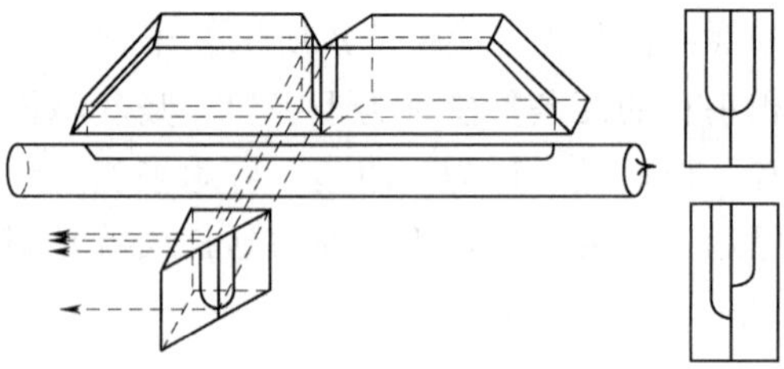

图 2-6　水准管棱镜

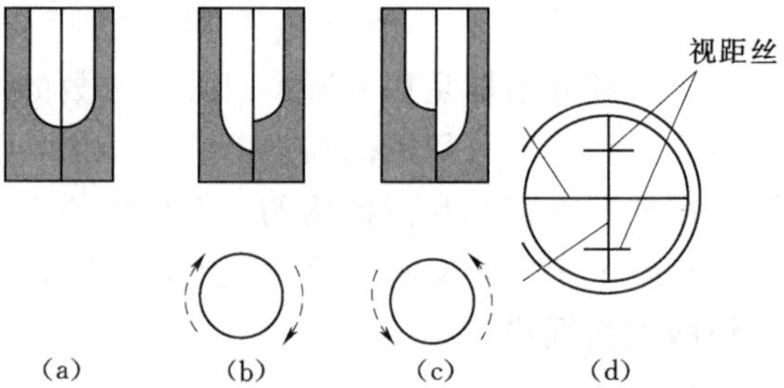

图 2-7　符合水准器

2.2.1.3　基座

基座主要由轴座、脚螺旋、底板和三角压板构成。基座的作用是支承仪器上部，即将仪器的竖轴插入轴座内旋转。基座上有 3 个脚螺旋，用来调节圆水准器使其气泡居中，从而使竖轴处于竖直位置，将仪器粗略整平。底板通过连接螺旋与下部三脚架连接。

2.2.2　自动安平水准仪

自动安平水准仪是利用自动补偿器代替水准管，观测时只用圆水准器进行粗平，照准后不需要精平，然后借助自动补偿器自动地把视准轴置平，即可读出视线水平时的读数。使用自动安平水准仪不仅简化了操作，提高了速度，而且对于微小振动，仪器的不规则下沉，风力和温度变化等外界影响所引起的视线微小倾斜，亦可迅速得到调整，使中丝读数仍然为水平视线读数，从而提高了水准测量的精度。

图 2-8 是国产 DZS_3—1 型自动安平水准仪。在使用仪器前应重视对圆水准器的检验校正，应为自动补偿器的补偿功能有一定限度。若圆水准器不正常，会使气泡居中时仪器竖轴仍然倾斜，当倾斜的角度超过了补偿功能的允许范围时，补偿器将失去补偿的作用。

2.2.3　水准尺

水准尺是水准测量时使用的标尺。其质量好坏直接影响测量的精度。因此，水准尺需用伸缩性小、不易变形的优质材料制成，如优质木材、玻璃钢、铝合金等。常用的水准尺有塔尺和双面尺两种，如图 2-9 所示。

塔尺如图 2-9（b）所示，多用于等外水准测量。一般由 2～3 节套接而成，其长度有 3m 和 5m 两种。塔尺可以伸缩，尺的底部为零点。尺上黑白格相间，每个格宽度为 1cm，有

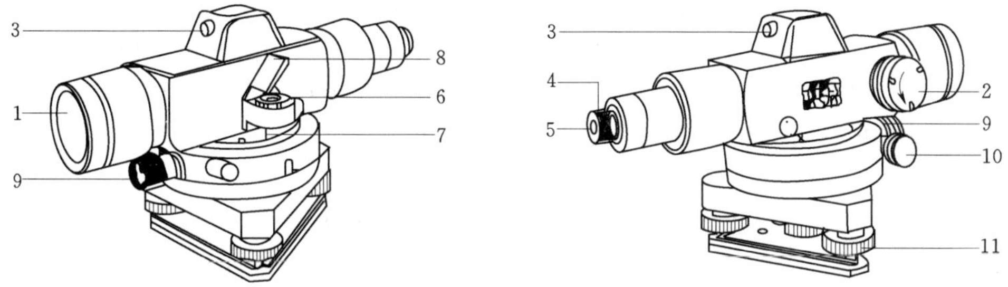

(a) (b)

图 2-8 自动安平水准仪

1—物镜；2—物镜调焦螺旋；3—粗瞄器；4—目镜调焦螺旋；5—目镜；6—圆水准器；7—圆水准器校正螺钉；8—圆水准器反光镜；9—制动螺旋；10—微动螺旋；11—脚螺旋

的为 0.5cm，米和分米处皆有数字标注。数字有正、倒字两种。数字上加红点表示米数。

双面尺如图 2-9（a）所示，多用于三、四等水准测量，其长度为 3m，两根尺为一对，尺的两面均有刻划。一面为红白相间，称红面尺；另一面为黑白相间，称黑面尺。两面的最小刻划均为 1cm，并在分米处注字。两根尺的黑面均由零开始；而红面，一根尺由 4.687m 开始，另一根尺由 4.787m 开始；其目的是避免观测时的读数错误，便于校核读数。同时用红、黑两面读数求高差，可进行测站检核计算。

2.2.4 尺垫

尺垫是在转点处放置水准尺使用的。如图 2-10 所示，尺垫用生铁铸成，一般为三角形，中间有一突起的半球体，下方有 3 个支脚。使用时支脚牢固地踩入土中，以防下沉。上方突起的半球形顶点作为竖立水准尺时使用。

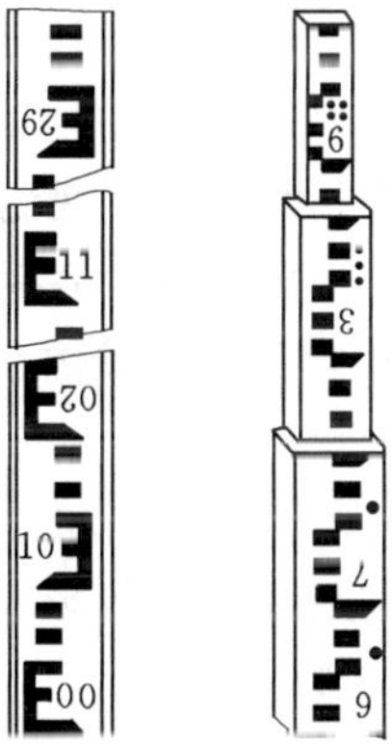

(a) (b)

图 2-9 塔尺和双面尺

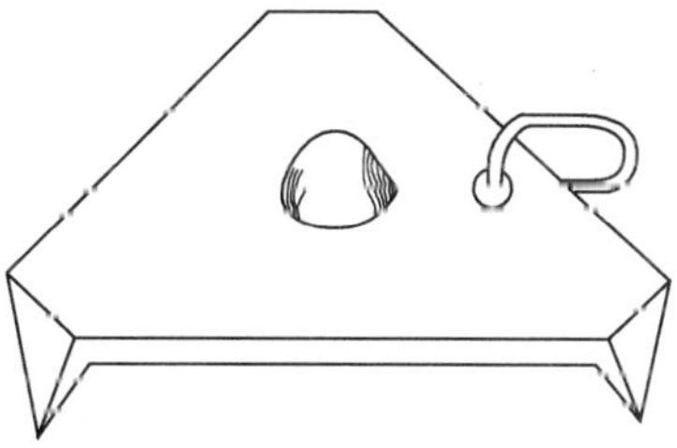

图 2-10 尺垫

2.2.5 水准仪的使用

水准仪的基本操作步骤为安置仪器、粗平、瞄准、精平和读数。

1. 安置仪器

先将木质三脚架架腿上的紧固螺旋松开，抽出第二节，使其高度适中，拧紧松开了的紧固螺旋。然后张开 3 条腿，置于地面上，张开的角度不应过大或过小，否则脚架不稳，易碰到。用脚将 3 条腿的铁脚尖踩入土中，踩时应注意使架头大致水平。检查三脚架是否安置牢固，然后打开仪器箱取出仪器，置于架头上，一只手扶住仪器，另一只手将脚架中心螺旋旋入仪器连接板的螺母中，把仪器安置在测站上。

2. 粗平

粗平的目的是借助于圆水准器气泡居中，使仪器竖轴铅垂。

转动基座上的 3 个脚螺旋，使圆水准器气泡居中。整平时，气泡移动方向始终与左手大拇指的运动方向一致，圆水准器整平方法如下：如图 2－11 所示，当气泡不在中心而偏在图 2－11（a）时，可先用双手按箭头指示的方向转动脚螺旋 1 和脚螺旋 2，使气泡移到图 2－11（b）所在位置，然后转动第 3 个螺旋使气泡从图 2－11（b）所在位置移动到圆圈的中心。

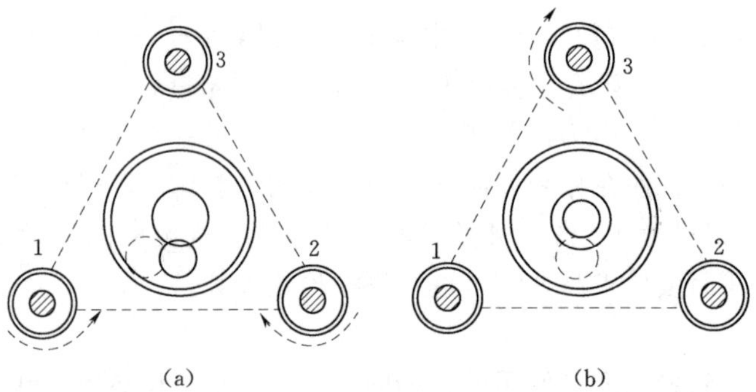

图 2－11 圆水准器的整平

3. 瞄准水准尺

先将望远镜对向明亮的背景，转动目镜调焦螺旋使十字丝清晰；松开制动螺旋，转动望远镜，利用望远镜上照门和准星照准水准尺；拧紧制动螺旋，转动物镜调焦螺旋，看清水准尺；利用水平微动螺旋，使十字丝竖丝瞄准尺边缘或中央，同时观测者的眼睛在目镜端上下微动，检查十字丝横丝与物像是否存在相对移动的现象，这种现象称为视差。如有视差则应消除，即继续按以上调焦方法仔细对光，直至水准尺正好成像在十字丝分划板平面上，两者同时清晰且无相对移动的现象时为止。

4. 精平

精平时，观测者右手转动微倾螺旋，同时用眼睛观测观察窗中的影像移动，转动微倾螺旋时速度不要过快，当两端影像将要对齐符合时，更应缓慢转动，当弧线稳定吻合时，即获得了水平视线。每次读数前均要进行此项操作。

5. 读数

当精确整平后，应立即根据中丝读取尺上的读数。通常水准仪的望远镜一般是倒像，所以水准尺倒写的数字从望远镜中看到的是正写的数字，同时看到尺上刻划的注记是由上向下递增的，因此读数应由上向下读，即由小到大读数。读数应保持 4 位数字，m、dm、cm 可由尺上刻划直接读出，毫米数则由估计而读得。图 2－12（a）所示的读数为 0.995m，图 2－12（b）所示的读数为 2.167m，而不是 2.233m。

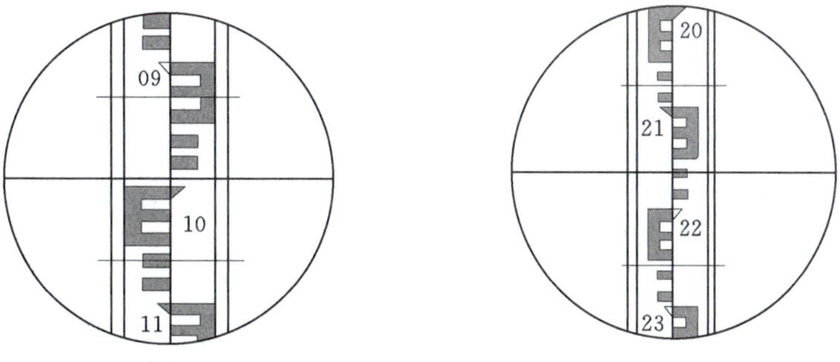

(a) (b)

图 2-12 水准尺读数

精平和读数是两项不同的操作步骤，在测量中常把这两项操作视为一个整体，即边看符合气泡边读数，一旦发现气泡偏离应重新精平后才能读数。自动安平水准仪只要将仪器安置好，使圆水准气泡居中，即可用望远镜瞄准水准尺读数，无需精平。

2.3 等外水准测量

2.3.1 水准点

为了满足各种比例尺地形图测绘、各项工程建设及科学研究的需要，必须建立统一的国家高程系统。因此，测绘部门按国家有关测量规范，在全国范围内分级布设了许多高程控制点，并采用相应等级的高程测量方法测定各点的高程。

用水准测量方法测定的高程控制点称为水准点，常用 BM 表示，并编号注记于桩点上。根据保存的时间长短，水准点有永久点和临时点两种。永久水准点一般用石料或混凝土制成，深埋在地面线冻土以下，如图 2-13 所示，其顶面嵌入金属或瓷质的水准标志，标志中央半球形的顶点表示水准点的高程位置。建筑工地上的永久水准点一般用混凝土制成。顶部嵌入半球状金属标志，其形状如图 2-14（a）所示。临时水准点可用地表突出的岩石或建筑物基石，也可用木桩打入地下，桩顶钉入一半球状头部的铁钉且用红油漆圈点，以示高程位置，如图 2-14（b）所示。为了便于以后的寻找和使用，每一水准点都应绘制水准点附近的地形草图，标明点位到附近两处明显、稳固的物点的距离，便于使用

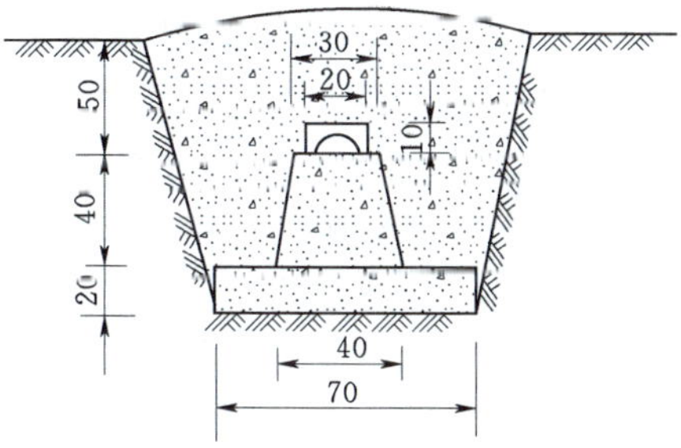

图 2-13 水准标石的埋设（单位：cm）

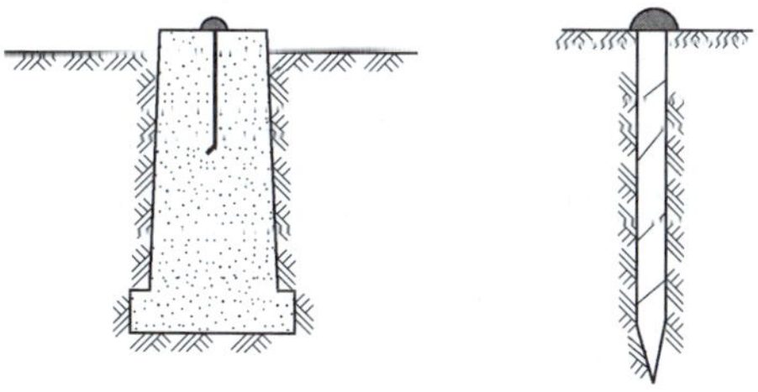

(a) (b)

图 2-14 建筑工地水准点

时寻找，水准点应注明点号、等级和高程等。

2.3.2　水准路线

1. 附合水准路线

从已知高程点 BM_A 出发，沿线测定待定高程点 1、2、3 的高程后，最后附合到另一个已知高程点 BM_B 上，这种水准测量路线称附合水准路线，如图 2-15（a）所示，多用于带状测区。

2. 闭合水准路线

从已知高程点 BM_A 出发，沿线测定待定高程点 1、2、3 的高程后，最后闭合在高程点 BM_A 上，这种水准测量路线称闭合水准路线，如图 2-15（b）所示，多用于面积较小的块状测区。

3. 支水准路线

从已知高程点 BM_A 出发，沿线测定待定高程点 1、2 的高程后，既不闭合也不附合在已知高程点上，这种水准测量路线称支水准路线，如图 2-15（c）所示，多用于测图水准点加密。

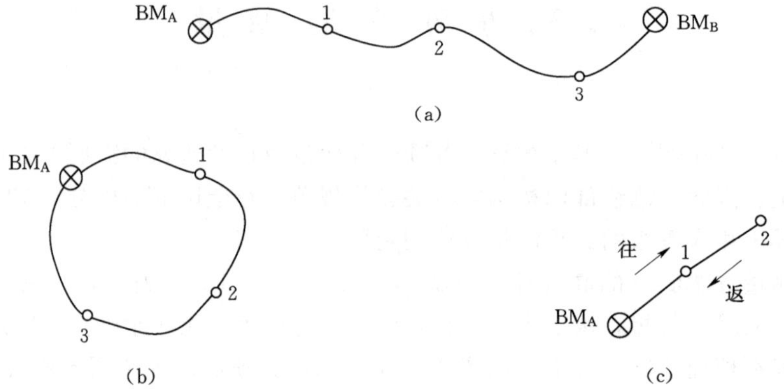

图 2-15　水准路线的形式

2.3.3　等外水准测量

如图 2-16 所示，在水准测量中，由于待测高程点与已知水准点相距较远或高低起伏较大时，安置一次仪器（称为一个测站）无法测定两点间的高差。这就需要在两点间加设若干个临时立尺点，用来传递高程，这样的点称为转点，用 TP 表示。然后依次安置仪器，测定相邻两点间的高差，最后计算各测站高差的代数和，即为待测点与已知点之间的高差。

当第一测站测完后，后视尺沿着 AB 方向前进，同样在离开转点大致相同距离处选定转点 TP_2，并在其上立尺。注意，此时立在 TP_1 点上的水准尺不动，只将尺面翻转过来，仪器安置在距点 TP_1、TP_2 等距离处，进行观测、计算，依此类推测到 B 点。求出 A 至 B 的高差 h_{AB}，即

$$h_1 = a_1 - b_1$$
$$h_2 = a_2 - b_2$$
$$\vdots$$
$$h_n = a_n - b_n$$

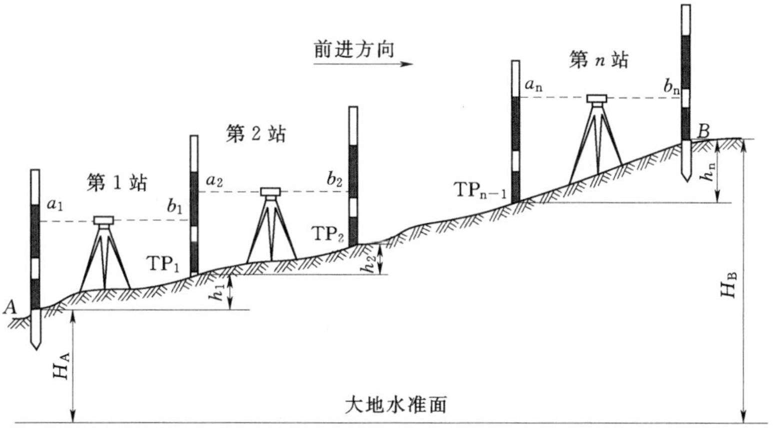

图 2-16　水准测量实施

将各式相加，得

$$\sum h=\sum a-\sum b=h_{AB} \tag{2-5}$$

则 B 点的高程为

$$H_B=H_A+\sum h=H_A+h_{AB} \tag{2-6}$$

在实际操作中，应按一定的记录格式随测、随记、随算。以表 2-1 所示为例，开始将水准仪安置在已知点 A 及第一点 TP_1 之间，测得 $a_1=1.852$m 及 $b_1=0.658$m，分别记入表格第一测站的后视读数及前视读数栏内，算得高差 $h_1=+1.194$m，记入高差栏内。水准仪搬至第二测站，A 点上的水准尺由持尺者向前选择第二点 TP_2，其上立尺，后视 TP_1，前视 TP_2，将测得的后视、前视读数及算得的高差记入第二测站的相应各栏中。然

表 2-1　　　　**水 准 测 量 手 簿**

仪器型号：　　　　日期：　　　　天气：　　　　观测者：　　　　记录者：

测站	测点	后视读数 (m)	前视读数 (m)	高差 (m) +	高差 (m)	高程 (m)	备注
1	A	1.852		1.194		71.632	
	TP_1		0.658				
2	TP_1	1.672		0.312			
	TP_2		1.360				
3	TP_2	1.029			0.433		
	TP_3		1.472				
4	TP_3	1.754		0.358		73.053	=71.632+1.421
	B		1.396				
计算校核	$\sum a=6.307$　$\sum b=4.886$　$\sum h=+1.421$ $\sum a-\sum b=6.307-4.886=+1.421$						

后又搬仪器至三、四测站继续观测。其中计算校核中算出的$\sum h$与$\sum a-\sum b$相等，表明计算无误，如不等则计算有错，应重新加以改正。

从观测过程与表 2-1 可知，A 点高程是通过在地面上临时选择的 TP_1、TP_2、TP_3 等点传递到 B 点的，转点起到了传递高程的作用，所以在转点上现有前视读数，后有后视读数，才能起到传递作用，因此，测量过程中转点位置的任何变动，将会直接影响 B 点的高程，为此转点应选择在坚实的地面放置尺垫并踩实，还要注意不能有任何意外的变动。

2.4　三、四等水准测量

测量地面点的高程也要遵循“从整体到局部”的原则，即先建立高程控制网，再根据高程控制网确定地面点的高程。为了便于开展科学研究、测绘地形图与进行工程建设中的测量工作，我国已经在全国范围内建立了一个统一的高程控制网。它与平面控制网一样构成一、二、三、四等 4 个等级，低一级的控制网在高一级控制网的基础上建立。由于这些高程控制点的高程是用水准测量方法测定的，所以高程控制网一般称为水准网，高程控制点称为水准点。

一、二等水准网是国家高程控制的基础。一、二等水准路线一般沿铁路、公路或河流布设成闭合或附合的形式，用精密水准测量的方法测定其高程。

三、四等水准路线加密于一、二等水准网内，作为地形测量和工程测量的高程控制，亦可以布设成闭合或附合的形式。

2.4.1　三、四等水准测量

三、四等水准测量所使用的水准仪，其精度应不低于 S_3 型的精度指标。水准仪望远镜放大倍率应大于 30 倍，符合水准器的水准管分化值为 20″/2mm。三、四等水准测量技术要求见表 2-2。

表 2-2　　三、四等水准测量技术要求

等级	使用仪器	高差闭合差的限差(mm)		视线长度（m）	实线高度	前、后视距离差（m）	前、后视距离累积差（m）	黑、红面读数差（mm）	黑、红面所测高差之差（mm）
		附合、闭合路线	往返测						
三	DS_3	$\pm 12\sqrt{L}$	$\pm 12\sqrt{K}$	≤75	三丝能读数	≤2	≤5	2	3
四	DS_3	$\pm 20\sqrt{L}$	$\pm 20\sqrt{K}$	≤100	三丝能读数	≤3	≤10	3	5

2.4.1.1　观测方法

三、四等水准测量主要采用双面水准尺观测法，除各种限差不同外，观测方法大同小异。现以四等水准测量的观测方法和限差进行介绍。

（1）在两测点中间安置仪器，使前、后视距大致相等，其差以不超过 3m 为准。

（2）用圆水准器整平仪器，照准后视尺黑面，转动微倾螺旋使水准管气泡严格居中，分别读取下、上、中三丝读数（1）、（2）、（3）。

（3）照准后视尺红面，符合气泡居中后读中丝读数（4）。

（4）照准前视尺黑面，符合气泡居中后分别读下、上、中三丝读数（5）、（6）、（7）。

（5）照准前视尺红面，符合气泡居中后读中丝读数（8）。

综上所述，（1）、（2）、…、（8）表示观测与记录次序，一定要边观测边记录，按顺序计入表 2－3 的相应栏中。这样的观测顺序被称为“后（黑）—后（红）—前（黑）—前（红）”。

注意：若在土质松软地区施测，则需要采用三等水准测量的“后（黑）—前（黑）—前（红）—后（红）”观测步骤。

表 2－3 **三、四等水准测量手簿**

测自 BM_1 至 BM_2 观测者 李×× 记录者 邵××

2008 年 4 月 14 日 天气 晴 仪器型号 $S_3$210045

开始 8 时 30 分 结束 9 时 30 分 呈像 清晰稳定

测站编号	点号	后尺 下丝 上丝 后距（m） 前后视距离差（m）	前尺 下丝 上丝 前距（m） 累计差（m）	方向及尺号	水准尺读数（m）黑色面	水准尺读数（m）红色面	K＋黑－红（mm）	高差中数（m）	备注
		（1） （2） （9） （11）	（5） （6） （10） （12）	后 前 后－前	（3） （7） （16）	（4） （8） （17）	（13） （14） （15）	（18）	K_1＝4.787 K_2＝4.687
1	$BM_1－TP_1$	1.614 1.156 45.8 ＋1.0	0.774 0.326 44.8 ＋1.0	后 1 前 2 后－前	1.384 0.551 ＋0.833	6.171 5.239 ＋0.932	0 －1 ＋1	＋0.8325	
2	$TP_1－TP_2$	2.188 1.682 50.6 ＋1.2	2.252 1.758 49.4 ＋2.2	后 2 前 1 后－前	1.934 2.008 －0.074	6.622 6.796 －0.174	－1 －1 0	－0.0740	
3	$TP_2－TP_3$	1.922 1.529 39.3 0.5	2.066 1.668 39.8 ＋1.7	后 1 前 2 后－前	1.726 1.866 －0.140	6.512 6.554 －0.042	＋1 －1 ＋2	－0.1410	
4	$TP_3－BM_2$	2.041 1.622 41.9 －1.1	2.220 1.790 －43.0 ＋0.6	后 2 前 1 后－前	1.832 2.007 －0.175	6.520 6.793 －0.273	－1 ＋1 －2	－0.1740	
校核		Σ(9)＝177.6 Σ(10)＝177.0 （12）末站＝＋0.6 总距离＝354.6			Σ(3)＝6.876 Σ(8)＝25.825 Σ(6)＝6.432 Σ(7)＝25.382 Σ(16)＝＋0.444 Σ(17)＝＋0.443 1/2[Σ(16)＋(17)]＝＋0.4435 ＝Σ(18)			Σ(18)＝ ＋0.4435	

2.4.1.2 计算和校核

四等水准测量的每一站都必须计算和校核，其成果符合限差要求后方可迁站。计算、校核的步骤和内容见表 2－3。

1. 视距部分

后距(9)＝[(1)－(2)]×100

前距(10)＝[(5)－(6)]×100

后、前视距离差 (11)＝[(9)－(10)]，绝对值三等水准测量不超过 2m，四等水准测量不超过 3m。

后、前视距离累计差 (12) ＝本站 (11) ＋前站 (12)，绝对值三等水准测量不超过 5m，四等水准测量不超过 10m。

2. 高差部分

后视尺黑、红面读数差(13)＝K_1＋(3)－(4)，绝对值三等水准测量不超过 2mm，四等水准测量不超过 3mm。

前视尺黑、红面读数差 (14)＝K_2＋(7)－(8)，绝对值三等水准测量不超过 2mm，四等水准测量不超过 3mm。

上两式中的 K_1 及 K_2 分别为两水准尺的黑、红面的前点差，亦称尺常数。

黑面高差(16)＝(3)－(7)

红面高差 (17)＝(4)－(8)

黑、红面高差之差 (15)＝[(16)－(17)±0.100]＝[(13)－(14)]，绝对值三等水准测量不应超过 3mm，四等水准测量不超过 5mm。

由于两水准尺的红面起始读数相差 0.100mm，即 4.687 与 4.787 之差，因此红面测得高差应为 (17) ±0.100m，“加”或“减”应以黑面高差为准确定。例如，表 2－3 中第一个测站红面高差为 (17) －0.100，第二个测站因两水准尺交替，红面高差为 (17) ＋0.100，以后以单数站用“减”，偶数站用“加”。

每一测站经过上述计算，符合要求，才能计算高差中数 (18) ＝1/2 [(16) ＋ (17) ±0.100]，作为该两点测站的高差。

表 2－3 所示为三、四等水准测量手簿，括号内的数字表示观测和计算校核的顺序。当整个水准路线测量完毕，应逐页校核计算有无错误，校核的方法如下：

当测站总数为奇数时，∑(18)＝1/2 [∑(16)＋∑(17)±0.100]

当测站总数为偶数时，∑(18)＝1/2 [∑(16)＋∑(17)]

最后算出水准路线总长度 L＝∑(9)＋∑(10)

3. 三、四等水准测量的内业计算

当一条水准路线的测量工作完成以后，首先对计算表格中的记录、计算进行详细的检查，并计算高差闭合差是否超限。确定无误后，才能进行高差闭合差的调整与高程计算，否则要局部返工，甚至要全部返工。

2.4.2 三角高程测量

1. 三角高程测量

三角高程测量是在测站点上安置经纬仪，观测点上竖立标尺，已知两点之间的水平距离，根据经纬仪所测得的竖直角及量取的仪器高和目标高，应用平面三角的原理算出测站点和观测点之间的高差。这种方法较之水准测量灵活方便，但精度较低，主要用于山区的高程控制和平面控制点的高程测定。

如图 2-17 所示，在已知高程的点 A 上安置经纬仪，在 B 点上竖立标杆（或标尺），照准杆顶，测出竖直角 α。设 A、B 之间的水平距离 D 为已知，则 A、B 之间的高差可以用式（2-7）计算，即

$$h = D\tan\alpha + i - v \tag{2-7}$$

式中 i——经纬仪的仪器高度；

v——标杆的高度（中丝读数）；

$D\tan\alpha$——高差主值。

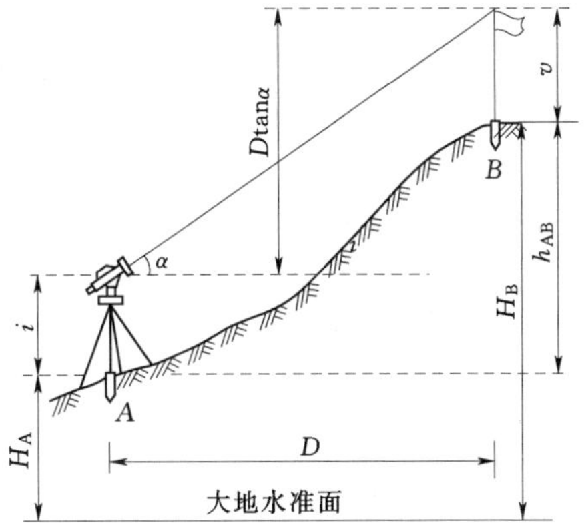

图 2-17 三角高程测量

如果 A 点的高程为 H_A，则 B 点的高程为

$$H_B - H_A + h - H_A + D\tan\alpha + i - v \tag{2-8}$$

三角高程测量又可分为经纬仪三角高程测量（如上所述）和光电测距三角高程测量。光电测距三角高程测量常与光电测距导线合并进行，形成三维导线。其原理是按测距仪测定两点间距 S 来计算高差，计算公式为

$$h = S\sin\alpha + i - v \tag{2-9}$$

光电测距三角高程测量的精度较高、速度较快，故应用较广。

2. 球气差影响及改正方法

三角高程测量的计算公式是假定水准面为水平面，视线是直线。而在实际观测时，并非如此。所以，还必须考虑地球曲率和大气折光造成的误差。前者为地球曲率差，简称球差，后者为大气垂直折光差，简称气差。

两差（球气差）的改正数为 f，即

$$f = p - r = \frac{D^2}{2R} - \frac{D^2}{14R} \approx 0.43\frac{D^2}{R} \tag{2-10}$$

式中 D——两点间的水平距离；

R——地球半径，其值为 6371km。

用不同的 D 值计算出改正数列于表 2-4 中。

表 2-4 球气差改正数

D (m)	100	200	300	400	500	600	700	800	900	1000
f (cm)	0.1	0.3	0.6	1.1	1.7	2.4	3.3	4.3	5.5	6.8

所以，加入球气差改正后的三角高程测量的计算公式为

经纬仪三角高程测量

$$h = D\tan\alpha + i - v + f \tag{2-11}$$

光电测距三角高程测量

$$h = S\tan\alpha + i - v + f \tag{2-12}$$

3. 三角高程测量的实施

为了消除或减小球气差，一般三角高程测量都采用往返测。在已知高程的点上安置仪器测未知点的测量过程，称为直觇；在未知点上安置仪器测已知点的测量过程，称为反觇。三角高程测量的内容与步骤如下：

(1) 安置仪器于测站点上，量取仪器的高度 (i) 和目标高 (v) 两次，精确至1mm。两次读数差不大于3mm时，取平均值。

(2) 瞄准标尺顶端，测竖直角一至两测回。

(3) 若是经纬仪三角高程测量，则水平距离 D 已知，若是光电测距三角高程测量，距离 S 由测距仪测出。

(4) 计算高差和高程。具体计算见表2-5。

表2-5　　三角高程路线高差计算表

测站点	Ⅲ10	401	401	402	402	Ⅲ12
觇点	401	Ⅲ10	402	401	Ⅲ12	402
觇法	直	反	直	反	直	反
α	+3°24′15″	−3°22′47″	−0°22′47″	+0°46′56″	+0°27′32″	−0°25′58″
S (m)	577.157	577.137	703.485	703.490	417.653	417.697
$h'=S\tan\alpha$ (m)	+34.271	−34.024	−9.696	+9.604	+3.345	−3.155
i (m)	1.565	1.537	1.611	1.592	1.581	1.601
v (m)	1.695	1.680	1.590	1.610	1.713	1.708
$f=0.43\frac{D^2}{R}$(m)	0.022	0.022	0.033	0.033	0.012	0.012
$h=h'+i-v+f$(m)	+34.163	−34.145	−9.642	+9.619	+3.225	−3.250
$h_{平均}$ (m)	+34.154		−9.630		+3.238	
起算点高程						
所求点高程						

2.5 高程控制测量数据处理

2.5.1 水准测量的精度要求

在水准测量中，由于误差的影响，测得的高差总是不可避免地存在着误差。在研究产生误差的规律及总结实践经验的基础上，规定了误差的容许范围（即精度要求），以 $f_{h容}$ 表示。如果测量成果的误差小于容许误差，就认为精度符合要求，成果可用；否则需查明原因，进行重测。对于普通水准测量（等外水准测量）的精度要求是

山区

$$f_{h容} = \pm 12\sqrt{n}(\text{mm}) \tag{2-13}$$

平原

$$f_{h容}=\pm 40\sqrt{L}(mm) \quad (2-14)$$

式中　L——水准路线的全长，km；

n——测站数。

2.5.2　水准测量的校核

为了能及时发现和纠正错误，使观测成果达到规定的精度要求，水准测量必须进行校核。校核方法分测站校核和水准路线校核两种。

2.5.2.1　测站校核

在水准测量中，常用的测站校核方法有改变仪器高法和双面尺法两种。

1. 改变仪器高法

改变仪器高法是在同一测站上用两个不同的仪器高度，测定两次高差。即测得第一次高差后，改变仪器高度，升高或降低10cm以上，再次测定高差。若两次测得的高差之差未超过±6mm，则取其平均值作为该测站的观测高差，否则需重测。

2. 双面尺法

采用双面水准尺，在每个测站上读取后视尺的黑、红面读数和前视尺的黑、红面读数，然后进行下列两项校核：

(1) 同一根水准尺黑、红面的读数之差应为一常数，其误差不得超过±4mm。

(2) 黑、红面分别算得的高差应相等，其高差之差对于三等水准测量，误差不超过±3mm，四等水准测量误差不超过±5mm，等外水准测量误差不超过±6mm。若在容许误差范围内，可取两次高差的平均值作为最后结果。

观测与计算方法如下：①读出后视黑面尺与前视黑面尺的读数，求得两点高差；②读出前视红面尺与后视红面尺的读数，求得两点高差；③求出黑面尺读数高差与红面尺读数高差之差。

红面尺与黑面尺读数所求得的高差值理论上应相等，但因为配对双面尺的红面起点，一根是4.687m，另一根是4.787m，相差一个常数0.1m，则红面尺读数求得的高差结果应加上或减去0.1m。当红面尺求得的高差比黑面尺求得的高差大时，应减去0.1m，相反应加上0.1m。

2.5.2.2　水准路线校核

测站校核只能校核一个测站上所测得的高差是否符合要求，不能发现立尺点变动的错误，更不能评定测量成果的精度，同时由于观测时受到观测条件（仪器、人、外界环境）的影响，随着测站数的增多使误差积累，有时也会超过规定的限差。因此应对成果进行路线校核。

1. 闭合水准路线

图2-18 (a) 所示的闭合水准路线各段的高差总和应等于零，即$\sum h_{理}=0$。若实测高差总和不等于零，则为高差闭合差，即

$$f_h=\sum h_{测} \quad (2-15)$$

如果$-f_{h容}\leqslant f_h\leqslant f_{h容}$，精度符合要求；否则应重测。

2. 附合水准路线

如图 2－18（b）所示的附合水准路线各段的高差总和应与 BM_A、BM_B 两点的已知高差相同，如果不等，其差值为高差闭合差 f_h，即高差闭合差等于观测值减去理论值。

$$f_h = \sum h_{测} - \sum h_{理} = \sum h_{测} - (H_{终} - H_{始}) \tag{2-16}$$

同样，要求 $-f_{h容} \leqslant f_h \leqslant f_{h容}$；否则应重测。

3. 支水准路线

如图 2－18（c）所示的支水准路线，从一个已知水准点出发到欲求的高程点，往测（已知高程点到欲求高程点）和返测（欲求高程点到已知高程点）高差的绝对值应相等而符号相反。若往返测高差的代数和不等于零，即为高差闭合差，即

$$f_h = \sum h_{往} + \sum h_{返} \tag{2-17}$$

支水准路线不能过长，一般为 2km 左右，其高差闭合差的容许值与闭合或附合水准路线相同，但式（2－13）、式（2－14）中的路线全长 L 或 n 只按单程计算。

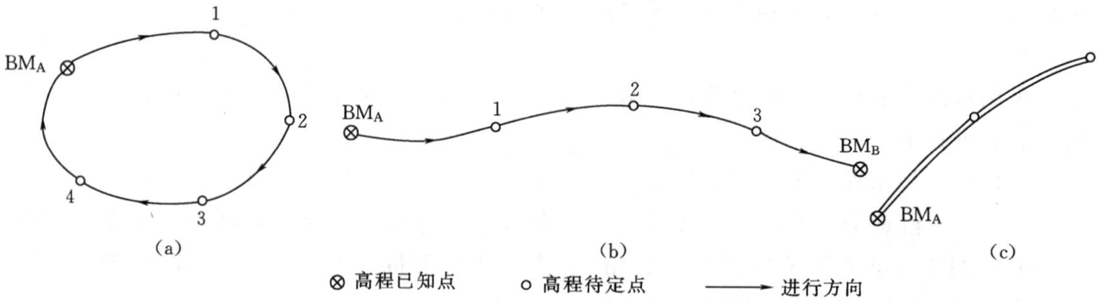

图 2－18　水准路线

2.5.3　水准路线高差闭合差的调整和高程计算

外业测量工作结束后，应对水准测量手簿进行检查，并计算出各测段的高差。检查无误后，再根据各测段的高差，计算出高差闭合差。若闭合差在规定的范围内，则进行闭合差调整。最后计算各待测点的高程。

2.5.3.1　附合水准路线的成果计算

如图 2－18（b）所示，BM_A、BM_B 为水准点，其高程已知，实测数据如表 2－6 所示的附合水准路线平差的实例。

1. 高差闭合差的计算

路线闭合差

$$f_h = \sum h_{测} - \sum h_{理} = \sum h_{测} - (H_{终} - H_{始})$$
$$= 0.657 - (129.485 - 128.863) = 35(\text{mm})$$

容许闭合差

$$f_{h容} = \pm 40\sqrt{L}$$
$$= \pm 40\sqrt{1.964} = \pm 56(\text{mm})$$

因 $f_h < f_{h容}$，符合精度要求，可以进行调整。

表 2-6 附合水准路线成果计算表

点名	距离(km)	实测高差(km)	改正数(m)	改正后高差(m)	高程(m)	备注
BM_A					128.863	水准点
	0.452	2.742	−0.008	2.734		
1					131.597	
	0.654	−3.687	−0.012	−3.699		
2					127.898	
	0.321	−1.336	−0.006	−1.342		
3					126.556	
	0.537	2.937	−0.009	0.929		
BM_B					129.485	水准点
Σ	1.964	0.657	−0.035	0.622		
校核	$f_h=0.657-(129.485-128.863)=35(mm)$ $f_{h容}=\pm 40\sqrt{1.964}=\pm 56mm$					

2. 闭合差的调整

闭合差的调整可按测站数或测段的长度成正比例且反符号进行分配。计算各测段的高差改正数，然后计算各测段改正后高差。高差改正数的计算公式为

$$v_i=\frac{f_h}{\sum n}\times n_i \quad 或 \quad v_i=\frac{f_h}{\sum L}\times L_i \tag{2-18}$$

式中 $\sum n$——测站总数；

n_i——第 i 测段的测站数；

$\sum L$——路线总长度；

L_i——第 i 测段的路线长度。

为方便计算，可先算出每站（每公里）的改正数 $v_i'=-\frac{f_h}{\sum L}$ 或 $v_i'=-\frac{f_h}{\sum n}$，然后再乘以各段测站数（长度），就得到各测段的改正数。改正数总和的绝对值应与闭合差的绝对值相等。改正后的高差代数和应与理论值（H_B-H_A）相等；否则说明高程推算有误。

2.5.3.2 闭合水准路线的成果计算

如图 2-17（a）所示，BM_A 为水准点，其高程已知，实测数据如表 2-7 所示的闭合水准路线平差实例。

高差闭合差及容许值为

$$f_h=\sum h_{测}=-49mm$$

$$f_{h容}=\pm 12\sqrt{35}=\pm 71mm$$

$f_h<f_{h容}$，满足规范要求，则可进行下一步计算。其计算步骤同附合水准路线，不再赘述。详见表 2-7。

表 2－7　　闭合水准路线成果计算表

点名	测站数	实测高差（km）	改正数（m）	改正后高差（m）	高程（m）	备注
BM_A					44.856	水准点
	8	−1.424	0.011	−1.413		
1					43.443	
	12	2.376	0.017	2.393		
2					45.836	
	5	2.365	0.007	2.372		
3					48.208	
	10	−3.366	0.014	−3.352		
BM_A					44.856	水准点
Σ	35	−0.049	0.049	0		
校核	$f_h=\sum h_{测}=-49\text{mm}$ $f_{h容}=\pm 12\sqrt{35}=\pm 71\text{mm}$					

2.5.3.3　支水准路线的成果计算

首先按式（2－17）计算高差闭合差，然后按式（2－13）或式（2－14）计算高差闭合差的容许值（路线长度和测站总数按单程计算）。若满足要求，则取各测段往返测高差的平均值（往返高差反符号）作为该测段的观测结果。最后依次计算各点高程。

2.6　水准测量误差分析

2.6.1　仪器误差

1. 仪器误差

仪器误差主要是指水准管轴不平行于视准轴的误差。仪器虽经检验与校正，但不可能校正得十分完善，总会留下一定的残余误差。

2. 水准尺误差

水准尺的长度不准、尺底零点和尺面刻划有误差及尺子弯曲变形等，都会给水准测量读数带来误差，因此事先都必须对所用水准尺逐项进行鉴定，符合要求方可使用。

3. 对光误差

由于仪器制造加工不够完善，当转动对光螺旋调焦时，对光透镜产生非直线移动而改变视线位置，从而产生对光误差，即调焦误差。对于这项误差，仪器安置于距前、后视尺等距离处，后视完毕转向前视，不必重新对光就可消除。

2.6.2　观测误差

1. 整平误差

水准测量是利用水平视线来测定高差的，而影响视线水平的原因有二：一是水准管气泡居中误差；二是水准管气泡未居中误差。

2. 估读误差

读数误差与望远镜的放大倍率、观测者的视觉能力、仪器距尺子的距离等因素有关。

3. 视差误差

在水准测量中，视差的影响会给观测结果带来较大的误差。因此，在观测前，必须反复调节目镜和物镜对光螺旋，以消除视差。

2.6.3 外界条件的影响

1. 仪器和尺垫下沉产生的误差

由于土壤的弹性及仪器的自重，在观测过程中可能引起仪器下沉。如果仪器随时间均匀下沉，所测得高差的误差就可得到有效削弱。若转站时尺垫下沉，使所测高差增大，若上升则使高差减小。因此，对一条水准路线采用往返观测取平均值，这项误差可以得到削弱。

2. 水准尺倾斜产生的误差

如果尺子没有竖直，无论向前倾还是向后倾，总是使尺子上读数增大，而且视线越高误差越大。当尺了倾斜 2°时，在水准尺上 2m 处读数，将会产生 1mm 的读数误差。所以，在水准尺上一般装有水准器，以便将尺了竖直。

3. 地球曲率和大气折光的影响

大地水准面是一个曲面，只有当水准仪的视线与之平行时，才能测出两点间的真正高差。为消除或减弱地球曲率和大气折光的影响，应采取前、后视距离相等的方法。精度要求较高的水准测量还应选择良好的观测时间（一般为日出后或日落前 2h），并控制视线高出地面有一定高度和视线长度，以减小其影响。

4. 温度和风力的影响

温度的变化不仅引起大气折光的变化，而且仪器受到烈日的照射，水准管气泡将产生偏移，影响视线水平；较大的风力，将使水准尺影像跳动，难以读数。因此，水准测量时，应选择有利的观测时间，在观测时应撑伞遮阳，避免阳光直接照射。

2.6.4 常见问题及注意事项

由于测量误差是不可避免的，无法完全消除其影响。但是可采取一定的措施减弱其影响，以提高测量成果的精度。同时应绝对避免在测量成果中存在错误。因此，在进行水准测量时，应注意以下各点：

（1）观测前对所用仪器和工具，必须认真进行检验和校正。

（2）在野外测量过程中，水准仪及水准尺应尽量安置在坚实的地面上。三脚架和尺垫要踩实，以防仪器和尺子下沉。在测站不良地区，用黑、红面尺观测时，可按后黑、前黑、前红、后红的观测顺序予以减弱仪器升降误差的影响。

（3）前、后视距离应尽量相等，以消除视准轴不平行于水准管轴的误差和地球曲率及大气折光的影响。

（4）前、后视距离不宜太长，一般不要超过 100m。视线高度应使上、中、下三丝都能在水准尺上读数，以减少大气折光影响。

（5）在烈日下作业要撑伞遮住阳光，避免气泡因受热不均而影响其稳定性。

(6) 读完数后应再次检查气泡是否仍然吻合；否则应重读。

(7) 记录员要复诵读数，以便核对。记录要整洁、清楚、端正。如果有错，不能用橡皮擦去，而应在改正处画一横线，在旁边注上改正后的数字。

(8) 水准尺必须扶直，不得倾斜。使用过程中，要经常检查和清除尺底泥土。塔尺衔接处要卡住，防止二、三节塔尺下滑。

第3章　平面控制测量

3.1　平面控制测量基本知识

3.1.1　控制测量概述

在测量工作中，为了防止误差累积和提高测量的精度和速度，测量工作必须遵循“从整体到局部”、“先控制后碎部”的测量工作原则。即在进行测图或进行建筑物施工放样前，先在测区内选定少数控制点，构成一定的几何图形或一系列的折线，然后精确测定控制点的平面位置和高程，这种测量工作称为控制测量。

控制测量分为平面控制测量和高程控制测量两部分。精确测定控制点平面坐标（X，Y）的工作，称为平面控制测量；精确测定控制点高程（H）的工作，称为高程控制测量。下面简略介绍国家平面控制网和图根平面控制网。

3.1.2　国家平面控制网

根据国家经济建设和国防建设的需要，国家测绘部门在全国范围内采用“分级布网、逐级控制”的原则，建立国家级平面控制网，作为科学研究、地形测量和施工测量的依据，称为国家平面控制网。

建立国家平面控制网的方法主要有三角测量、精密导线测量和GPS测量。

三角测量是在地面上选择若干有控制意义的点（称为控制点）组成一系列三角形（三角形的顶点称为三角点），观测三角形的内角，并精密测定起始边（基线）的边长和方位角，应用三角学中正弦定理解算出各个三角形的边长，再根据起始点坐标、起始方位角和各边边长，采用一定的方法推算出各三角点的平面坐标。图3-1所示为国家平面控制网的一部分。

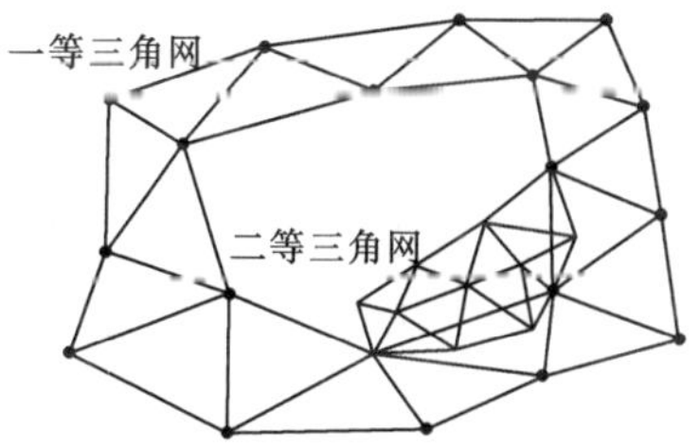

图3-1　国家平面控制网

国家平面控制网按其精度分为一、二、三、四等4个等级，一等控制网精度最高，是国家控制网骨干，二等控制网是在一等控制网上加密的控制测量，是国家控制网的全面基础。三、四等控制网是在二等控制网的基础上进一步加密建立的，一般作为地形图的测绘和施工控制测量依据，如图3-2所示。

精密导线测量是在通视条件困难的地区，采用精密导线测量来代替相应等级的三角测量是非常方便的。特别是近代电磁波测距仪和全站仪的出现，为精密导线测量创造了便利条件。

导线测量是将一系列地面点组成一系列折线形状，如图3-3所示，在外业上观测各转折角，测定各导线边长后，在内业上根据起始坐标和起始方位角来推算各导线点的平面坐标。精密导线测量也分为4个等级，即一、二、三、四等。

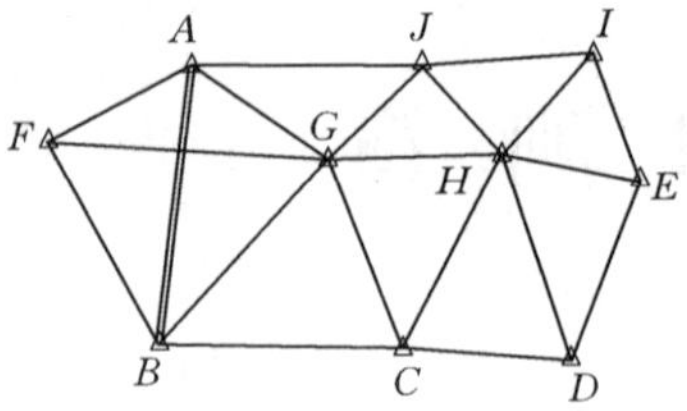

图 3-2 三角锁和三角网

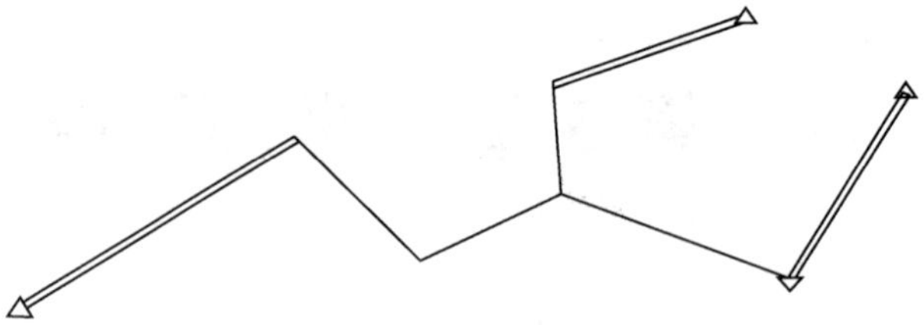

图 3-3 导线网

GPS 测量是利用 GPS 接收仪，接收 GPS 全球定位系统卫星信号来确定接收仪位置平面坐标和高程的一种方法。GPS 测量不受天气、时间和地域的限制，目前已广泛用于各等级的控制测量。但 GPS 测量不能在隐蔽地区和室内测量。

国家各等级平面控制测量主要技术指标见表 3-1。

表 3-1　　国家平面控制测量主要技术指标

等级	平均边长（km）	起始边相对中误差	测角中误差（″）	三角形最大闭合差（″）
一	20～25	1/350000	±0.7	±2.5
二	13	1/250000	±1.0	±3.5
三	8	1/150000	±1.8	±7.0
四	2～6	1/100000	±2.5	±9.0

3.1.3 图根平面控制网

直接用于测图而建立的控制网称为图根平面控制网。工程建设中常常需要大比例尺地形图，为了满足测绘地形图的需要，必须在首级控制网的基础上对控制点进一步加密，《水利水电工程测量规范》中规定测图控制点的密度如表 3-2 所示，控制网可采用导线、小三角、交会法等形式。图根平面控制网技术指标见表 3-3。控制网可以附合于国家高级控制点上，形成统一坐标系统，也可布设成独立控制网，假定一点坐标和测定起始边的方位角，推算其他图根控制点的坐标。

表 3-2　　图根点密度表

测图比例尺	每平方公里的控制点数	每幅图的控制点数
1：5000	4	20
1：2000	15	15
1：1000	40	10
1：500	120	8

由于图根控制测量的特点是范围小、边长较短、精度要求相对较低，因而图根点标志一般采用木桩或埋设简易混凝土标石（图 3-4），即可满足要求。

表 3-3 **图根平面控制网技术指标**

项目	边长（图上 mm）		锁系全长（图上 mm）		三角形个数	三角形内角	交会点方向数	交会角
比例尺	1：500 1：1000 1：2000	1：5000 1：10000	1：500 1：1000 1：2000	1：5000 1：10000				
四边形中心网	100～200	200	—	—	—	≥20	—	—
两已知边间三角锁			1200	1500	12	≥30		
线形锁			1000	1300	10			
单三角形	200～350	250～500	—	—	—	—	2	150≥γ≥30
前（侧）方交会点							3	
后方交会点							4	30≤γ
旁点交会点			600	1000			3	150≥γ≥30

3.1.4 导线控制测量

3.1.4.1 导线测量概述

导线测量是平面控制测量的一种常用方法。导线就是将测区内的相邻控制点连成一系列的折线。构成导线的控制点称为导线点，折线称为导线边。导线测量就是用测量仪器测定各转折角和各导线边长及起始边的方位角，根据已知数据和观测数据计算导线点（即控制点）坐标的工作。

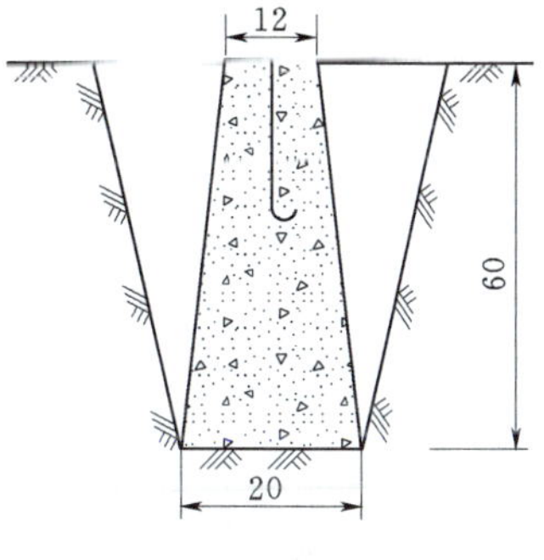

图 3-4 普通混凝土标石
（单位：cm）

1. 各级导线的主要技术指标

各级导线的主要技术指标见表 3-4。

表 3-4 **图根导线转折角观测技术要求**

测图比例尺	仪器类型	转折角测回数	测角中差	半测回差	测回差	导线角度闭合差
1：500～1：2000	J_2	2 个"半测回"	30″	18″		$\pm 60''\sqrt{n}$
	J_6	2 个测回			24″	
1：5000～1：10000	J_2	2 个"半测回"	20″	18″		$\pm 40''\sqrt{n}$
	J_6	2 个测回			24″	

2. 导线的布设形式

根据测区的具体情况和要求，导线可布设成下列形式。

（1）闭合导线。起止于同一个已知控制点的导线称为闭合导线。如图 3-5 所示，从一已知点 A 出发，经过一系列的导线点，如 B、C、D 点，最后又回到原出发点 A，构成一闭合多边形。闭合导线本身具有严密的几何条件，具有检核的作用。图 3-6 是与高级点相连的闭合导线。

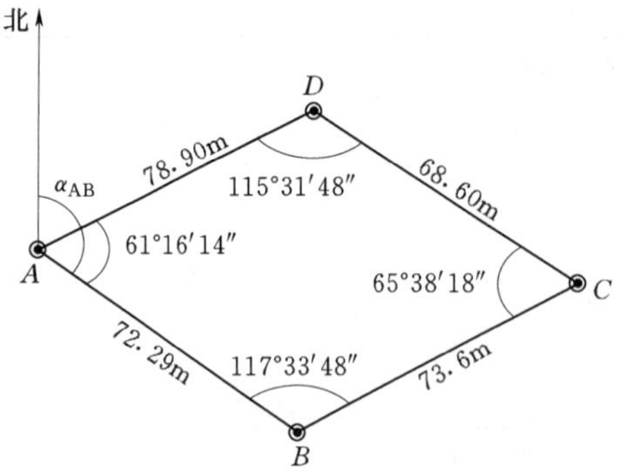

图 3-5　独立闭合导线

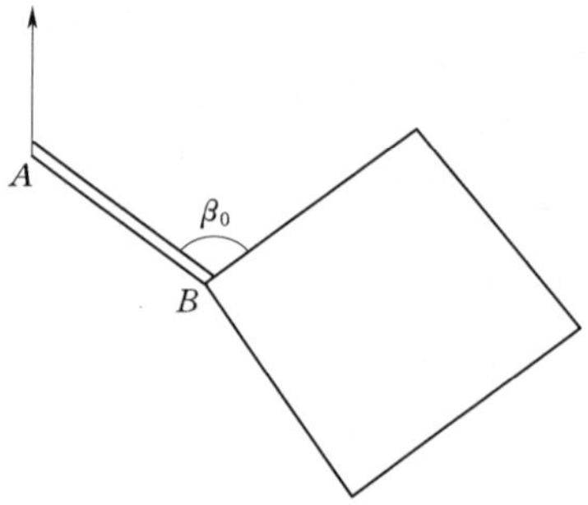

图 3-6　与高级点相连的闭合导线

（2）附合导线。布设在两个已知控制点之间的导线称为附合导线。如图 3-7 所示，从一已知控制点 A 开始，经过若干点如 1、2、3，最后附合到另一个已知点 D，形成附合导线。

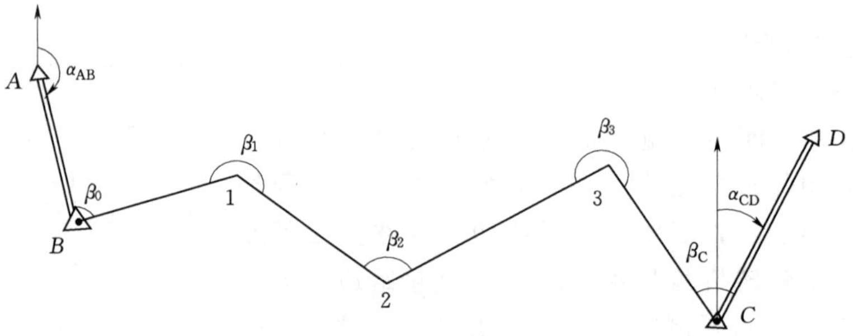

图 3-7　附合导线

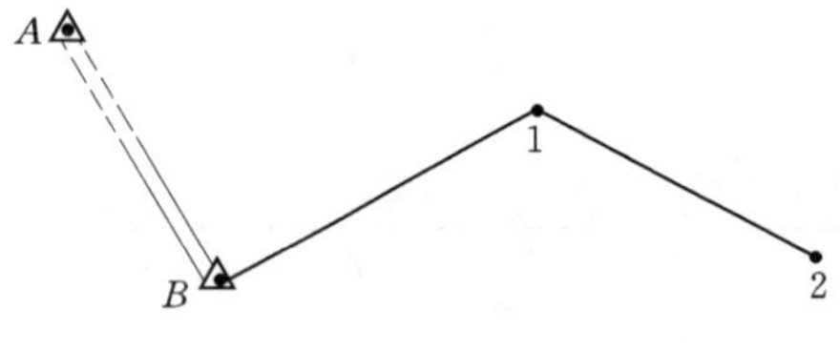

图 3-8　支导线

（3）支导线。从一已知控制点出发，形成自由向前伸展，既不回到原出发点，也不附合到另一已知控制点上的导线称为支导线。如图 3-8 所示，B 点为一已知控制点，1、2 为支导线点。由于支导线没有校核条件，在测量中若发生错误，无法检核，所以规范规定支导线中的未知点数不得超过两个点。

3.1.4.2　导线测量的外业工作

导线测量的外业工作包括踏勘选点及埋设标志、角度观测、边长测量和导线定向 4 个方面。

1. 踏勘选点及埋设点的标志

导线踏勘之前，应了解测区的范围及地形起伏和已有控制点等情况，收集有关比例尺的地形图资料。根据已知点的分布和测区具体情况及工程要求，在已有的地形图上拟定导线的布设方案，然后到实地上进行踏勘选定导线点。选点时，应注意下列几点：

（1）导线点应选在土质坚实、便于安置仪器和保存标志的地方。

（2）相邻导线点间应互相通视良好，地形平坦，便于观测水平角和测量边长。

（3）视野开阔，便于碎部测量。

（4）导线点应均匀分布在测区内，导线边长应大致相等，避免前后、边长相差太大。一般情况下，边长应不大于 350m，也不宜小于 50m，平均边长如表 3-5 所示。

表 3-5　　图根导线边长

测图比例尺	边长（m）	平均边长（m）
1∶500	40～150	75
1∶1000	80～200	110
1∶2000	100～300	180

导线点选定后，应在地面上埋设导线点位置。临时性的导线点，一般在地面上打入木桩，并在桩顶中心打一小铁钉，铁钉头表示导线点标志，如图 3-9 所示。对于长期保存的导线点则应埋设混凝土标石，如图 3-4 所示。所有导线点的标志都要依次进行编号。为了便于寻找，应绘出导线点与附近地物或明显固定点之间的关系草图，注明尺寸，如图 3-10 所示，此图称为“点之记图”。

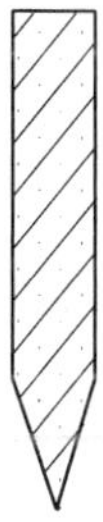

图 3-9　木桩

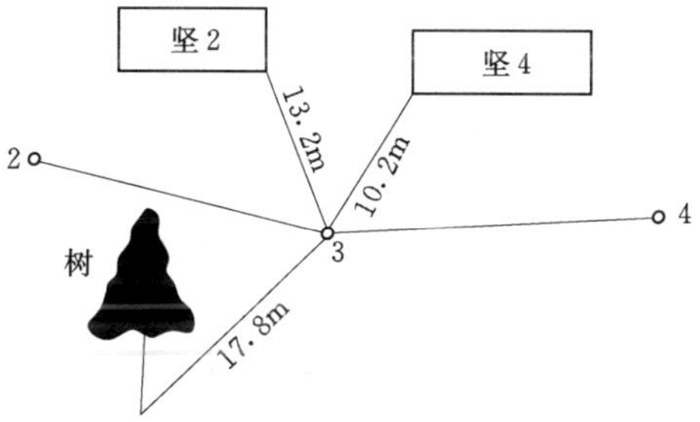

图 3-10　点之记图

2. 水平角观测

导线的转折角一般采用测回法观测。转折角有左、右角之分，在导线前进方向左侧的水平角称为左转折角，简称左角。在导线前进方向右侧的水平角称为右转折角，简称右角。附合导线一般测量左角，闭合导线测量内角，支导线观测左、右角。水平角观测限差见《水利水电工程测量规范》中规定的导线转折角观测技术指标（表 3-4），表中 n 为转折角个数。用 J_6 采用 2 个转折角观测时，第一测回盘左照准左方目标时，水平度盘读数设置在稍大于 0°上，第二测回盘左照准左方目标时，水平度盘的读数设置在稍大于 90°上。若用 J_2 测 2 个“半测回”测角时，在上半测回与下半测回之间，将度盘改变一个小角度。

3. 边长测量

导线边长的测量也可以采用电磁波测距仪测定，目前主要使用全站仪的距离测量功能。

4. 导线定向

当在测区建立的导线是独立导线时，如图 3-5 所示，要用罗盘仪测定第一条边的磁

方位角 α_{AB}，并假定出第一个点 A 的坐标作为起算数据。当导线与高级控制点相连接时，如图 3-6 所示的闭合导线，要测定连接角 β_0 进行定向。附合导线是两端与高级控制点相连接，如图 3-7 所示，要测连接角 β_B 和 β_C 进行导线定向与校核。

3.1.4.3　导线测量的内业计算及成果整理

导线测量的内业计算，即是在导线测量外业工作完成后，合理地进行各种误差的计算和调整，计算出各导线点坐标的工作。

在进行导线内业计算之前，一是要全面检查外业观测数据有无遗漏，记录、计算是否正确，成果是否符合精度要求。当发现记录、计算有错时，不要改动原始数据，要认真反复校核。二是要根据已知数据和观测结果绘制外业成果注记图。当确定外业成果符合要求后，才进行内业的计算。

3.2　全　站　仪

全站仪是由光电测距、电子测角、微处理机及其软件组合而成的智能型测量仪器。由于全站仪一次观测即可获得水平角、竖直角和倾斜距离 3 种基本观测数据，而且借助仪器内的固化软件可以组成多种测量功能（如自动完成平距、高差、镜站点坐标的计算等），并将结果显示在液晶屏上。全站仪还可以实现自动记录、存储、输出测量结果，使测量工作大为简化。目前，全站仪已广泛应用于控制测量、大比例尺数字测图及各种工程测量中。

目前，全站仪的品种越来越多，精度越来越高。常见的全站仪有索佳（SOKKIA）的 SET 系列、拓普康（TOPCON）的 GTS700 系列、尼康（NIKON）的 DTM－700 系列、徕卡（LEICA）的 TPS1000 系列、我国的南方等多种品牌。随着电子技术和计算机技术的不断发展与应用，全站仪的智能化程度越来越高，为用户提供了更大的方便。

3.2.1　全站仪的基本构造及基本功能

1. 全站仪的基本构造

图 3-11 所示为全站仪的基本组成框图，它通过数据采集设备和微处理机的有机结合，实现了既能自动完成数据采集，又能自动处理数据的功能，使整个测量过程有序、快速、准确地进行。

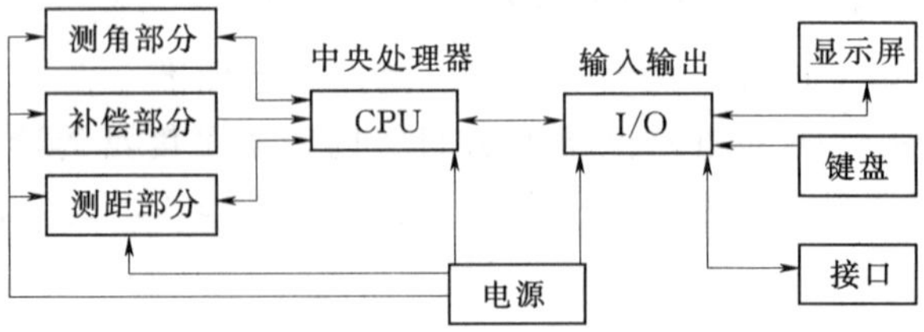

图 3-11　全站仪基本组成框图

（1）数据采集设备。它主要有电子测角系统、电子测距系统，还有自动补偿设备等，主要用于测量角度、距离和高差等。

（2）微处理机。微处理机是全站仪的核心装置，主要由中央处理器、随机存储器和只读存储器等构成。测量时，微处理机根据键盘或程序的指令控制各分系统的测量工作，进行必要的逻辑和数据运算以及数字存储、处理、管理、传输、显示等。

2. 全站仪的功能

全站仪所能实现的功能与仪器内部的软件直接相关，可分为基本测量功能和程序测量功能。基本测量功能包括电子测距、电子测角（水平角、垂直角），显示的数据为观测数据。程序测量功能包括水平距离和高差的切换显示、三维坐标测量、对边测量、放样测量、偏心测量、后方交会测量、面积计算等，显示的数据为观测数据经处理后的计算数据。

3.2.2 全站仪的使用

1. 全站仪安置

其包括对中与整平，方法与经纬仪基本相同。有的全站仪使用激光对中器，操作十分方便。仪器有双轴补偿器，整平后气泡略有偏差，对观测并无影响。

(1) 对中。使用光学对中器对中应与整平仪器结合进行。光学对中的步骤如下：

1) 张开三脚架，目估对中且使三脚架架头大致水平，架高适中。

2) 将经纬仪固定在三脚架上，调整对中器目镜焦距，使对中器的圆圈标志和测站点影像清晰。

3) 转动仪器脚螺旋，使测站点影像位于圆圈中心。

4) 伸缩三脚架腿，使圆水准器泡居中。然后旋转脚螺旋，通过管水准整平仪器。

5) 查看对中情况，若偏离不大，可以通过平移仪器使圆圈套住测站点位，精确对中。若偏离太远，应重新整置三脚架，直到达到对中的要求为止。

(2) 整平。整平的目的是使仪器的水平度盘位于水平位置或使仪器的竖轴位于铅垂方向。

整平分两步进行。首先用脚螺旋使圆水准气泡居中，即概略整平。其主要是通过伸缩三脚架腿或旋转脚螺旋使圆水准气泡居中，其规律是圆水准气泡向伸高三脚架腿的一侧移动，或圆水准气泡移动方向与左手大拇指和右手食指旋转脚螺旋的方向一致；精确整平是通过旋转脚螺旋，使照准管水准器在相互垂直的两个方向上气泡都居中。精确整平的方法如下，如图 3-12 所示。

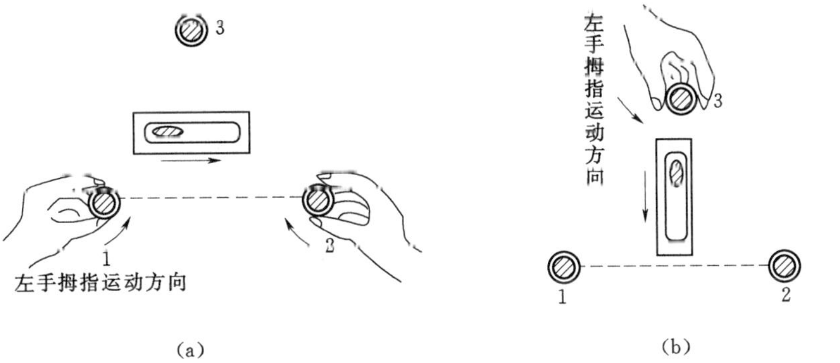

图 3-12 整平原理示意图

1）旋转仪器使照准部管水准器与任意两个脚螺旋的连线平行，用两手同时相对或相反方向转动这两个脚螺旋，使气泡居中。

2）然后将仪器旋转90°，使水准管与前两个脚螺连线垂直，转动第三个脚螺旋，使气泡居中。如果水准管位置正确，如此反复进行数次即可达到精确整平的目的，即水准管器转到任何方向时，水准气泡居中，或偏离不超过1格。

2. 开机和设置

开机后仪器进行自检，自检通过后，显示主菜单。测量前进行相关设置，如各种观测量单位与小数点位数设置、测距常数设置、气象参数设置、标题信息设置、测站信息设置和观测信息设置等。

3. 角度、距离、坐标测量

在标准测量状态下，角度测量模式、斜距测量模式、平距测量模式、坐标测量模式之间可互相切换。全站仪精确照准目标后，通过不同测量模式之间的切换，可得所需的观测值。不同型号的全站仪，其具体操作方法会有较大的差异。

3.2.3 全站仪的基本操作方法

1. 水平角测量

(1) 按角度测量键，使全站仪处于角度测量模式，照准第一个目标 A。

(2) 设置 A 方向的水平度盘读数为 $0°00'00''$。

(3) 照准第二个目标 B，此时显示的水平度盘读数即为两方向间的水平夹角。

2. 距离测量

(1) 设置棱镜常数。测距前需将棱镜常数输入仪器中，仪器会自动对所测距离进行改正。

(2) 设置大气改正值或气温、气压值。光在大气中的传播速度会随大气的温度和气压而变化，15℃和760mmHg是仪器设置的一个标准值，此时的大气改正为 0×10^{-6}。实测时，可输入温度和气压值，全站仪会自动计算大气改正值（也可直接输入大气改正值），并对测距结果进行改正。

(3) 测量仪器高、棱镜高并输入全站仪。

(4) 距离测量。照准目标棱镜中心，按测距键，距离测量开始，测距完成时显示斜距、平距、高差。

全站仪的测距模式有精测模式、跟踪模式、粗测模式3种。精测模式是最常用的测距模式，测量时间约2.5s，最小显示单位为1mm；跟踪模式常用于跟踪移动目标或放样时连续测距，最小显示一般为1mm，每次测距时间约0.3s；粗测模式测量时间约0.7s，最小显示单位为1cm或1mm。在距离测量或坐标测量时，可按测距模式（MODE）键选择不同的测距模式。

应该注意，有些型号的全站仪在距离测量时不能设定仪器高和棱镜高，显示的高差值是全站仪横轴中心与棱镜中心的高差。

3. 坐标测量

(1) 设定测站点的三维坐标。

(2) 设定后视点的坐标或设定后视方向的水平度盘读数为其方位角。当设定后视点的坐标时，全站仪会自动计算后视方向的方位角，并设定后视方向的水平度盘读数为其方位角。

（3）设置棱镜常数。

（4）设置大气改正值或气温、气压值。

（5）测量仪器高、棱镜高并输入全站仪。

（6）照准目标棱镜，按坐标测量键，全站仪开始测距并计算显示测点的三维坐标。

3.2.4 南方 NTS—352 型全站仪简介

以上对全站仪的结构、功能做了总体介绍。在使用上，不同厂家生产的仪器有着一定的差异，但进行数据采集操作过程大致是相同的。下面以国内的南方测绘仪器公司生产的 NTS—352 型全站仪为例来讲述全站仪的使用。

3.2.4.1 全站仪外观

图 3－13 所示为南方测绘 NTS—352 型全站仪的外观，图 3－14 所示为全站仪在进行测量作业时，须在目标处放置反射棱镜组。

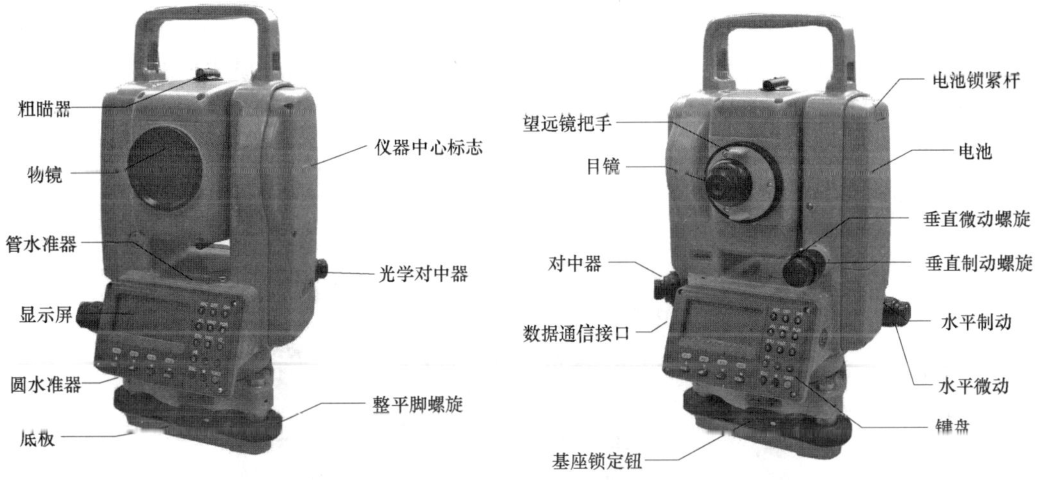

图 3－13 南方测绘 NTS—352 型全站仪

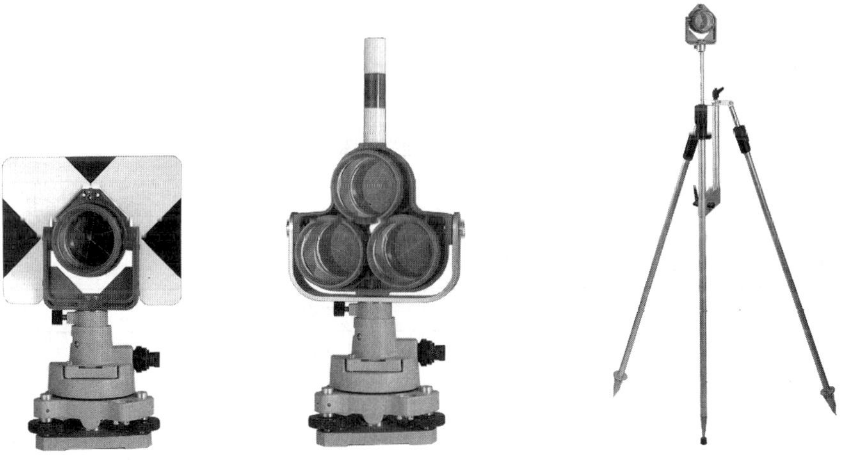

图 3－14 全站仪反射棱镜组

3.2.4.2　全站仪的基本操作与设置

1. 仪器开箱和存放

（1）开箱。轻轻地放下箱子，让其盖朝上，打开箱子的锁栓，开箱盖，取出仪器。

（2）存放。盖好望远镜镜盖，使照准部的垂直制动手轮和基座的圆水准器朝上，将仪器平卧（望远镜物镜端朝下）放入箱中，轻轻旋紧垂直制动手轮，盖好箱盖并关上锁栓。

2. 安置仪器

将仪器安装在三脚架上，精确整平和对中，以保证测量成果的精度，应使用专用的中心连接螺旋的三脚架。对中、整平的操作步骤与电子经纬仪相同。

3. 操作

确认仪器已经整平，按 POWER 键打开电源开关，确认显示窗中有足够的电池电量，当显示“电池电量不足”（电池用完）时，应及时更换电池或对电池进行充电。仪器开机时应确认棱镜常数值（PSM）和大气改正值（PPM），并可通过按[F1]（↓）或[F2]（↑）键调节对比度，为了在关机后保存设置值，可按[F4]（回车）键，也可按回（回车）键，旋转望远镜，使视准轴通过水平方向，蜂鸣声响过后进入角度测量模式界面，在开机状态下，按住 POWER 键 3s 即关机。

4. 键盘功能与显示信息

全站仪键盘如图 3－15 所示。

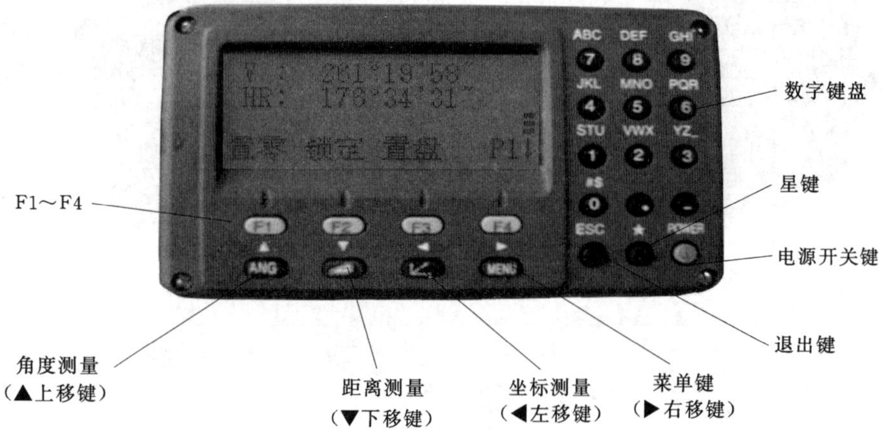

图 3－15　全站仪键盘

表 3－6 所示为键盘显示符号及其含义。

表 3－6　　键盘显示符号及其含义

显示符号	含　义	显示符号	含　义
V%	垂直角（坡度显示）	VD	高差
HR	水平角（右角）	SD	倾斜
HL	水平角（左角）	N	北向坐标
HD	水平距离	E	东向坐标

续表

显示符号	含　义	显示符号	含　义
Z	高程	ft	以英尺为单位
*	EDM（电子测距）正在进行	fi	以英尺与英寸为单位
m	以米为单位		

3.2.4.3 全站仪的基本操作

仪器出厂设置的开机模式为“角度测量”，开机且望远镜视准轴过零后即进入图3-16所示的角度测量模式界面，其各项功能见表3-7。

表3-7　角度测量键盘功能

页数	软键	显示符号	功　能
第1页(P1)	F1	置零	水平角置为0°00′00″
	F2	锁定	水平角读数锁定
	F3	置盘	通过键盘输入数字设置水平角
	F4	P1↓	显示第2页软键功能
第2页(P2)	F1	倾斜	设置倾斜改正开或关，若选择开则显示倾斜改正
	F2	---	---
	F3	V%	垂直角与百分比坡度的切换
	F4	P2↓	显示第3页软键功能
第3页(P3)	F1	H—蜂鸣	仪器转动至水平角0°、90°、180°、270°是否蜂鸣的设置
	F2	R/L	水平角右/左计数方向的转换
	F3	竖角	垂直角显示格式（高度角/天顶距）的切换
	F4	P3↓	显示第1页软键功能

1. 测角模式

按 ANG 键进入测角模式，它有P1、P2、P3 3页菜单，按回车键翻页，如图3-16所示，每一页菜单上所显示的功能需要按它所对应下方的软键来实现。

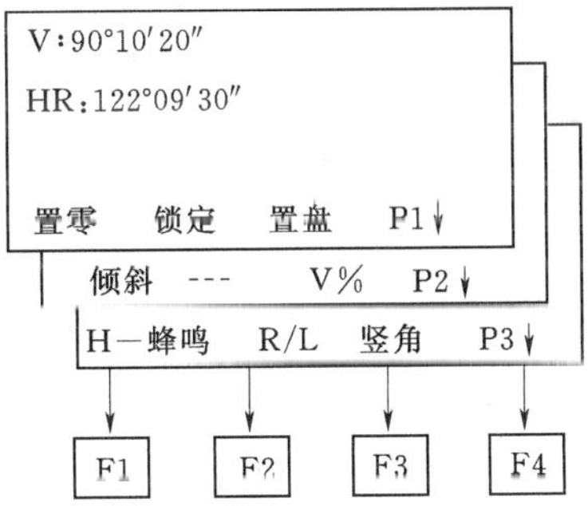

图3-16　角度测量模式（3个界面菜单）

全站仪角度观测中的度盘设置有3种方式，分别如下：

(1) 置零。按 F1 键，度盘设置成0°00′00″。

(2) 锁定。用水平微动螺旋转到所需的水平角，按 F2 键。

(3) 置盘。按 F3 键，通过键盘输入所要求的水平角，然后精确瞄准第二目标点，屏幕上显示即为瞄准的第二目标点的方向角值。

2. 测距模式

按◢键进入测距模式，它有 P1、P2 两页菜单，按F4键翻页，如图 3-17 所示，各软键的功能简介如表 3-8 所示。

表 3-8 距离测量键盘功能

页数	软键	显示符号	功能
第 1 页（P1）	F1	测量	启动距离测量
	F2	模式	设置测距模式为“精测/跟踪/---”
	F3	S/A	温度、气压、棱镜常数等设置
	F4	P1↓	显示第 2 页软键功能
第 2 页（P2）	F1	偏心	偏心测量模式
	F2	放样	距离放样模式
	F3	m/f/i	距离单位的设置“米/英尺/英寸”
	F4	P2↓	显示第 1 页软键功能

在进行距离测量前通常需要确认大气改正的设置和棱镜常数的设置，再进行距离测量。

（1）大气改正的设置。在距离测量模式下按F3键，如图 3-18 所示，继续按F2（PPM）键，显示当前设置值，可以按F1键输入大气改正值，按F4键确认。

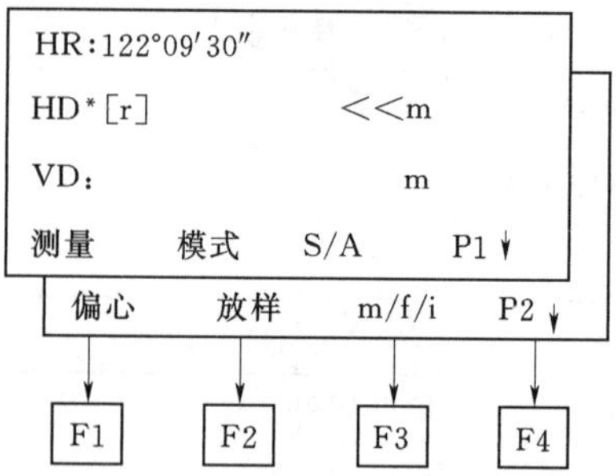

图 3-17 距离测量模式

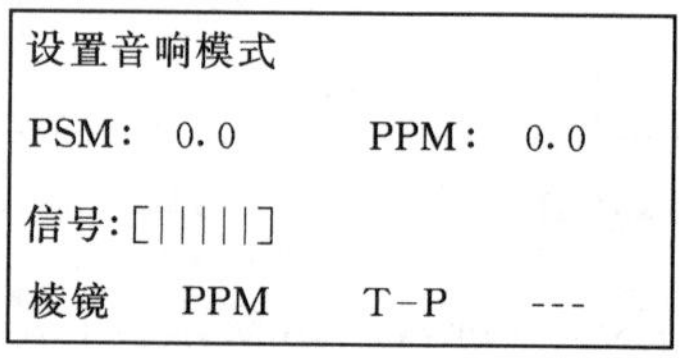

图 3-18 大气改正和棱镜常数设置

（2）反射棱镜常数的设置。南方全站仪的棱镜常数的出厂设置为－30，若使用棱镜常数不是－30 的配套棱镜，则必须设置相应的棱镜常数。

在如图 3-18 所示页面状态下，按F1（棱镜）键，进入棱镜常数设置页面，按F2键进入棱镜常数改正值，按回车键确认。

安置好仪器，照准棱镜中心，按◢键，距离测量开始，屏幕出现“★”标志，表示测距正在进行。屏幕显示水平角（HR）、平距（HD）和高差（VD），再次按◢键，显示变为水平角（HR）、垂直角（V）和斜距（SD）。

在距离测量模式下，按F2（模式）键来进行精测/跟踪模式设置，按F1（精测）键进行精测，按F2（跟踪）键进行跟踪测量。

3. 坐标模式

进入坐标模式，它有P1、P2、P3 3页菜单，按F4键翻页，如图3-19所示，各软键的功能简介如表3-9所示。

表3-9　坐标测量键盘功能

页数	软键	显示符号	功　　能
第1页（P1）	F1	测量	启动测量
	F2	模式	设置测距模式为“精测/跟踪”
	F3	S/A	温度、气压、棱镜常数等设置
	F4	P1↓	显示第2页软键功能
第2页（P2）	F1	镜高	设置棱镜高度
	F2	仪高	设置仪器高度
	F3	测站	设置测站坐标
	F4	P2↓	显示第3页软键功能
第3页（P3）	F1	偏心	偏心测量模式
	F2	---	---
	F3	m/f/i	距离单位的设置“米/英尺/英寸”
	F4	P3↓	显示第1页软键功能

坐标测量在施测前应进行起始方向的设置，可以先在测角模式下，将后视方向水平度盘读数设置为该方向的方位角，在坐标测量模式下执行第二页的“测站”命令，键入测站点的坐标，开始坐标测量。下面来讲述它的操作过程。

首先在测角模式下，设置已知点的方向角，如图3-20所示。然后照准后视点棱镜，进入坐标测量模式，按F4键，转到第二页菜单功能，如图3-21（a）所示，按F3（测站）键，输入测站的N、E、Z坐标数据，如图3-21（b）所示，然后按F4键，显示屏返回坐标测量显示。

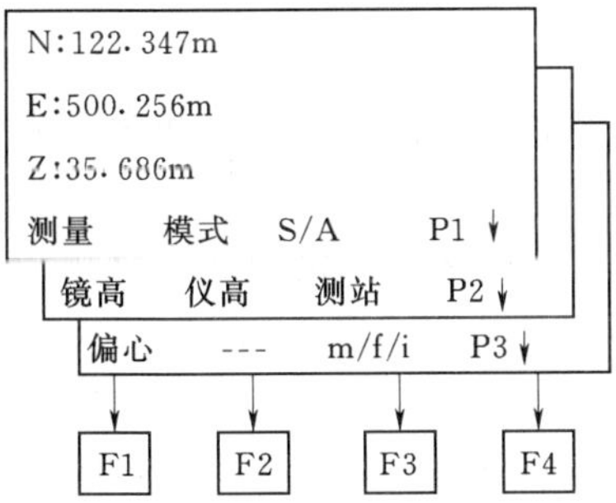

图3-19　坐标测量模式

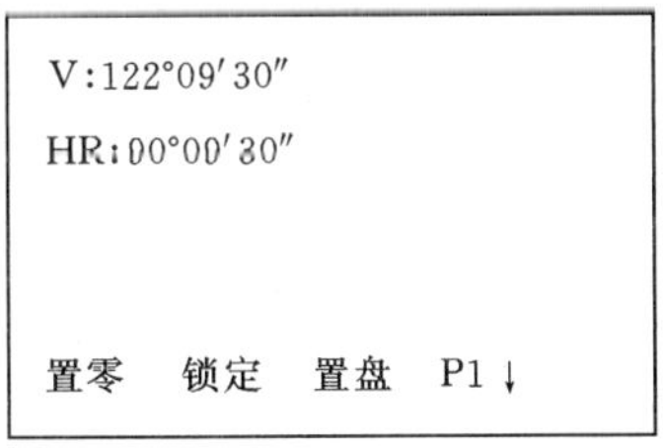

图3-20　设置已知方向角

N:	286.245m		
E:	76.233m		
Z:	14.568m		
测量	模式	S/A	P1↓
镜高	仪高	测站	P2↓

(a)

N:	36.976m		
E→	0.000m		
Z:	0.000m		
输入	---	---	回车

(b)

图 3-21　坐标测量——输入测站点坐标

继续按F4键，再转到第二页菜单功能，按F2（仪高）键，显示当前值，输入仪器高，如图 3-22（a）所示，然后按回车键；再转到第二页菜单功能，按F1（镜高）键，显示当前值，输入棱镜高，见图 3-22（b）；然后按回车键，显示屏返回坐标测量显示后，瞄准待测目标点，按F1（测量）键开始坐标测量，完毕后，瞄准下一个待测目标点继续按F1键测量。

仪器高			
输入			
仪高	0.000m		
输入	---	---	回车

(a)

镜高			
输入			
镜高	0.000m		
输入	---	---	回车

(b)

图 3-22　坐标测量——输入仪器高和棱镜高

3.3　导线角度测量

水平角的观测方法有多种，无论采用何种方法，为了消除仪器的某些误差，一般用盘左和盘右两个位置进行观测。盘左就是观测者对着望远镜的目镜时，竖盘在望远镜的左边；盘右就是观测者对着望远镜的目镜时，竖盘在望远镜的右边。盘左又称正镜；盘右又称倒镜。

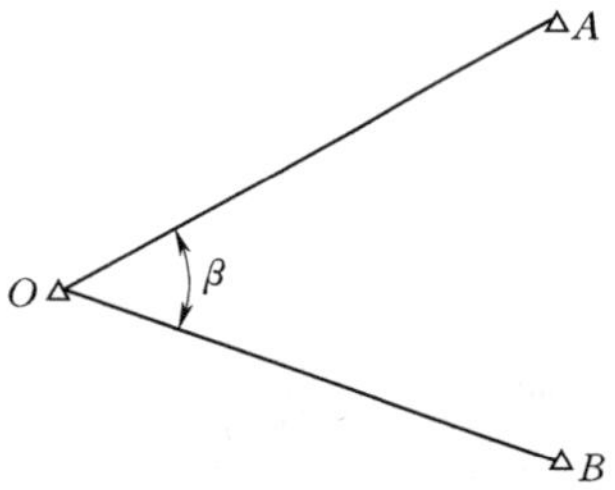

图 3-23　测回法示意图

常用的水平角的观测方法有测回法和全圆测回法。

3.3.1　测回法

测回法常用于观测两个方向之间的夹角，是水平角观测的基本方法。设要测的水平角为$\angle AOB$（图 3-23），在 O 点安置经纬仪，分别照准 A、B 两点的目标进行读数，两读数之差即为要测的水平角值。其具体操作步骤如下：

（1）盘左位置。瞄准目标 A，使标杆或测钎准确地夹在双竖丝中间（或单丝去平分）；为了降低标杆或测钎竖立不直的影响，应尽量瞄准标杆或测钎的最低部位。

（2）读取水平度盘读数 $a_{左}$，记入观测手簿。

（3）顺时针方向转动照准部，用同样的方法瞄准目标 B，读记水平度盘读数 $b_{左}$；以上两步称盘左半测回或上半测回，测得角值为 $\beta_{左}=b_{左}-a_{左}$。

（4）倒转望远镜，盘左变成盘右，按上述方法先瞄准目标 B，记水平度盘读数 $b_{右}$。

（5）逆时针转动照准部，瞄准目标 A，记水平度盘读数 $a_{右}$。

以上（3）、（4）两步称盘右测回或下半测回，测得角值为 $\beta_{右}=b_{右}-a_{右}$。

盘左和盘右两个半测回合在一起称一测回。两个半测回得角值的平均值就是一测回的观测结果，即

$$\beta=\frac{1}{2}(\beta_{左}+\beta_{右}) \tag{3-1}$$

采用盘左、盘右两个位置观测水平角，可以抵消某些仪器构造误差对测角的影响，同时可以检查观测中有无错误。由于水平度盘注记是顺时针方向增加的，因此在计算角值时，无论是盘左还是盘右，均应用右侧的读数减去左侧目标的读数，如果不够减，则应加上 360°再减。为了提高测量精度，往往需要对某角度观测多个测回，为了减少度盘分划步均匀误差的影响，按 $\delta=\frac{180}{n}(i-1)$ 设置各测回度盘的起始读数。

测回法通常有两项限差，一是两个半测回的方向值（即角值）之差，二是各测回方向值之差；对于不同精度的仪器，有不同的规定限值。就 DJ_6 经纬仪而言，半测回角度之差应小于 40″，各测回角度之差应小于 24″，如果超限，应找出原因并重测，表 3-10 所示为测回法观测记录表。

表 3-10　测回法观测记录表

测站	测回	垂直度盘位置	目标	度盘读数（° ′ ″）	半测回角值（° ′ ″）	一测回角值（° ′ ″）	各测回平均值（° ′ ″）	备注
O	1	左	A	0 00 06	85 35 42	85 35 39	85 35 41	
			B	85 35 48				
		右	B	180 00 12	85 35 36			
			A	265 35 48				
	2	左	A	90 01 06	85 35 48	85 35 42		
			B	175 36 54				
		右	B	270 01 06	85 35 36			
			A	355 36 42				

3.3.2 全圆测回法

观测 3 个及以上的方向时，通常采用全圆测回法（也称方向观测法或全圆方向法），它是以某一个目标作为起始方向（又称零方向），依次观测出其余各个目标相对于起始方向的方向值，然后根据方向值计算水平角值。

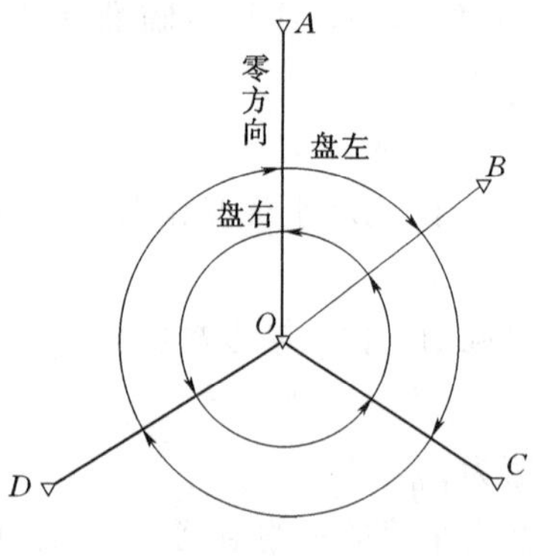

图 3-24 全圆测回法示意图

设在图 3-24 所示的测站 O 上观测到 A、B、C、D 各个方向之间的水平角，用全圆测回法的操作步骤如下：

3.3.2.1 观测步骤

(1) 将仪器安置于测站 O 上，对中、整平。

(2) 选与 O 点相对较远的目标 A 作为零方向。

(3) 盘左位置，照准部标 A，配置度盘的起始读数。读取该数并记入观测手簿中。

(4) 顺时针方向转动照准部，依次瞄准目标 B、C、D，读取相应的水平读数并记入观测手簿中。

(5) 为了检查观测过程中水平度盘是否变动，需要顺时针方向再次瞄准零方向 A 并读取水平度盘的读数。这一步骤称为"归零"，两次零方向读数之差称为半测回归零差。使用 DJ_6 经纬仪观测，半测回归零差不应大于 18″。如果半测回归零差超限，应立即查明原因并重测。

以上 (3) ～ (5) 步为上半测回，可见上半测回的观测顺序为 A→B→C→D→A。

(6) 倒转望远镜使仪器成盘右位置，逆时针转动照准部，照准零方向 A，读取读数并记入观测手簿中。

(7) 逆时针方向转动照准部，依次照准目标 D、C、B，读取相应的读数并记入观测手簿中。

(8) 再逆时针转动照准部瞄准零目标点 A，读取水平度盘读数并计算归零误差是否超限，其限差规定同上半测回。

以上 3 步为下半测回，可见下半测回的观测顺序为 A→D→C→B→A。

上、下半测回合起来称为一测回。表 3-11 所示为两个测回的全圆测回法手簿的记录和计算举例。

表 3-11 **全圆测回法观测记录表**

测站	测回数	目标	水平度盘读数 盘左 (° ′ ″)	水平度盘读数 盘右 (° ′ ″)	2C (″)	平均值 (° ′ ″)	归零方向值 (° ′ ″)	各测回平均方向值 (° ′ ″)	平角值 (° ′ ″)
O	1	A	0 00 06	180 00 18	−12	(0 00 18) 0 00 12	0 00 00	0 00 00	81 53 52
		B	81 54 06	261 54 00	+06	81 54 03	81 53 47	81 53 52	71 38 40
		C	153 32 48	333 32 48	0	153 32 48	153 32 32	153 32 32	130 33 28
		D	284 06 12	104 06 06	+06	248 06 09	284 05 53	284 06 00	75 54 00
		A	0 00 24	180 00 18	+06	0 00 21			
	2	A	90 00 12	270 00 24	−12	(90 00 21) 90 0018	0 00 00		
		B	171 54 18	351 54 18	0	171 54 18	81 53 57		
		C	243 32 48	63 33 00	−12	243 32 54	153 32 33		
		D	14 06 24	194 06 30	−06	14 06 27	284 06 06		
		A	90 00 18	270 00 30	−12	90 00 24			

3.3.2.2 全圆测回法的计算及限差的规定

计算两倍照准轴误差（2C）及限差方法为：两倍照准轴误差用 2C 表示，它在数值上等于一测回同一方向的盘左读数 L 与盘右读数 $R\pm180°$之差，即

$$2C=L-(R\pm180°) \tag{3-2}$$

如果观测目标大致在水平方向，则 2C 值应该为一常数。但实际观测中，由于观测误差的产生是不可避免的，各方向的 2C 值不可能相等。同一测回中，2C 的最大值与最小值之差称为“2C 互差”。在进行水平角的测量时更多的是关注“2C 互差”。规范规定 J_6 型仪器同测回 2C 互差绝对值不得大于 36″。

1. 计算各方向读数的平均值

取每一方向盘左读数与盘右读数±180°的平均值，作为该方向的平均数，即

$$平均读数=\frac{L+(R\pm180°)}{2} \tag{3-3}$$

由于归零起始方向有两个平均读数，应再取其平均值，作为该方向的平均读数。

2. 测回同一方向归零方向值的计算

为了便于以后的计算和比较，要把起始方向值（零方向值）改化成 0°00′00″，即把原来的方向值减去起始方向 A“归零”后的平均值。公式为

$$归零方向值=平均读数-零方向平均读数 \tag{3-4}$$

如果进行多个测回观测，同一方向的各测回观测得到的归零方向理论上应该是相等的，但实际会包含有误差，它们之间的差值称为“同一方向各测回归零值之差”。

3. 各测回平均归零方向值的计算

将各测回同一方向的归零方向值相加减并除以回数，即得该方向各测回平均归零方向值。

4. 水平角计算

将组成该角的两个方向的值相减即可得该水平角。

3.3.2.3 重测及原始数据更改的规定

1. 重测的规定

重测就是观测结果超出规定限差而需要重新进行的观测。重测通常在基本测回完成后进行。其规定如下：

（1）2C 互差、两个半测回同一方向值互差或各测回同一方向值互差超限时，应均重测超限方向并联测零方向。

（2）零方向的 2C 互差或下半测回的归零差超限，均应重测该测回。方向观测法中一测回中，重测的方向数超过该测回方向总数的 1/3 时，该测回应重测。

（3）采用方向观测法时，每站基本测回中重测的方向数，不应超过全部方向测回总数的 1/3，否则重测该测回。

（4）因度错度盘、测错方向、读记错误、上半测回归零差超限、碰动仪器及其他原因未测定的测回，均应立即重新观测，而不算作重测测回数，称之为补测。对补测没有限制。

2. 原始数据更改的规定

（1）读记错误的秒值不允许改动，应重新观测。读记错误的度、分值，必须现场更

改，但同一方向盘左、盘右、半测回值三者之间不得同时更改两个相关数字，同一测站不得有两个相关的数字连环更改，否则均应重测。

(2) 凡更改错误，均应将错误数字、文字用横线整齐划去，在其上方写出正确的数字或文字。原错误数字或文字应仍能看清楚，以便检查。需要重测的方向或需要重测的测回可用从左上角至右下角的斜线划去。凡划改的数字或划去的不合格成果，均应在备注栏内注明原因。需要重测的方向或测回，应注明重测结果所在的页数。废站页应整齐划去并注明原因。

(3) 补测或重测结果不得记录在测错的手簿页数之前。

3.3.3　角度观测注意事项

开机设置读数指标后，就进入角度测量模式，或者按 ANG 键进入角度测量模式。

1. 水平角右角和垂直角测量

如图 3-25 所示，欲测 A、B 两方向的水平角，在 O 整置仪器后，照准目标 A，按 F1 (OSET) 键和 YES 键，可设置目标 A 的水平读数为 $0°00'00''$。旋转一起照准目标 B，直接显示目标 B 的水平角 H 和垂直角 V。

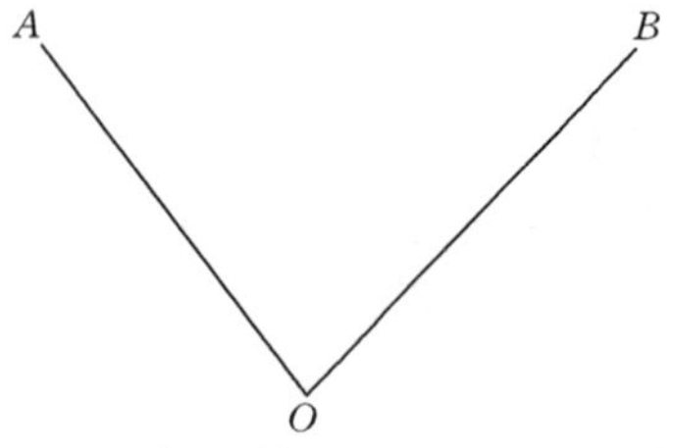

图 3-25　水平角

2. 水平角右角、左角的切换

水平角右角，即仪器右旋角，从上往下看水平度盘，水平读数顺时针增大；水平角左角，即左旋角，水平读数逆时针增大。在测角模式下，按 F4 (↓) 键两次转到第 3 页功能。每按 F2 (R/L) 键一次，右角交替切换。通常使用右角模式观测。

3. 水平角读数设置

方法 1：通过锁定水平读数进行设置。先转动照准部，使水平读数接近要设置的读数，接着用水平微动螺旋旋转至所需的水平读数，然后按 F2 (HOLD) 键，使水平读数不变，再转动照准部照准目标。按 YES 键完成水平读数设置。

方法 2：通过键盘输入进行设置，先照准目标，再按 F3 (HSET) 键，按提示输入所要的水平读数。在测角模式下，可进行角度复测、水平角 90°间隔蜂鸣声的设置。垂直角与百分度（坡度）切换、天顶距与高度角切换等。

3.4　导 线 距 离 测 量

距离测量可设为单次测量和 N 次测量。一般设为单次测量，以节约用电。距离测量可区分 3 种测量模式，即精测模式、粗测模式、跟踪模式。一般情况选用精测模式观测，最小显示单位为 1mm，测量时间约 2.5s。粗测模式最小显示单位为 10mm。测量时间约 0.7s。跟踪模式用于观测移动目标，最小显示单位为 10mm，测量时间为 0.3s。

3.4.1　距离测量

当距离测量模式和观测次数设定后，在测角模式下，照准棱镜中心，按◢键，即开始连续测量距离，显示内容从上往下为水平角（HR）、平距（HI）和高差（VD）。若再按◢键一次，显示内容变为水平角（HR）、垂直角（V）和斜距（SD）。当不再需要连续测量时，可按 F1 （MEAS）键，按设定的次数距离测量，最后显示距离平均值。

注意：当光电测距正在工作时，HD 右边出现“*”标志。

3.4.2　放样

在距离测量模式下，按（S.O）键（第 2 页 F2 ）可进行距离放样，显示出测量的距离与设计的放样距离之差。在放样（S.O）模式下，选择平距（HD）、高差（VD）和斜距（SD）中的一种测量方式输入放样设计的距离，然后照准棱镜，按◢键，开始放样测量，显示测量距离与放样设计距离之差。移动棱镜，直到与设计距离的差值为 0m。

3.5　平面控制测量数据处理

3.5.1　方位角的计算

3.5.1.1　方位角的定义

从标准方向的北端顺时针方向量至某直线的水平夹角，称为该直线的方位角，从坐标纵轴方向的北端起顺时针方向量到某直线的水平角，称为该直线的坐标方位角，其取值范围是 0°～360°，坐标方位角一般用 α 表示。

3.5.1.2　象限角

直线与纵坐标线有两个夹角，其中与纵坐标线所夹的锐角，称为象限角，以 R 表示。如图 3-26 所示，通过直线起点 O 的纵坐标线（南北方向线）和横坐标线（东西方向线）将平面划分为 4 个象限。直线 OP_1 位于第Ⅰ象限，象限角为 R_1；直线 OP_2 位于第Ⅱ象限，象限角为 R_2；直线 OP_3 位于第Ⅲ象限，象限角为 R_3；直线 OP_4 位于第Ⅳ象限，象限角为 R_4。显然，象限角的变化范围是 0°～90°。

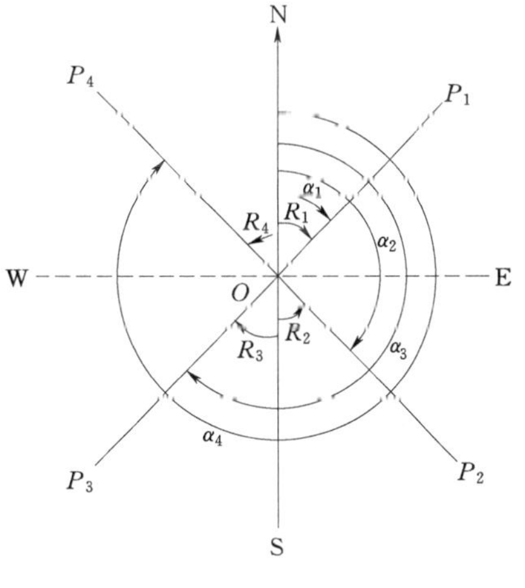

图 3-26　象限角

由图 3-26 中可知，直线的方位角与象限角存在下列关系：

直线位于第Ⅰ象限：$\alpha_1=R_1$；直线位于第Ⅱ象限：$\alpha_2=180°-R_2$；直线位于第Ⅲ象限：$\alpha_3=180°+R_3$；直线位于第Ⅳ象限：$\alpha_4=360°-R_4$。

用象限角来表示直线的方向，必须注明直线所处的象限。第Ⅰ象限记为“北东”，第Ⅱ象限记为“南东”，第Ⅲ象限记为“南西”，第Ⅳ象限记为“北西”。在图 3-26 中，假定 $R_1=42°30'$、$R_3=44°18'$，则应分别记为 $R_1=$北东 42°30′、$R_3=$南西 44°18′。

3.5.1.3　坐标方位角的推算

1. 正、反坐标方位角

测量工作中的直线都是具有一定方向的，一条直线存在正、反两个方向，如图 3-27 所示。就直线 AB 而言，点 A 是起点，B 点是终点。通过起点 A 的纵坐标轴北方向与直线 AB 所夹的坐标方位角 α_{AB} 称为直线 AB 的正坐标方位角；过终点 B 的纵坐标轴北方向与直线 BA 所夹的坐标方位角 α_{BA}，称为直线 AB 的反坐标方位角（是直线 BA 的正坐标方位角）。正、反坐标方位角互差 180°，即

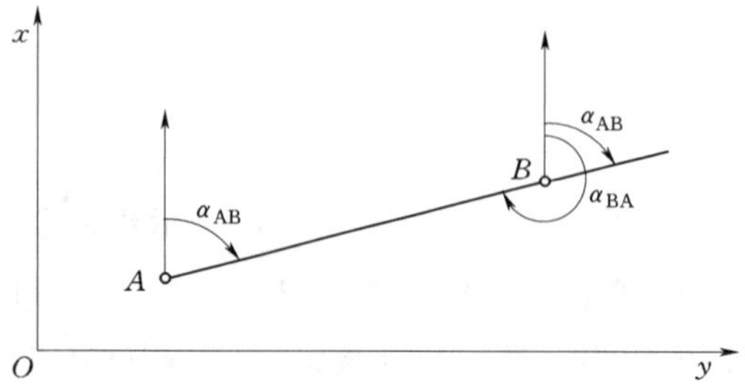

图 3-27　正、反坐标方位角

$$\alpha_{正}=\alpha_{反}\pm180° \tag{3-5}$$

2. 坐标方位角的推算

测量工作中并不直接测定每条直线的坐标方位角，而是通过与已知点的连测，由各相邻边构成的角度经计算求得各边的坐标方位角。如图 3-28 所示，通过已知坐标方位角和观测的水平角来推算出各边的坐标方位角。在推算时水平角 β 有左角和右角之分，图中沿前进方向 $A\rightarrow B\rightarrow C\rightarrow D\rightarrow E$ 左侧的水平角称为左角，沿前进方向右侧的水平角称为右角。

（1）邻边间坐标方位角的推算。

设 α_{AB} 为已知起始方位角，各转折角为左角。从图 3-27 中可以看出，每一边的正、反坐标方位角相差 180°，则有

$$\alpha_{BC}=\alpha_{AB}+\beta_{B左}-180° \tag{3-6}$$

同理有

$$\alpha_{CD}=\alpha_{BC}+\beta_{C左}-180° \tag{3-7}$$

$$\alpha_{DE}=\alpha_{CD}+\beta_{D左}-180° \tag{3-8}$$

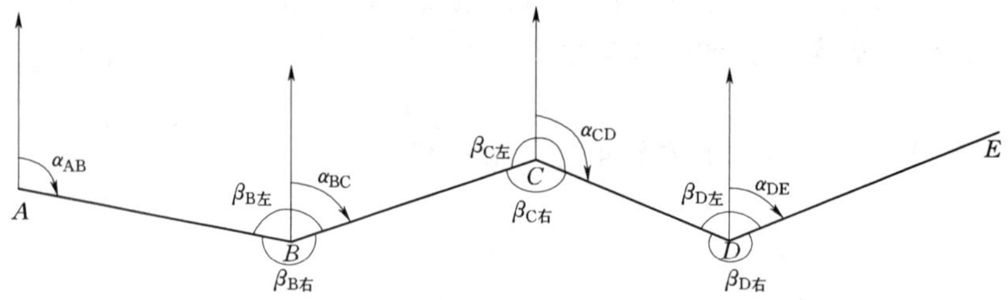

图 3-28　坐标方位角的推算

由此可知，按线路前进方向，由后一边的已知方位角和左角推算线路前一边的坐标方位角的计算公式为

$$\alpha_{前}=\alpha_{后}+\beta_{左}-180° \tag{3-9}$$

根据左、右角间的关系，将 $\beta_{左}=360°-\beta_{右}$ 代入式（3-9），则有

$$\alpha_{前}=\alpha_{后}-\beta_{右}-180° \tag{3-10}$$

综合式（3-9）和式（3-10）可得

$$\alpha_{前}=\alpha_{后}\pm\beta\pm180^\circ \tag{3-11}$$

式中，β 前的“±”取法为：当 β 为左角时取“+”，β 为右角时取“−”；180°前的“±”取法为：当 $\alpha_{后}\pm\beta<180^\circ$ 时取“+”，当 $\alpha_{后}\pm\beta>180^\circ$ 时取“−”。

（2）任意边坐标方位角的推算。

由已知边的坐标方位角，推算某一边的坐标方位角，将式（3-6）、式（3-7）、式（3-8）等号左、右两边依次相加，一直加到所求的终边（将所求的边看做是终边）。可得

$$\alpha_{终}=\alpha_{始}\pm\sum\beta\pm n\times180^\circ \tag{3-12}$$

式（3-12）即为坐标方位角计算公式的通式。式中，$\pm\beta$ 的“±”取法为：β 为左角时取“+”，β 为右角时取“−”；n 是转折角的个数，“±”可任取“+”或“−”，但要注意在最后的结果中根据方位角的范围进行加上或减去若干个 360°的计算，使方位角在 0°～360°范围内。

例 3.1 在图 3-28 中，已知 $\alpha_{AB}=30^\circ$，$\beta_{B左}=120^\circ$，$\beta_{C左}=210^\circ$，$\beta_{D左}=100^\circ$，根据式（3-12），得 $\alpha_{DE}=30^\circ+120^\circ+100^\circ+3\times180^\circ=1000^\circ$，化为 $1000^\circ-2\times360^\circ=280^\circ$

或 $\alpha_{DE}=30^\circ+120^\circ+100^\circ-3\times180^\circ=-80^\circ$，化为 $-80^\circ+360^\circ=280^\circ$

所以 $\alpha_{DE}=280^\circ$

3.5.2 坐标正、反算

3.5.2.1 坐标正算

根据直线始点的坐标、直线的水平距离及其方位角计算直线终点的坐标，称为坐标正算，主要用于计算未知点的平面坐标。如图 3-29 所示，直线 AB 的始点 A 的坐标（x_A，y_A）为已知，测得 AB 直线的水平距离 D_{AB} 和方位角 α_{AB}，则终点 B 的坐标（x_B，y_B）可按下列步骤计算。

由图 3-28 可以看出 A、B 两点间纵、横坐标增量分别为

$$\left.\begin{aligned}\Delta x_{AB}=D_{AB}\cos\alpha_{AB}\\ \Delta y_{AB}=D_{AB}\sin\alpha_{AB}\end{aligned}\right\} \tag{3-13}$$

B 点的坐标计算式为

$$\left.\begin{aligned}x_B=x_A+\Delta x_{AB}=x_A+D_{AB}\cos\alpha_{AB}\\ y_B=y_A+\Delta y_{AB}=y_A+D_{AB}\sin\alpha_{AB}\end{aligned}\right\} \tag{3-14}$$

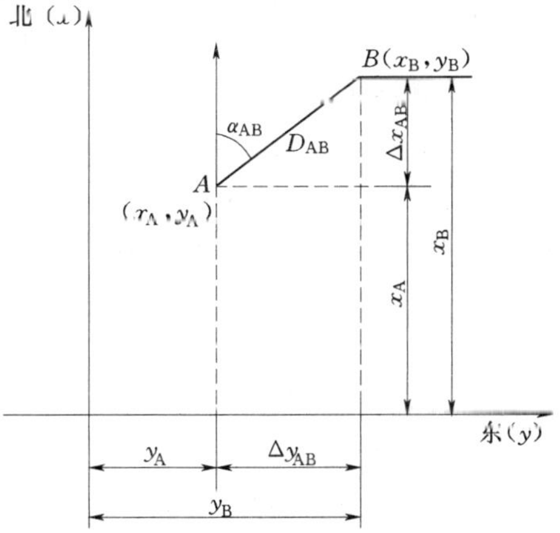

图 3-29 坐标反算

3.5.2.2 坐标反算

根据直线始点和终点的坐标，计算两点间的水平距离和该直线的坐标方位角，称为坐标反算，主要用于求算起始方位角和边长的校检。

如图 3-29 所示，A、B 两点的水平距离及方位角可按下列公式计算，即

$$D_{AB}=\sqrt{\Delta x_{AB}^2+\Delta y_{AB}^2}=\sqrt{(x_B-x_A)^2+(y_B+y_A)^2} \tag{3-15}$$

$$\alpha_{AB}=\arctan\frac{\Delta y_{AB}}{\Delta x_{AB}}=\arctan\frac{y_B-y_A}{x_B-x_A} \tag{3-16}$$

根据式（3－16）计算所得的角值，需要进行象限的判别。

（1）当 $\Delta x_{AB}>0$，$\Delta y_{AB}>0$ 时，α_{AB}位于第Ⅰ象限内，范围在 0°～90°之间，计算的角值即为该方位角值。

（2）当 $\Delta x_{AB}<0$，$\Delta y_{AB}>0$ 时，α_{AB}位于第Ⅱ象限内，范围在 90°～180°之间。计算得到的负角值应加上 180°，即得所求方位角值。

（3）当 $\Delta x_{AB}<0$，$\Delta y_{AB}<0$ 时，α_{AB}位于第Ⅲ象限内，范围在 180°～270°之间。计算得到的正角值应加上 180°，即得所求方位角值。

（4）当 $\Delta x_{AB}>0$，$\Delta y_{AB}<0$ 时，α_{AB}位于第Ⅳ象限内，范围在 270°～360°之间。计算得到的负角值应加上 360°，即得所求方位角值。

如果先计算出坐标方位角值，也可用式（3－17）计算水平距离 D_{AB}，即

$$D_{AB}=\frac{\Delta y_{AB}}{\sin\alpha_{AB}}=\frac{\Delta x_{AB}}{\cos\alpha_{AB}} \tag{3-17}$$

例 3.2 已知 A 点的坐标为（541.25，685.37），AB 边的边长为 75.25m，AB 边的坐标方位角 α_{AB}为 50°30′，试求 B 点坐标。

解：

$$x_B=541.25+75.25\cos 50°30'=589.11$$

$$y_B=685.37+75.25\sin 50°30'=743.43$$

例 3.3 已知 A、B 两点的坐标为 A（500.00，850.87）、B（325.14，983.65），试计算 AB 的边长及 AB 边的坐标方位角。

解：

$$D_{AB}=\sqrt{(325.14-500.00)^2+(983.65-850.87)^2}=219.56$$

$$\alpha_{AB}=\arctan\frac{983.65-850.87}{325.14-500.00}=\arctan(-0.76)=-37°14'05''$$

由于 $\Delta x_{AB}<0$、$\Delta y_{AB}>0$，所以 α_{AB}应为第Ⅱ象限的角，根据方位角的判别方法，有

$$\alpha_{AB}=-37°14'05''+180°=142°45'55''$$

3.5.3 导线平差计算

3.5.3.1 导线计算的步骤

平差计算主要是 3 大步：①求闭合差；②求改正数；③求改正后的观测值。在导线测量中主要是有角度观测和边长两种不同类型的观测值，所以在导线计算时必须对这两个观测值进行平差计算。这也是导线平差计算的核心内容，主要步骤如下。

1. 角度平差计算

（1）计算角度闭合差。

（2）计算角度改正数。

（3）计算改正后的角度值。

2. 方位角计算

也即相邻边方位角计算。

3. 坐标增量计算

对于边长的平差计算主要体现在对坐标增量的平差计算中。

（1）计算相邻边之间的坐标增量，有

$$\left.\begin{aligned}\Delta x_{AB}&=D_{AB}\cos\alpha_{AB}\\ \Delta y_{AB}&=D_{AB}\sin\alpha_{AB}\end{aligned}\right\}$$

(2) 计算坐标增量闭合差，有

$$f_x=\sum\Delta x_{测}-\sum\Delta x_{理} \tag{3-18}$$

$$f_y=\sum\Delta y_{测}-\sum\Delta y_{理} \tag{3-19}$$

(3) 坐标闭合差的调整和分配，有

$$\left.\begin{aligned}V_{xi}=-\frac{f_x}{\sum D}D_i\\V_{yi}=-\frac{f_y}{\sum D}D_i\end{aligned}\right\}$$

(4) 改正后坐标增量，有

$$\Delta x_i'=\Delta x_i+V_{xi}$$
$$\Delta y_i'=\Delta y_i+V_{yi}$$

4. 坐标计算

$$\left.\begin{aligned}x_i=x_{i-1}+\Delta x'_{(i-1)i}\\y_i=y_{i-1}+\Delta y'_{(i-1)i}\end{aligned}\right\}$$

3.5.3.2 导线计算示例

现以导线计算图 3-30 所示数据为例，结合表 3-12 介绍附合导线的计算步骤。计算前先将图 3-30 中的有关数据（如点号、观测角、边长、已知方位角和已知坐标）填入表 3-12 中相应栏内，然后按下列步骤进行计算：

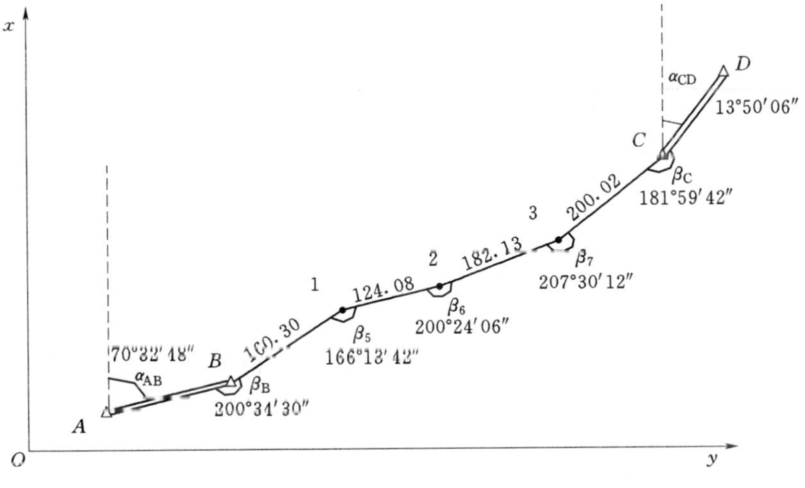

图 3-30 附合导线算例

1. 角度闭合差的计算与调整

根据起始边方位角 α_{AB} 及观测的右角 β，按式（3-12）推算出终边方位角 α'_{CD} 得

$$\alpha_{CD}=\alpha_{AB}+5\times180°-\sum\beta \tag{3-20}$$

写成一般公式为

$$\alpha_{终}=\alpha_{始}+n\times180°-\sum\beta \tag{3-21}$$

式中 $\alpha_{终}$——已知的终边方位角；

$\alpha_{始}$——已知的起始边方位角；

$\sum\beta$——导线转折角的总和；

n——附合导线观测角个数。

假定转折角没有误差，则得到附合导线左角之和的理论值的计算公式为

$$\sum\beta_{理}=\alpha_{始}-\alpha_{终}+n\times180° \tag{3-22}$$

如果导线的角度为左角，则左角之和的理论值计算公式为

$$\sum\beta_{理}=\alpha_{终}-\alpha_{始}+n\times180° \tag{3-23}$$

根据测量误差理论知道，导线转折角的观测不可避免地存在误差，观测角的总和$\sum\beta_{测}$与理论值$\sum\beta_{理}$不相等，于是产生附合导线的角度闭合差，用 f_β 表示为

$$f_\beta=\sum\beta_{测}-\sum\beta_{理} \tag{3-24}$$

根据图根导线技术要求表 3-4 的规定，当测图比例尺为 1∶500～1∶2000 时，允许的角度闭合差为

$$\Delta f_{\beta允}=\pm60''\sqrt{n} \tag{3-25}$$

表 3-12　　经纬仪导线观测手簿

测站	测回	竖盘位置	目标	水平度盘读数（° ′ ″）	半测回水平角（° ′ ″）	一测回水平角（° ′ ″）	各测回平均值（° ′ ″）	边长（m）	备注
B	第Ⅰ测回	左	1	0 00 06	200 34 36	200 34 33	200 34 30	160.30	
			A	200 34 42					
		右	1	180 00 12	200 34 30				
			A	20 34 42					
	第Ⅱ测回	左	1	90 01 00	200 34 24	200 34 27			
			A	290 35 24					
		右	1	270 01 12	200 34 30				
			A	110 35 42					

如果 $f_\beta\leqslant f_{\beta允}$，说明观测的结果符合要求，则可进行角度闭合差的调整，否则，应分析原因进行重测。角度闭合差调整的原则是：以闭合差相反的符号平均分配到各个观测角中。

各角的改正数 V_β 表示为

$$V_\beta=-\frac{f_\beta}{n} \tag{3-26}$$

改正后的角度用 β_i' 表示为

$$\beta_i'=\beta_i+V_\beta$$

在图 3-30 中：

$$\sum\beta_{测}=956°42'12''$$

$$\sum\beta_{理}=\alpha_{CD}-\alpha_{AB}+5\times180°=956°42'42''$$

$$f_\beta=\sum\beta_{测}-\sum\beta_{理}=-30''$$

$$f_{\beta容}=\pm 60''\sqrt{n}=\pm 60''\sqrt{5}=\pm 134''$$

$f_\beta \leqslant f_{\beta容}$角度观测结果合格，可以进行闭合差的分配，各角改正数为

$$V_\beta=-\frac{f_\beta}{n}=-\frac{-30''}{5}=+6''$$

角度改正数填写在观测角的秒位上方，见表 3－13 第 2 栏。

由于图根导线的精度较低，计算时，改正数凑整到秒位即可。若闭合差不能整除或闭合差较小而不足于平均分配时，将余数或闭合差分配到短边相邻的角上。图 3－30 算例，角度闭合差的计算和调整见表 3－13 中的 2、3 栏和辅助计算。

2. 导线各边方位角的推算

根据起始边方位角和改正后的观测角，按本章介绍的方位角计算公式推算各边的方位角，即

左角公式 $$\alpha_{前}=\alpha_{后}+\beta'_{左}-180^\circ \tag{3-27}$$

右角公式 $$\alpha_{前}=\alpha_{后}+180^\circ-\beta'_{右} \tag{3-28}$$

例如，图 3－30 中观测角为右角，$B1$ 边方位角为

$$\begin{aligned}\alpha_{B1}&=\alpha_{AB}+180^\circ-\beta'_{B}\\&=70^\circ 32'48''+180^\circ-200^\circ 30'36''\\&=50^\circ 02'12''\end{aligned}$$

图 3－30 算例各边方位角的计算填写在表 3－13 中的第 4 栏。当从起始边方位角推算到终边时，应与终边的方位角相等作为推算方位角的校核。如果推算到终边时与终边的已知边方位角不相等，说明计算方位角过程中有错误，要进行检查，直到符合要求为止。

3. 坐标增量的计算

在计算前，将导线各边的长度填写到表 3－13 中第 5 栏内，然后计算各边的坐标增量，即

$$\left.\begin{aligned}\Delta x_{AB}&=D_{AB}\cos\alpha_{AB}\\ \Delta y_{AB}&=D_{AB}\sin\alpha_{AB}\end{aligned}\right\} \tag{3-29}$$

式中，AB 为任意边长两端点编号。如是 12 边，则有 12 边长的坐标增量为

$$\left.\begin{aligned}\Delta x_{12}&=D_{12}\cos\alpha_{12}\\ \Delta y_{12}&=D_{12}\sin\alpha_{12}\end{aligned}\right\}$$

例如，图 3－30 算例中，$B1$ 边的坐标增量计算为

$$\Delta x_{B1}=D_{B1}\cdot\cos\alpha_{B1}=160.30\times\cos 50^\circ 02'12''=102.96(\text{m})$$

$$\Delta y_{B1}=D_{B1}\cdot\sin\alpha_{B1}=124.08\times\sin 63^\circ 48'24''=122.86(\text{m})$$

采用有坐标正、反算功能的多功能计算器计算坐标增量非常快速，图 3－30 算例的各边坐标增量的计算，填写在表 3－13 的第 6、7 两栏内。

4. 坐标增量闭合差的计算和调整

（1）坐标增量闭合差的计算。

附合导线两端点的坐标是已知的，如图 3－30 所示。从 B 点推算到 C 点坐标的表达式为

$$x_1=x_B+\Delta x_{B1},\ y_1=y_B+\Delta y_{B1}$$

$$x_2 = x_1 + \Delta x_{12},\ y_2 = y_1 + \Delta y_{12}$$
$$x_3 = x_2 + \Delta x_{23},\ y_3 = y_2 + \Delta y_{23}$$
$$x_C = x_3 + \Delta x_{3C},\ y_C = y_3 + \Delta y_{3C}$$

将上式等号两边相加，得

$$x_C = x_B + \sum \Delta x, y_C = y_B + \sum \Delta y \tag{3-30}$$

或写成

$$\sum \Delta x = x_C - x_B, \sum \Delta y = y_C - y_B$$

上式中 B、C 是高级点，认为是理论值没有误差，另外按导线的推算方向 B 点为始点，C 点为推算的终点，因此可以写成

$$\sum \Delta x_{理} = x_{终} - x_{始}, \sum \Delta y_{理} = y_{终} - y_{始} \tag{3-31}$$

式中 $x_{始}$，$y_{始}$——附合导线始点的纵、横坐标；

$x_{终}$，$y_{终}$——附合导线终点的纵、横坐标。

由于坐标增量是采用角度和边长进行计算的，角度虽然通过改正，但还存在误差，另外边长也存在误差，因此，坐标增量计算值的代数和不等于其理论值，就产生坐标增量闭合差，用 f_x 和 f_y 分别表示纵、横坐标增量闭合差，即

$$f_x = \sum \Delta x_{测} - \sum \Delta x_{理} = \sum \Delta x_{测} - (x_{终} - x_{始}) \tag{3-32}$$
$$f_y = \sum \Delta y_{测} - \sum \Delta y_{理} = \sum \Delta y_{测} - (y_{终} - y_{始}) \tag{3-33}$$

式中 $\sum \Delta x_{测}$——各边坐标增量 Δx 计算值的总和；

$\sum \Delta y_{测}$——各边坐标增量 Δy 计算值的总和。

例如，算例表 3-13 的 6、7 两栏中各边坐标增量 Δx 计算值的总和与各边坐标增量 Δy 计算值的总和为

$$\sum \Delta x_{测} = +482.42\text{m}, \sum \Delta y_{测} = +414.14\text{m}$$

其理论的坐标增量总和为

$$\sum \Delta x_{理} = x_{终} - x_{始} = 984.79 - 502.45 = 482.34(\text{m})$$
$$\sum \Delta y_{理} = y_{终} - y_{始} = 738.07 - 323.81 = 414.26(\text{m})$$

纵、横坐标增量闭合差为

$$f_x = \sum \Delta x_{测} - \sum \Delta x_{理} = 482.42 - 482.34 = +0.08(\text{m})$$
$$f_y = \sum \Delta y_{测} - \sum \Delta y_{理} = 414.14 - 414.26 = -0.12(\text{m})$$

(2) 坐标增量闭合差的调整。

由于存在坐标增量闭合差，使导线附合导线从 B 到 C 点时，与 C 点不重合，用 f 表示，称为附合导线全长闭合差。导线全长闭合差为

$$f = \sqrt{f^2 x + f^2 y}$$

导线越长，导线测角和量距的误差积累就越大。将 f 值与导线的总长 $\sum D$ 之比，化为分子为 1 的分数表示，称为导线全长相对闭合差 K，即

$$K = \frac{f}{\sum D} = \frac{1}{\frac{\sum D}{f}}$$

表 3-13　　　　**附合导线坐标计算**

点号	转折角（右）（° ′ ″）	改正后转折角（° ′ ″）	坐标方位角 α（° ′ ″）	边长 D（m）	增量计算值（m）		改正后增量值（m）		坐标（m）	
					Δx	Δy	Δx	Δy	x	y
1	2	3	4	5	6	7	8	9	10	11
A										
			70 32 48							
B	+6 200 34 30	200 30 36							502.45	323.81
			50 02 12	160.30	−0.02 102.96	+0.03 122.86	102.94	122.89		
1	+6 166 13 42	166 13 48							605.39	446.70
			63 48 24	124.08	−0.02 54.77	+0.02 111.34	54.75	111.36		
2	+6 200 24 06	200 24 12							660.14	558.06
			43 24 12	182.13	−0.02 132.32	+0.03 125.15	132.30	125.18		
3	+6 207 30 12	207 30 18							792.44	683.24
			15 53 54	200.02	−0.02 192.37	+0.04 54.79	192.35	54.83		
C	+6 181 59 42	181 59 48							984.79	738.07
			13 50 06							
D										
Σ	956 42 12	956 42 42		666.53	−0.08 +482.42	+0.12 +414.14	+482.34	+414.26	+482.34	+414.26

辅助计算：

$\sum\beta_{测}=956°42'12''$　　$\sum\beta_{理}=956°42'42''$　　$f_\beta=\sum\beta_{测}-\sum\beta_{理}=-30''$

$f_{\beta容}=\pm60''\sqrt{n}=\pm60''\sqrt{5}=\pm134''$

$f_\beta<f_{\beta容}$ 角度观测合格，各角改正数：$V_\beta=-\dfrac{f_\beta}{n}=-\dfrac{-30''}{5}=+6''$

$f_x=\sum\Delta x_{测}-(x_C-x_B)=+0.08$　　$f_y=\sum\Delta y_{测}-(y_C-y_B)=-0.12$

$f_D=\sqrt{f_x^2+f_y^2}=0.14$　　$K=\dfrac{f_D}{\sum D}\approx\dfrac{1}{4800}$　　$K_{允}=\dfrac{1}{2000}$

K 值越小，表示导线测量的精度越高。在通常情况下，图根导线的 K 值不应超过 1/2000。困难地区也不应超过 1/1000。若 K 值符合精度要求，则可将增量闭合差以相反的符号，按边成正比例分配到各坐标增量上去，使改正后的坐标增量总和等于其理论值。纵、横坐标增量改正数用式（3-34）计算，即

$$V_{xi}=-\frac{f_x}{\sum D}\cdot D_i$$

$$V_{yi}=-\frac{f_y}{\sum D}\cdot D_i \tag{3-34}$$

式中　V_{xi}——第 i 边的横坐标增量，m；

　　V_{yi}——第 i 边的纵坐标增量，m；

　　$\sum D$——导线边长总和，m。

改正数的总和与增量闭合差的绝对值相等，符号相反，作为计算检核，即

$$\sum V_x = -f_x，\sum V_y = -f_y$$

对于图根导线，改正数一般取至 cm，坐标增量改正数写在表 3－13 中第 6、7 两栏坐标增量计算值的上方（如 6 栏中为 0.02m、0.02m、0.02m、0.02m）。改正后的坐标增量用 $\Delta x_i'$、$\Delta y_i'$表示，即

$$\Delta x_i' = \Delta x_i + V_{xi}，\Delta y_i' = \Delta y_i + V_{yi}$$

改正后坐标增量的总和应与其理论值相等作为校核，即

$$\left.\begin{aligned}\sum \Delta x_i' = \sum \Delta x_{理}\\ \sum \Delta y_i' = \sum \Delta y_{理}\end{aligned}\right\} \tag{3-35}$$

第4章　工程地形图测绘及应用

4.1　工程地形图基本知识

地面上天然形成或人工构筑的各种固定物体称为地物，如河流、湖泊、房屋、道路、桥梁、农田和森林等；地面高低起伏的自然形态称为地貌，如高山、丘陵、平原、洼地等。地物和地貌总称为地形。控制点建立后，根据控制点采集测区内地物和地貌特征点的相关定位数据，而后按测图比例尺和规定的符号绘制成地形图，这项测量工作称为地形测量。遵循"先控制后碎部"的原则，地形图的测绘应先根据测图目的及测区的具体情况建立平面及高程控制，然后根据控制点进行地物和地貌的测绘。通过实地施测，将地面上各种地物的平面位置按一定比例尺，用规定的符号缩绘在图纸上，注上代表性点的高程，这种图称为平面图；如果是既表示出各种地物，又用等高线表示出地貌的图，称为地形图。

图4-1所示为1∶2000比例尺的地形图示意图。

4.1.1　地形图的比例尺

图上任一直线段长度 l 与地面上相应线段的实地水平长度 D 之比，称为地形图的比例尺。地形图比例尺常用数字比例尺和图示比例尺两种。

数字比例尺是用分子为1，分母为整数的分数表示，即

$$\frac{l}{D}=\frac{1}{M}\text{或}\ l : D=1 : M$$

式中，M 为比例尺分母，如1∶500、1∶1000等，M 值越小比例尺越大。图示比例尺常见的是直线比例尺，它表示每基本单位图上线段长度所代表的实地长度。

图4-2所示为1∶500的图示比例尺，基本单位长度为2cm，代表实地长度为10m。图示比例尺标注在图纸的下方，便于用分规在图上直接量取直线段的水平距离，且可抵消图纸伸缩的影响。

地形图按比例尺可分为大、中、小3种。比例尺为1∶500、1∶1000、1∶2000、1∶5000、1∶1万的地形图称为大比例尺图，工程建设的规划、设计、施工等通常用此类地形图。1∶500、1∶1000的地形图一般用平板仪、经纬仪或全站仪测绘，1∶2000、1∶5000和1∶1万的地形图一般用更大比例尺的图缩制，1∶2000地形图常用于城市详细规划及工程项目初步设计，1∶5000和1∶1万的地形图则用于城市总体规划、厂址选择、区域布置、方案比较等。大面积的大比例尺测图也可以用航空摄影测量方法成图。比例尺为1∶2.5万、1∶5万、1∶10万的地形图称为中比例尺图，它是国家的基本图，由测绘部门用航空摄影测量方法成图。

1∶20万、1∶50万、1∶100万的地形图称为小比例尺图，一般根据大比例尺图和其他测量资料编绘而成。

丁家桥	凤凰山	祥湖村
塘尾村		瓷厂
周村	李家村	木材厂

灰埠镇
34.0—56.0

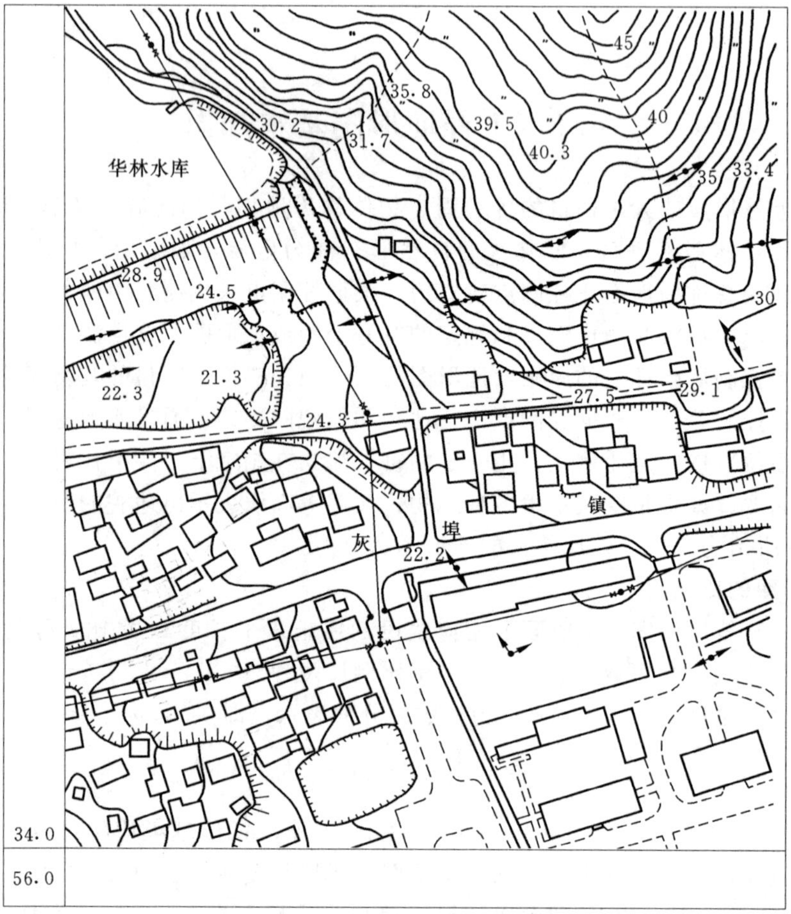

图 4-1　1∶2000 地形图示意

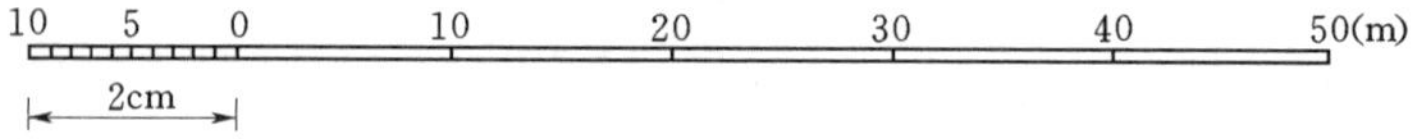

图 4-2　图示比例尺

由于人们正常眼睛在图上可分辨的最小长度为 0.1mm，一般在实地测图描绘或图上量测时，只能达到图上 0.1mm 的精确度。因此把地形图上 0.1mm 代表的实地水平距离称为比例尺精度，即 0.1mm。几种工程用图的比例尺精度见表 4-1。

表 4-1　　比 例 尺 精 度

比例尺	1∶500	1∶1000	1∶2000	1∶5000	1∶1万
比例尺精度（m）	0.05	0.10	0.20	0.50	1.00

由表 4-1 可知，例如测绘比例尺为 1∶2000 时，测图距离小于 0.2m 就无法在图上表示出来。由此可见，比例尺越大，其比例尺精度也越高，图上表示的地物、地貌越详尽、准确。比例尺精度的概念，对测图和设计用图都有重要的指导意义。首先，根据比例尺精度可以确定在测图时距离测量应准确到什么程度。例如，某项工程，要求在图上能反映地面上 10cm 的精度，则所选用的测图比例尺就不能小于 0.1mm/0.1m＝1∶1000。图的比例尺越大，测绘工作量和成本会成倍地增加，所以，当设计规定需在图上能量出实地最短长度时，根据比例尺精度可以确定合理的测图比例尺应根据工程规划、设计等的实际需要合理选择，不要盲目追求更大的比例尺。

4.1.2 地形图的分幅与编号

为了便于测绘、使用和管理，需将各种比例尺地形图进行统一的分幅和编号。地形图的分幅方法有两类：一类是按经纬线分幅的梯形分幅法，用于国家基本图和大面积 1∶2000、1∶5000 地形图；另一类是按坐标格网分幅的矩形分幅法，用于工程建设的大比例尺地形图。

4.1.2.1 梯形分幅与编号

梯形分幅法是按国际统一规定的经差和纬差划分而成的梯形图幅，又称国际分幅法。我国 1∶5000～1∶50 万 7 种比例尺地形图是以 1∶100 万地图为基础分幅和编号的。

1. 1∶100 万比例尺图的分幅与编号

按国际 1∶100 万地图会议（1913 年，巴黎）规定，1∶100 万的世界地图实行统一的分幅和编号。即自经度 180°开始起算，自西向东按经差 6°分成 60 纵行，各行依次用 1、2、…、60 表示纵行号；赤道向北或向南分别按纬差 4°分成 22 横列，各列依次用 A、B、…、V 表示。每一梯形格为一幅 1∶100 万的地图。其编号由其所在的“横列纵行”的编号组成。为了区分北、南半球，在列号前冠以 N 和 S（我国地处北半球，图号前的 N 全部省略）。由于随纬度的增高地图面积迅速缩小，规定在 60°～76°之间双幅合并，即按经差 12°、纬差 4°分幅；在 76°～88°之间 4 幅合并，经差为 24°，纬差为 4°；88°以上单独为一幅。我国处于 60°以下，不存在合幅问题。1∶100 万比例尺地形图的分幅与编号即按此方法进行的。例如，北京某地的经度为东经 116°24′29″，纬度为北纬 39°56′30″，则其所在的 1∶100 万比例尺图的图号为 J—50，如图 4-3 所示。

2. 1∶50 万、1∶25 万、1∶10 万地形图的分幅和编号

这 3 种比例尺地形图都是在 1∶100 万地形图基础上进行分幅和编号的，如图 4-4 所示。将一幅 1∶100 万地形图按经差 3°、纬差 2°分为 4 幅 1∶50 万地形图，从左到右、自上而下以 A、B、C、D 为代号，每幅的编号是在 1∶100 万图的编号后缀以相应代号组成，如 J—50—A。

一幅 1∶100 万地形图按经差 1°30′、纬差 1°分为 16 幅 1∶25 万地形图，以 [1]、[2]、[3]、…、[16] 为代号，每幅的编号是在 1∶100 万图的编号后缀以相应代号组成，如 J—50— [3]。一幅 1∶100 万地形图按经差 30′、纬差 20′分为 144 幅 1∶10 万地形图，以 1、2、3、…、144 为代号，其编号是在 1∶100 万地形图的编号后缀以相应代号组成，如 J—50—5。

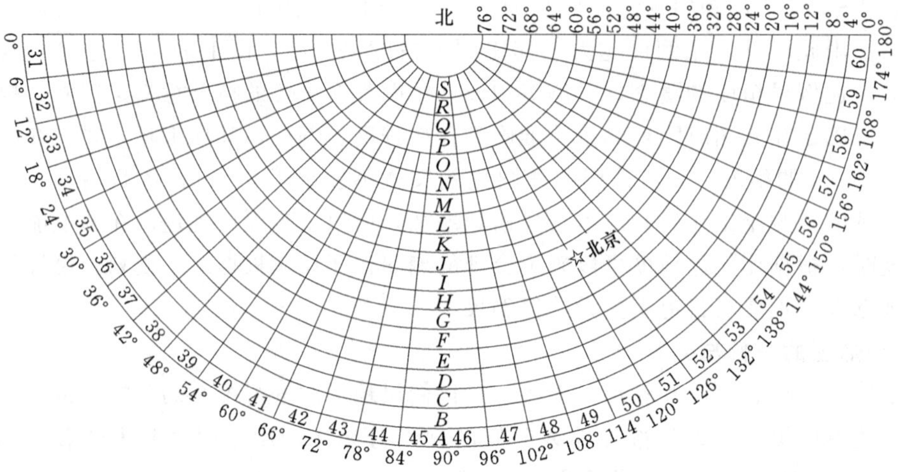

图 4-3　1∶100 万比例尺地形图梯形分幅和编号

3. 1∶5 万、1∶2.5 万、1∶1 万地形图的分幅和编号

如图 4-5 所示，将一幅 1∶10 万地形图分为 2 行 2 列共 4 幅 1∶5 万地形图，从左到右、自上而下以 A、B、C、D 为代号，其编号是在 1∶10 万地形图的编号后加上相应代号组成，如 J—50—5—B。

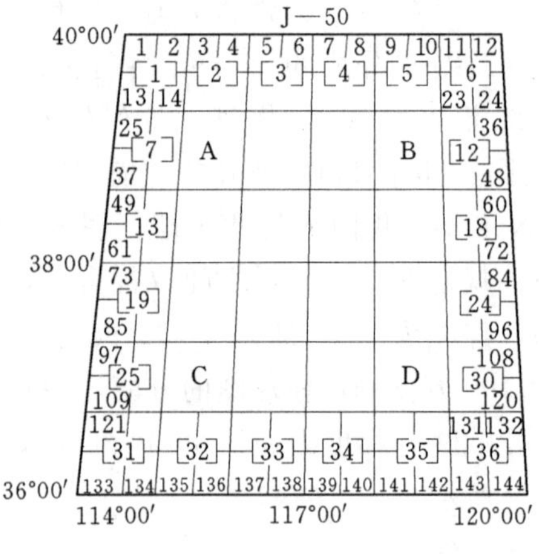

图 4-4　1∶50 万、1∶25 万、1∶10 万地形图的分幅和编号

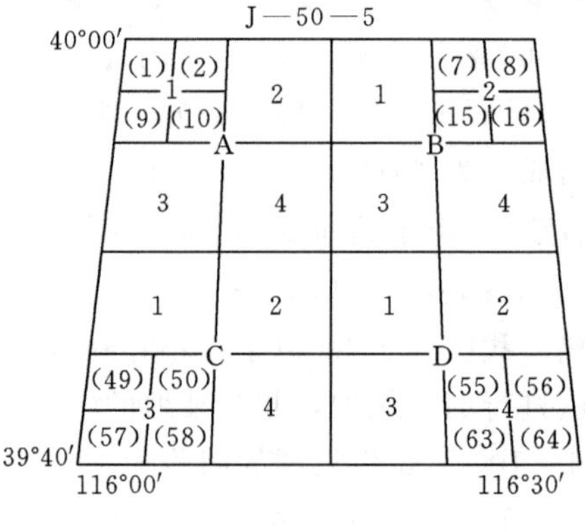

图 4-5　1∶5 万、1∶2.5 万和 1∶1 万地形图的分幅和编号

将一幅 1∶5 万地形图分为 2 行 2 列共 4 幅 1∶2.5 万地形图，以 1、2、3、4 为代号，每幅的编号是在 1∶5 万地形图的编号后加上相应代号组成，如 J—50—5—B—2。

将一幅 1∶10 万地形图分为 8 行 8 列共 64 幅 1∶1 万地形图，以 (1)、(2)、(3)、…、(64) 为代号，其编号是在 1∶10 万地形图的编号后加上相应代号组成，如 J—50—5—(15)。

4. 1∶5000 地形图的分幅编号

1∶5000 比例尺图是将 1∶1 万地形图分为 2 行 2 列共 4 幅，分别以 a、b、c、d 为代号，其编号是在 1∶1 万地形图的编号后加上相应代号，如 J—50—5—(15)—c。

各种比例尺地形图的梯形分幅和编号见表 4－2。

表 4－2　各种比例尺地形图的梯形分幅和编号

比例尺	图幅大小		图幅数量关系		编号方法		相应新编号
	经差	纬差	分幅基础	图幅数	分幅代号	编号示例	
1∶100 万	6°	4°	1∶100 万	1	行：1、2、3、…、60 列：*A*、*B*、*C*、…、*V*	J—50	J50
1∶50 万	3°	2°	1∶100 万	4	A、B、C、D	J—50—A	J50B001001
1∶25 万	1°30′	1°	1∶100 万	16	[1]、[2]、[3]、…、[16]	J—50—[3]	J50C001003
1∶10 万	30′	20′	1∶100 万	144	1、2、3、…、144	J—50—5	J50D001005
1∶5 万	15′	10′	1∶10 万	4	A、B、C、D	J—50—5—B	J50E001010
1∶2.5 万	7′30″	5′	1∶5 万	4	1、2、3、4	J—50—5—B—2	J50F001020
1∶1 万	3′45″	2′30″	1∶10 万	64	(1)、(2)、(3)、… (64)	J—50—5—(15)	J50G002039
1∶5000	1′52″5	1′15″	1∶1 万	4	a、b、c、d	J—50—5—(15)—c	J50H004077

4.1.2.2 矩形分幅与编号

工程规划设计、施工及资源和工程管理所用 1∶500、1∶1000 和小区域 1∶2000、1∶5000 大比例尺地形图，采用矩形分幅法，它是依比例尺由大到小逐级按统一的直角坐标格网划分成 4 幅。图幅大小见表 4－3。

表 4－3　矩形分幅的图幅大小

比例尺	50×40 分幅		50×50 分幅		
	图幅大小 (cm×cm)	实地面积 (km²)	图幅大小 (cm×cm)	实地面积 (km²)	一幅 1∶5000 图内幅数
1∶5000	50×40	5	50×50	4	1
1∶2000	50×40	0.8	50×50	1	4
1∶1000	50×40	0.2	50×50	0.25	16
1∶500	50×40	0.05	50×50	0.0625	64

采用矩形分幅时，图幅编号一般采用该幅图西南角坐标 x、y 的公里数编号。如图 4－6所示，其西南角的坐标 x＝32.0km，y＝56.0km，所以其编号为“32.0－56.0”。编号时，比例尺为 1∶500 地形图，坐标值取至 0.01km，而 1∶1000、1∶2000 地形图取至 0.1km。

对于面积较大的测区，应用户要求测绘有几种不同比例尺的地形图。为了便于地形图测绘、拼接、编绘、存档、管理与应用，地形图的编号通常以最小比例尺图为基础进行。例如，某测区 1∶5000 图幅编号为“32.0－56.0”，这个图号将作为该图幅中的其他较大比例尺所有图幅的基本图号。如图 4－6 所示，在 1∶5000 图号后缀加罗马字Ⅰ、Ⅱ、Ⅲ、

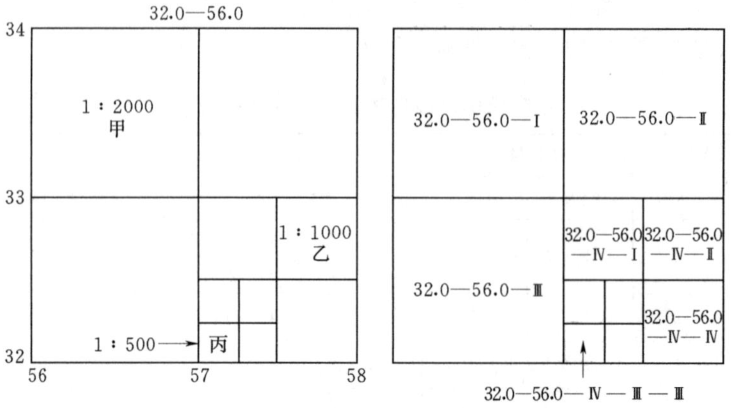

图 4-6　地形图矩形分幅法和编号

Ⅳ，就是 1∶2000 比例尺图幅的编号，如甲图幅编号为“32.0—56.0—Ⅰ”。同样，在 1∶2000图幅编号后缀加Ⅰ、Ⅱ、Ⅲ、Ⅳ，就是 1∶1000 图幅的编号，如乙图幅编号为“32.0—56.0—Ⅳ—Ⅱ”。在 1∶1000 比例尺的图号后缀加Ⅰ、Ⅱ、Ⅲ、Ⅳ，就是 1∶500 图幅的编号，如图 4-6 所示的丙图幅编号为“32.0—56.0—Ⅳ—Ⅲ—Ⅲ”。

4.1.2.3　国家基本比例尺地形图现行分幅与编号

我国 1992 年颁布的《国家基本比例尺地形图分幅和编号》(GB/T 13989—1992) 国家标准，自 1993 年 3 月起实行。新测和更新的基本比例尺地形图，均须照此标准进行分幅和编号。

1. 分幅

以 1∶100 万地形图为基础，一幅 1∶100 万地形图按表 4-2 所列经差与纬差，分成 1∶5000～1∶50 万等 7 种比例尺地形图的图幅数分别为 4、16、144、576、2304、9216、36864 幅，不同比例尺地形图的经纬差、行列数和图幅成简单的倍数关系，如图 4-7 所示。

2. 编号

1∶5000～1∶50 万地形图编号均以 1∶100 万地形图为基础，采用行列式编号方法。即将 1∶100 万地形图所含分幅后的各种比例尺地形图，以行从左到右、列自上而下按顺序分别用 3 位阿拉伯数字（数字码，不足 3 位补 0）编号，取行号在前、列号在后的排列形式，加在 1∶100 万地形图的编号之后。为了不致各种比例尺混淆，还采用不同的英文字符作为比例尺的代码，见表 4-4。

表 4-4　　**基本比例尺代码**

比例尺	1∶50 万	1∶25 万	1∶10 万	1∶5 万	1∶2.5 万	1∶1 万	1∶5000
代码	B	C	D	E	F	G	H

各种比例尺地形图现行图幅编号均由 10 位代码构成，如图 4-8 所示，即 1∶100 万地形图行号（字符码，第 1 位）、列号（数字码，第 2、3 位）、比例尺代码（字符码，第 4 位）。该幅图的行号（数字码，第 5～7 位）、列号（数字码，第 8～10 位）见表 4-2。

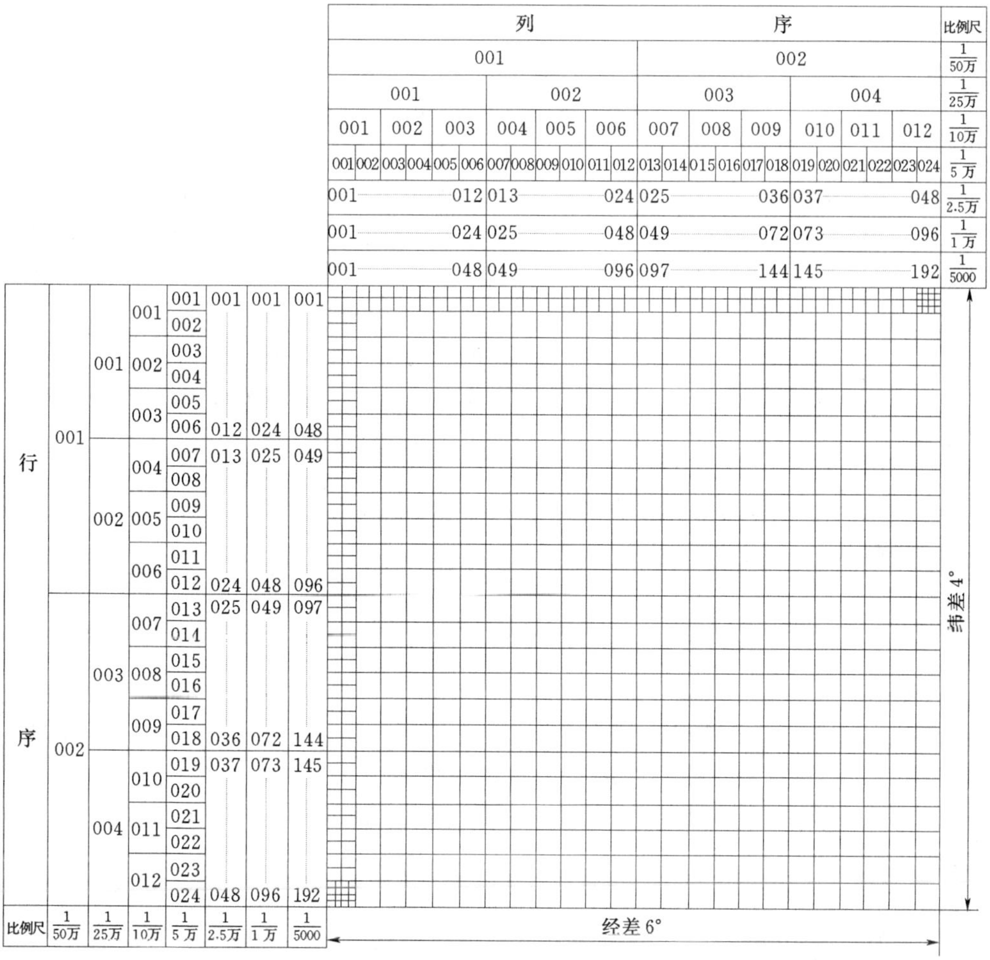

图 4-7 基本比例尺地形图分幅的行、列关系

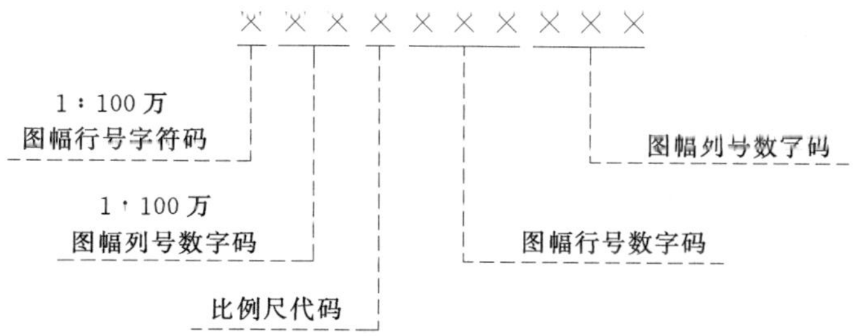

图 4-8 1:50 万～1:5000 地形图图号的构成

4.1.3 地形图的图廓元素

为了图纸管理、查找和使用方便，在地形图的图框（称为图廓）周边标注如图名、图号、接图表、坐标格网、三北方向线等，称为图廓元素，如图 4-9 所示。

1. 图名与图号

图名为本幅图的名称，是用本图内最著名的地名、村庄或厂矿企业名称、最突出的地

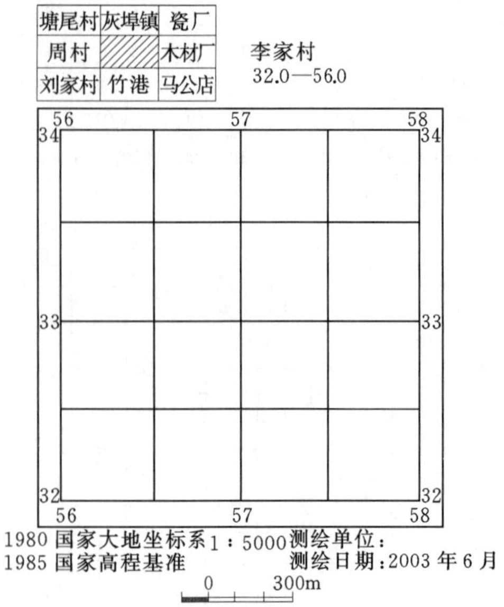

图 4－9　地形图的图廓元素

物、地貌等的名称来命名的。图号即本幅图的编号，是根据统一的分幅进行编号的。图号、图名注记在北图廓的上方中央。

2. 接图表

接图表用来说明本图幅与相邻图幅的关系，以便索取相邻图幅。接图表绘在图廓左上方，如图 4－9 所示，中间阴影格代表本图幅；其他分别注明相应的图名（或图号）代表相邻图幅，有的地形图还把相邻图幅的图号分别注在东、南、西、北图廓线中间，进一步说明与四邻图幅的相互关系。

3. 比例尺

在每幅图的南图框外的中央均注有测图的数字比例尺，下方并绘出直线比例尺。

4. 图廓与坐标格网

图廓有内、外图廓之分。内图廓是地形图分幅时的坐标格网或经纬线，是图幅的边界。外图廓是距内图廓 12mm 加粗平行线，仅起装饰作用。在内图廓内侧间隔图上 10cm 绘有 5mm 的短线，表示坐标格网线的位置；图幅内间隔 10cm 绘有坐标格网线的交叉点，短线与交叉点的连线构成坐标格网。如图 4－9中的方格网为平面直角坐标格网。在内、外图廓之间标有格网的坐标值（平面直角坐标或地理坐标）。

5. 三北方向线关系图

在许多中、小比例尺图的南图廓线右下方，还绘有真子午线 N、磁子午线 N' 和纵坐标轴 X 这三者之间的角度关系图，称为三北方向线。如图 4－10 所示，该图磁偏角为 $-1°36'$，子午线收敛角为 $-0°22'$。根据该关系图，可对图上任一方向的真方位角、磁方位角和坐标方位角间相互换算。

6. 坡度比例尺

坡度比例尺绘在南图廓外直线比例尺的左边，是一种在地形图上量测地面坡度和倾角的图解工具。如图 4－11 所示，坡度尺的底线下注有两行数字，上行表示地面倾角 α，下行是对应的地面坡度为 i，若等高距为 h，相邻等高线间平距为 d，则

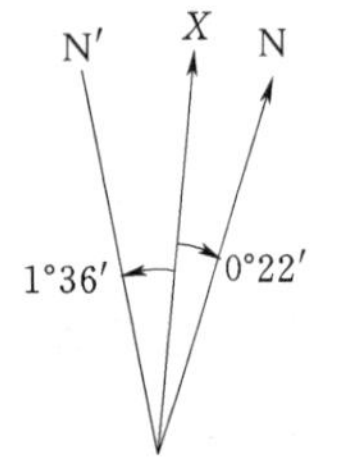

图 4－10　三北方向关系

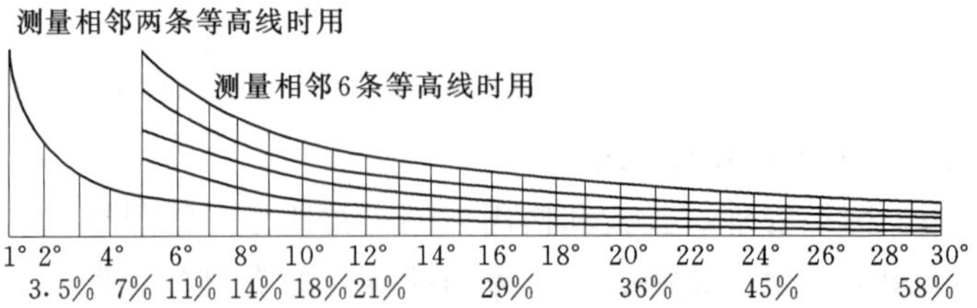

图 4－11　坡度比例尺

$$i=\tan\alpha=\frac{h}{dM}$$

使用坡度比例尺时，用分规卡出图上相邻等高线的平距后，以分规的一针尖对准坡度尺底线，另一针尖对准曲线，即可读出地面坡度 i 和地面倾角 α。

7. 投影方式、坐标系统、高程系统

地形图测绘完成后，在外图廓左下方注明本图的投影方式（正射投影）、坐标系统（如国家大地坐标、城市平面直角坐标、独立平面直角坐标等）、高程系统（1985 年国家高程基准、相对高程系统等）。

8. 成图方法、图式版本

在地形图外图廓左下方注明成图方法（航测成图、平板仪测量成图、野外数字成图等）、测图所采用的地形图图式版本。

此外，还应在地形图外图廓右下方标注测绘单位、成图日期等，供日后用图参考。

4.1.4 地形图的内容

地形图内图廓以内的内容是图幅范围的主体地理信息，包括坐标格网或经纬线，表示地物、地貌的符号和注记。地面上的地物和地貌，应按国家颁发的《地形图图式》（GB/T 7929—1995）中规定的统一符号和规格要求描绘在图上，以便于识图。

4.1.4.1 地物符号

地物是用地物符号和注记来表示的。地物种类繁多，对 1∶500、1∶1000 和 1∶2000 地形图的地物符号可归纳为表 4-5 所示的几种。

表 4-5　　地物符号

编号	符号名称	图例	编号	符号名称	图例
1	普通房屋 ①—一般房屋 ②—棚房 ③—廊房 ④—架空房屋 混—房屋结构 3—层数	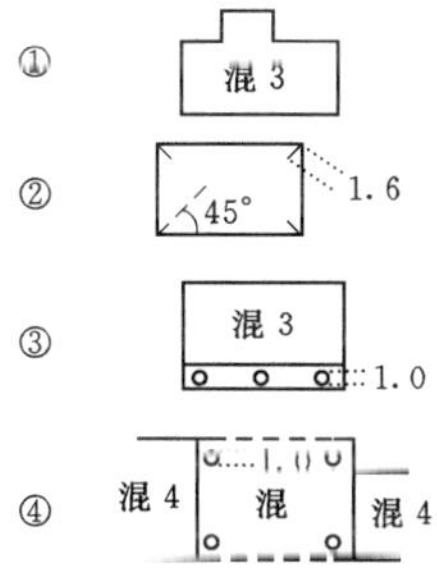	5	过街地道	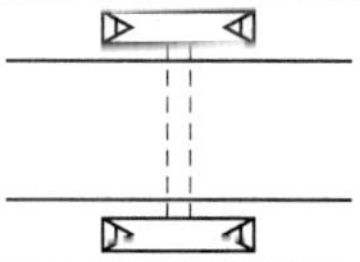
2	窑洞 ①—住人的 ② 地下的	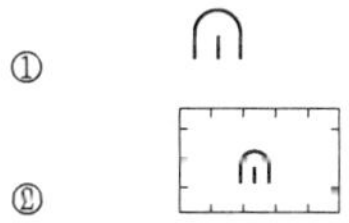	6	稻田	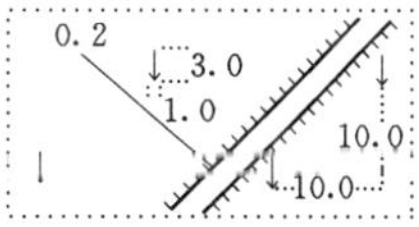
3	台阶	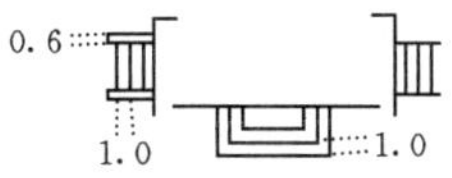	7	果园	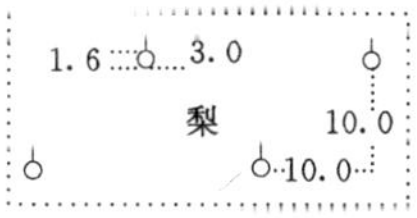
4	过街天桥	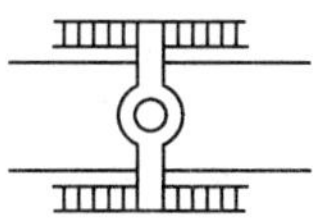	8	人工草地	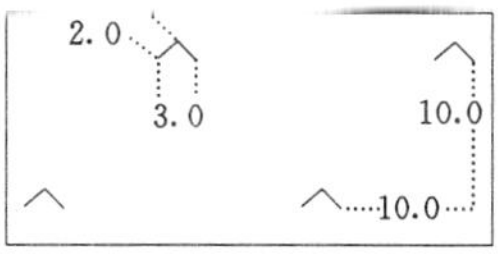
			9	菜地	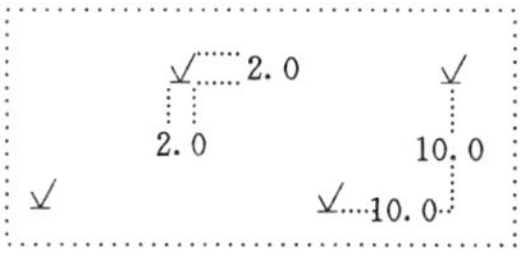

续表

编号	符号名称	图例
10	橡胶园	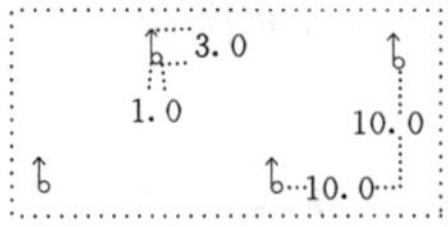
11	灌木林	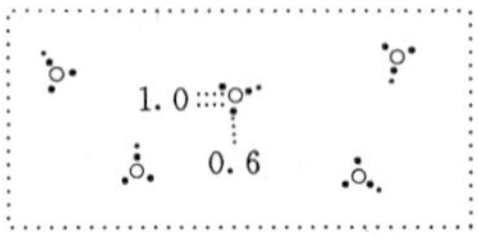
12	竹林	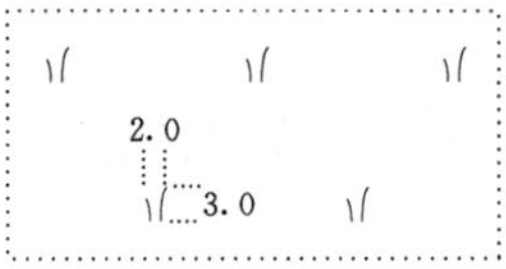
13	高压线	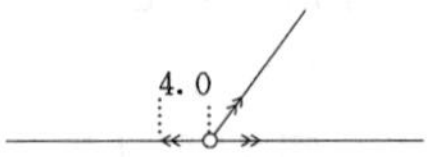
14	低压线	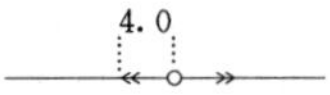
15	电线架	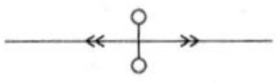
16	电杆上变压器	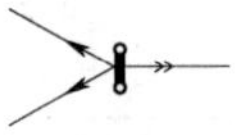
17	通信线	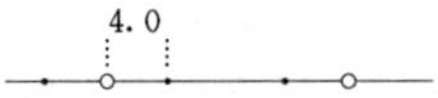
18	栅栏、栏杆	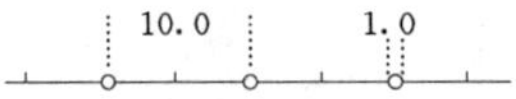
19	城墙 ①—城门 ②—豁口	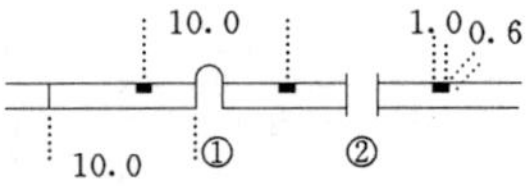
20	围墙 ①—依比例 ②—不依比例	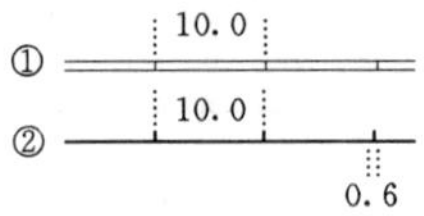
21	篱笆	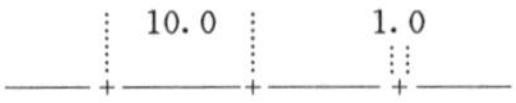
22	高速公路 a—收费站 0—等级代码	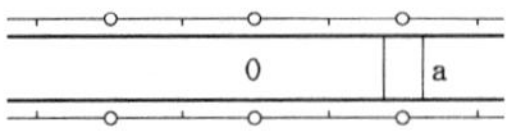
23	等级公路 2—等级 (G301)—国道编号	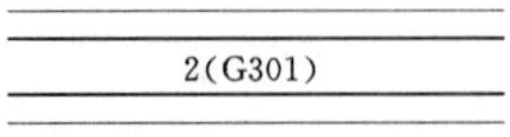
24	大车路、机耕道	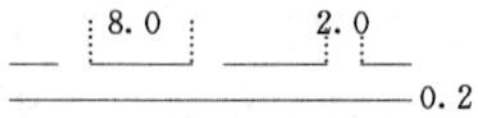
25	乡村路	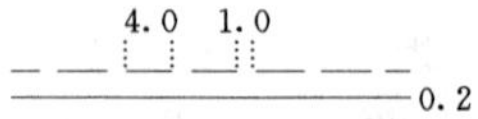
26	小路	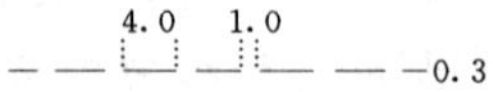
27	水闸	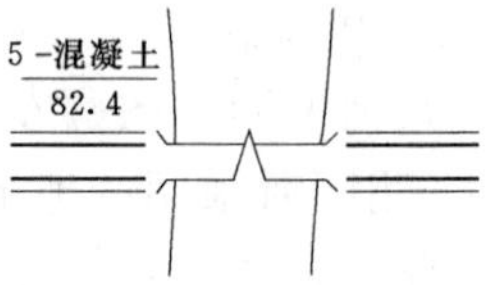
28	一般沟渠	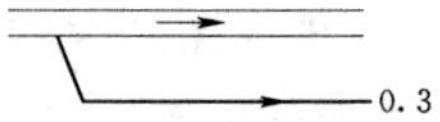
	单层堤沟渠	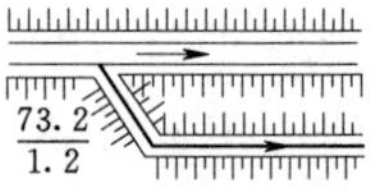
	双层堤沟渠	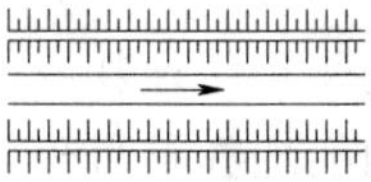
	沟堑沟渠	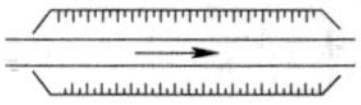
29	三角点 凤凰山—点名 394.468—高程	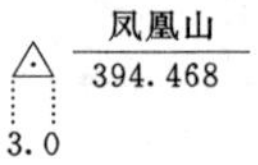
30	小三角点 横山—点名 95.93—高程	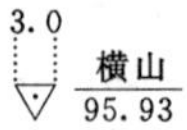
31	导线点 I16—等级、点号 84.46—高程	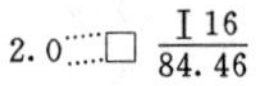
32	埋石图根点 16—点号 84.46—高程	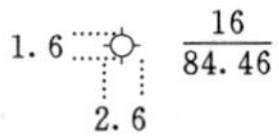
33	水准点 Ⅱ京石 5—等级、点名、点号 32.804—高程	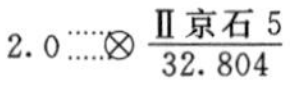
34	GPS 控制点 B14—级别、点号 495.267—高程	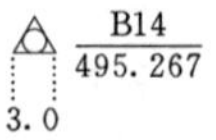

1. 比例符号

地物的形状、大小和位置能按比例尺缩绘在图上，可表达地物的轮廓特征，这类符号称为比例符号或轮廓符号。这种符号一般用实线或点线描绘，如表 4-5 中 1～12 表示的房屋、台阶和花圃、草地的范围等。

2. 非比例符号

有的地物（如控制点、消火栓、阀门、钻孔等）轮廓较小，无法按比例尺缩绘在图上，而又必须在图上表示出来，则采用规定的符号在该地物的中心位置上表示。这类符号称为非比例符号，由于这类符号与相应地物形状比较类似，所以又称为形象符号。如表 4-5 中 29～34 均为非比例符号。无专门说明的符号，均以顶端向北、垂直于南图廓线绘制；具有走向性的符号，如井口、窑洞等按其真实方向表示。

非比例符号只能表示地物在图上的中心位置，不能表示其形状和大小。符号的中心与该地物实地中心的位置关系，随各种不同的地物而异，测图和用图时应注意以下几个方面：

（1）规则的几何图形符号，如圆形、正方形、三角形等，图形几何中心点为地物中心在图上的位置。

（2）底部为直角的符号，如独立树、加油站、路标等，符号的直角顶点即为地物中心在图上的位置。

（3）底宽符号，如烟囱、水塔、岗亭等，符号底部中心即为地物中心在图上的位置。

（4）下方无底线符号，如山洞、窑洞、平峒口等，符号下方两端点连线的中心即为地物中心在图上的位置。

（5）数种图形组合符号，如消火栓、路灯、盐井等，符号下方图形的几何中心即为地物中心在图上的位置。

（6）其他符号，如矿井、桥梁、涵洞等，符号中心即为实地地物中心在图上的位置。

3. 半比例符号

一些呈线状延伸的地物，如公路、铁路、通信线、管道等，长度可按比例尺缩绘，而宽度不能按比例尺缩绘，这类符号称为半比例符号或线形符号。如表 4-5 中 13～28。这类符号的中心线一般表示其地物的中心线，只能表示地物的长度不能表示其宽度。

4. 地物注记

对地物加以说明的文字、数字或特有符号，称为地物注记。地物注记用于进一步表明地物的特征和种类，诸如城镇、学校、河流、道路的名称，桥梁的长、宽及载重量，江河的流向、流速及深度，道路的去向、路面材料，森林、果树的类别等，都以文字或特定符号加以说明。

4.1.4.2　地貌符号——等高线

1. 地貌的形态

地貌形态多种多样，一个测区按其起伏变化状况可划分为 4 种地形类型：地面倾斜角在 2°以下，相对高度小于 20m，地势起伏小，称为平地。倾斜角在 2°～6°，相对高度不高于 150m，称为丘陵地。倾斜角在 6°～25°，相对高度高于 150m，称为山地。绝大部分地面倾斜角在 25°以上，地势陡峻，称为高山地。

地貌是地形图上要表示的重要信息之一。图 4－12（a）所示为某地的山地地貌，形态虽然较为复杂，但仍可归纳为几种基本形态：山顶（山头）、山脊、山谷、鞍部、盆地（洼地）、阶地、陡崖等。地面隆起高于四周地面的高地称为山丘，其最高点称为山头；四周高而中间低洼、形如盆状的低地称为洼地或盆地；由山顶向下延伸的山坡上隆起凸棱称为山脊，山脊上的最高棱线称为山脊线（又称分水线）；两山坡之间的凹部称为山谷，山谷中最低点的连线称为山谷线（又称集水线），山脊线、山谷线和山脚线统称地性线；地面倾角在 45°～70°的山坡叫陡坡，70°以上近于垂直的山坡称为绝壁，上部凸出、下部凹入的绝壁称为悬崖，相邻两个山头之间的最低处形状如马鞍状的地形称为鞍部（又称垭口），它的位置是两个山脊线和两个山谷线交会之处。

在图上表示地貌的方法有多种，大、中比例尺地形图主要用等高线法，对于特殊地貌采用规定符号表示。图 4－12（b）所示为图 4－12（a）用等高线表示的地貌形态。

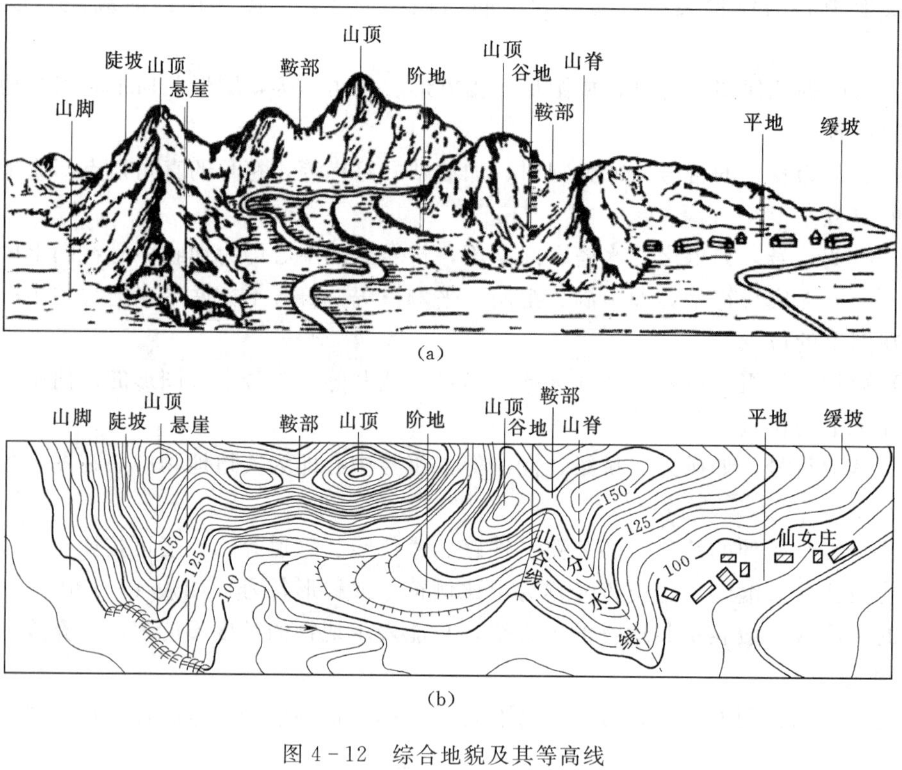

图 4－12　综合地貌及其等高线

2. 等高线表示地貌的原理

地面上高程相等的各相邻点连接而成的闭合曲线，称为等高线。如图 4－13 所示，设有一座位于平静湖水中的小山丘，山顶被湖水淹没时的水面高程为 115m。然后水位每间隔 5m 下降一次，露出山头，每次水面与山坡就有一条交线，形成一组闭合曲线，各曲线客观地反映了交线的形状、大小和相邻点相等的高程。将各曲线沿铅垂线方向投影到水平面 H 上，并按规定的比例尺缩绘到图纸上，即得到用等高线表示该山丘地貌的 110m、105m、100m 等高线。

3. 等高距与等高平距

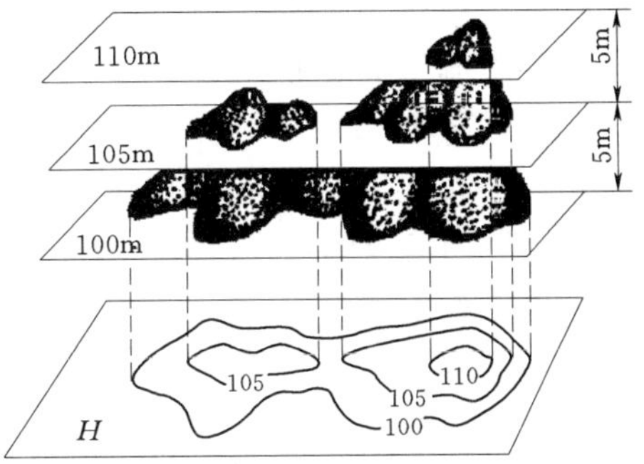

图 4-13 等高线原理

相邻等高线之间的高差称为等高距，常以 h 表示。图 4-13 中的等高距为 5m。在同一幅地形图上，等高距 h 是相同的。相邻等高线之间的水平距离称为等高线平距，常以 d 表示。显然，h 与 d 的比值即为沿平距方向的地面坡度 i，一般以百分率表示，向上为正、向下为负，如 $i=+5\%$、$i=-2\%$。因为同一幅地形图内等高距 h 为定值，h 与 d 成反比，d 越小 i 就越大，说明地面陡峻，等高线密集；反之地面平缓，等高线稀疏。对某一比例尺地形图，选择的 h 越小 d 就越小，等高线密集，显示的地貌越逼真，测绘的工作量越大；反之 h 越大 d 就越大，等高线稀疏，显示的地貌越粗略，测绘的工作量越小；但是，当 h 过小时，图上的等高线过于密集，将会影响图面的清晰、醒目。因此，可以根据不同的用图要求、地面坡度大小和地形复杂程度参照表 4-6 合理选择 h。

表 4-6　　地形图基本等高距　　单位：m

比例尺	平地	丘陵地	山地	高山地
1：500	0.5	0.5	0.5、1.0	1.0
1：1000	0.5	0.5、1.0	1.0	1.0、2.0
1：2000	0.5、1.0	1.0	2.0	2.0
1：5000	1.0	1.2	2.5	5.0
1：1万	2.0	2.0	5.0	5.0

4. 等高线的分类

为了能恰当而完整地显示地貌的细部特征，又能保证地形图清晰，便于识读和用图，地形图上主要采用以下几种等高线：

(1) 首曲线。按规定的基本等高距 h 描绘的等高线称为首曲线，也称基本等高线。它是宽度为 0.15mm 的细实线。

(2) 计曲线。从高程起算面（0m）起算，每隔 4 条首曲线加粗的一条等高线称为计曲线；为了便于阅图，计曲线上注记其高程，该高程能被 5 倍 h 整除。计曲线宽度为 0.3mm。

(3) 间曲线和助曲线。当首曲线不能很好地表示地貌特征时，按 $h/2$ 描绘的等高线称为间曲线，在图上用长虚线表示。有时为显示局部地貌变化，按 $h/4$ 四分之一基本等高距描绘的等高线，称为助曲线，一般用短虚线表示。间曲线和助曲线可不闭合（局部描绘）。

5. 等高线的特性

掌握了等高线表示地貌的规律性，可归纳出等高线的特性，有助于地貌测绘、等高线勾绘与正确使用地形图。

(1) 同一等高线上的点，其高程相等。非悬崖绝壁，等高线不能重叠或相交。

(2) 等高线为连续闭合曲线，不在本图幅闭合，即在其他图幅内闭合；在图幅内不能分叉，非河流处不能中断。

(3) 等高线平距 d 与地面坡度 i 成反比，即 d 越小，表示坡度越陡，d 越大坡度越缓。

(4) 等高线与山脊线、山谷线正交。

(5) 等高线不能直穿河流，应逐渐折向上游，正交于河岸线，中断后再从彼岸折向下游，如图 4-12 所示。

6. 基本地貌的等高线

(1) 山丘和洼地。图 4-12 中山丘的等高线与图 4-14 中洼地的等高线都是一组闭合曲线，可从高程注记或示坡线（图 4-14 中垂直于等高线的短线）来判断山丘还是洼地，示坡线的方向指向低处。

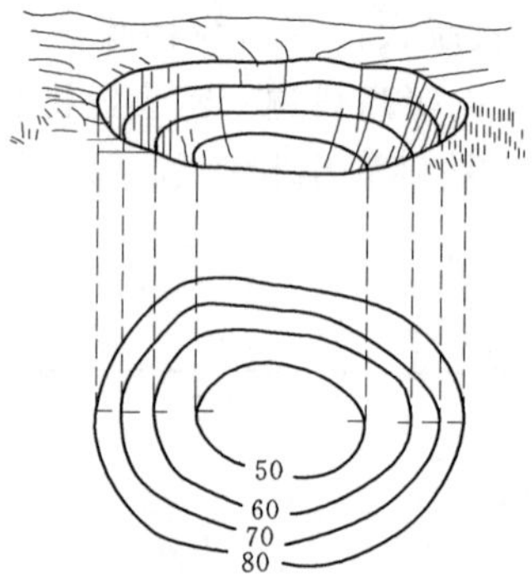

图 4-14　洼地等高线

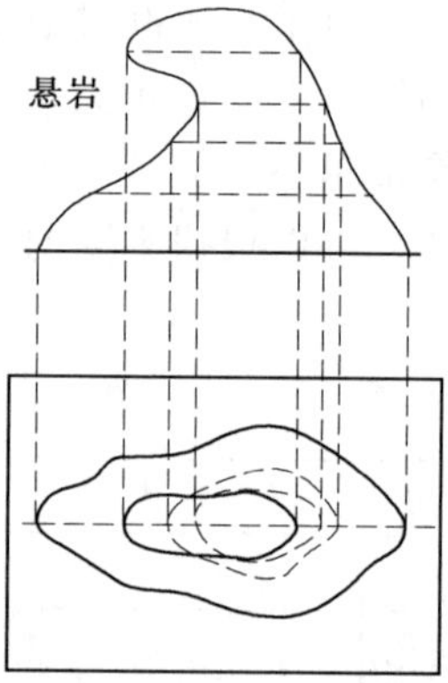

图 4-15　悬崖等高线

(2) 山脊和山谷。图 4-12 所示山脊和山谷的等高线均为一组凸形的曲线，山脊等高线凸向低处，山谷等高线凸向高处。山脊和山谷的两侧为山坡，山坡近似于一个倾斜平面，因此山坡的等高线为一组 d 近似相等的曲线。

(3) 鞍部。如图 4-12 所示，它四周是相对称的两组山脊线和两组山谷线。其特点是在一大圈的闭合曲线内，套有两组小的闭合曲线。鞍部往往是山区道路越岭通过点。

(4) 绝壁和悬崖。绝壁和悬崖都是由于地壳产生断裂运动而形成的。绝壁坡度在 70°以上，有比较高的陡峭岩壁，等高线非常密集，因此在地形图上要用特殊符号来表示绝壁，如图 4-12 所示。悬崖是近乎直立而下部凹进，上部凸出，上部等高线投影到水平面时，与下部的等高线重叠相交，下部凹进的等高线用虚线表示，如图 4-15 所示。

4.2 常规地形图测绘

控制测量完成后，根据控制点来测定地物特征点（称为地物点）、地貌特征点（称为地形点）的平面位置与高程，而后按测图比例尺将其缩绘在图上，再依据各特征点间的相互关系及实地情况，用适当的线条和规定的图示符号描绘出地物和地貌，形成地形图。以上就是地形图测绘的实质，也是地形图测绘的技术过程。早前常用的平板仪现在已经很少使用了，以下介绍常规地形图测绘方法。

4.2.1 测图前的准备工作

1. 收集资料与准备仪器

测图前应明确任务和要求，核实并抄录测区内控制点的成果资料，对测区进行踏勘，制定施测方案。根据测图方法和成图方式备好仪器和器具，并对其进行仔细检查，对主要仪器进行必要的检校。

2. 准备图纸

地形图测绘应选用质地较好的图纸，如聚酯薄膜、普通优质绘图纸等。聚酯薄膜为一面打毛的半透明图纸，其厚度为0.07～0.1mm，伸缩率很小且坚韧耐湿，沾污后可洗，图着墨后可直接复晒蓝图。但易燃且折痕不能消除，在测图、使用、保管过程中应注意。普通优质绘图纸易变形，为了减少图纸伸缩，可将图纸裱糊在测图板上。

3. 绘制坐标格网

为了准确地将控制点展绘在绘图纸上，必须事先精确地绘制直角坐标方格网，方格网的边长为10cm。格网线的宽度为0.15mm。亦可到专卖店购买印制坐标格网图纸。方格网绘制一般用对角线法。

如图4－16所示，沿图纸的四角，用长直尺绘出两条对角线交于O点，自O点沿对角线上量取OA、OB、OC、OD4段相等的长度得出A、B、C、D4点，并作连线，得矩形$ABCD$，从A、B两点起沿AD和BC向右间隔10cm截取一点；再由AD两点起沿AB、DC向上间隔10cm截取一点。而后连接相应的各点，擦去多余线条后即得到由10cm×10cm正方形组成的坐标格网。绘好坐标格网后，应进行检查。其方法是，将直尺沿方格对角线方向放置，方格的角点应在一条直线上，偏离不应大于0.2mm；再检查各个方格的对角线长度应为141.4mm，容许误差为±0.2mm；图廓对角线长度与理论长度之差的容许误差为±0.3mm；若误差超过容许值，则应修改或重绘。检查合格后，在坐标格网线的旁边要注记按照图的分幅来确定的坐标值。

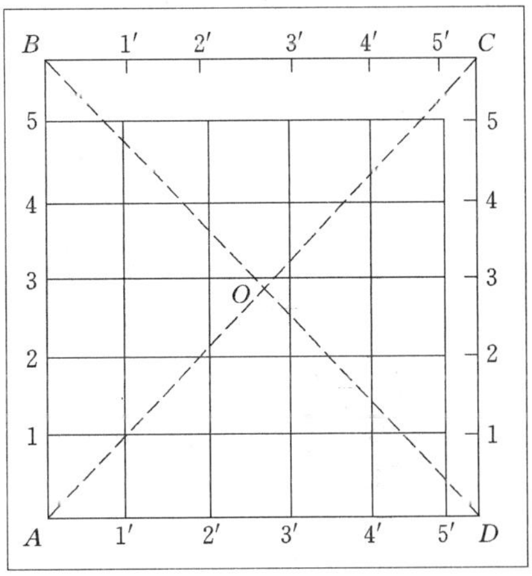

图4－16 对角线法绘制方格网

坐标格网还可用精度较高的专用坐标格网尺绘制，亦可在计算机上用AutoCAD软件编辑坐标格网图形，然后通过绘图仪绘制在图纸上。

4. 展绘控制点

把各控制点绘制到有方格网的图幅中的工作，称为控制点展绘，简称展点。展点时，先由控制点的坐标确定它所在的方格。如图4－17所示，控制点A的坐标值x_A＝764.30m，y_A＝567.15m，该点位于$klmn$方格内。从k和n向上沿格网线量64.30m，得a、b两点；又从k和l向右沿格网线量67.15m，可得出c、d两点。连接ab和cd，其交点即为控制点A在图上的位置。同法将其他各控制点展绘在图纸上。最后量取图上相邻控制点之间的距离和已知的距离相比较，其最大误差在图纸上应不超过±0.3mm，否则应重新展绘。经检查无误，按图式规定绘出控制点符号，并在其右侧用分数形式注上点号

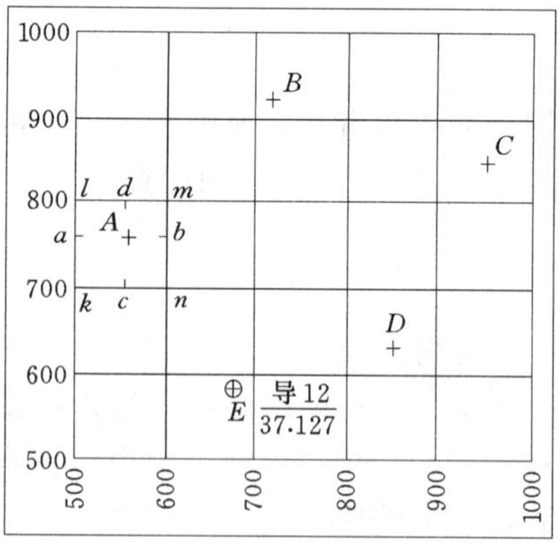

图 4-17　控制点展绘

和高程，如图 4-17 中 E 点。

4.2.2　碎部测量方法

碎部测量就是测定碎部点（地物点和地形点）的平面位置和高程。下面分别介绍碎部点的选择和碎部点的测定方法。

4.2.2.1　碎部点选择

1. 地物点的选择

地物测绘质量、速度在很大程度上取决于立尺员能否正确、合理地选择地物（特征）点。地物点主要是其轮廓线的转折点、交叉点、弯曲变化点和独立地物中心点等，如房角点、道路边线的转折点及河岸线的转折点等。主要地物点应独立测定，一些次要的特征点可以用量距、交会、推平行线等几何作图方法绘出。一般规定，凡主要建筑物轮廓线的凹凸长度在图上大于 0.4mm 时，图上都要表示出来。例如，测绘 1∶1000 图，主要地物轮廓凹凸大于 0.4mm 时应在图上画出来。1∶500 和 1∶1000 比例尺图的一般取点原则如下：

（1）对于房屋，可测出主要角点（至少 3 个），然后测量有关数据，按其几何关系作图绘出轮廓线。

（2）对于圆形建筑物，可测定其中心位置并量其半径后作图绘出；或在其外廓测定 3 点用作图法定出圆心绘出。

（3）对于公路，应实测两侧边线；而大路或小路可只测中线，按量得的路宽绘出；对于道路转折处的圆曲线边线，应至少测定 3 点（起点、终点和中点）。

（4）围墙应实测其特征点，按半比例符号绘出其外围的实际位置。

2. 地形点的选择

地貌特征点就是反映地貌特征的地性线上最高点、最低点、坡度与方向变化点，以及山头、鞍部等处的点。根据这些特征点的高程勾绘等高线，即可将地貌在图上表示出来。为了能真实地表示实地情况，碎部点应保证必要的密度。碎部点的密度是根据地形的复杂程度确定的，同时也取决于测图比例尺和测图目的。测绘不同比例尺的地形图，对碎部点间距、测站至碎部点最远距离，应符合表 4-7 的规定。

表 4-7　地形点最大间距和最大视距

测图比例尺	地形点最大间距（m）		最大视距（m）			
			主要地物特征点		次要地物特征点和地形点	
	一般地区	城镇建筑区	一般地区	城镇建筑区	一般地区	城镇建筑区
1∶500	15	15	60	50	100	70
1∶1000	30	30	100	80	150	120
1∶2000	50	150	180	120	250	200
1∶5000	100	—	300	—	350	—

4.2.2.2 碎部点测定方法

1. 极坐标法

极坐标法是地形测图中测定碎部点的一种主要方法。极坐标法又分为图解法和解析法。经纬仪图解极坐标法（又称经纬仪、量角器联合测图法，见图 4-18）是指用经纬仪直接测定各碎部点相对起始方向（已知控制边）的角度、视距和垂直角，计算出平距和高程，绘图员根据所测水平角、距离，利用半圆规将碎部点描绘在图纸上。经纬仪解析坐标法则是将所测得的数据，依据测站控制点的坐标计算出碎部点的坐标，采用展点法将碎部点按比例尺绘在图纸上。

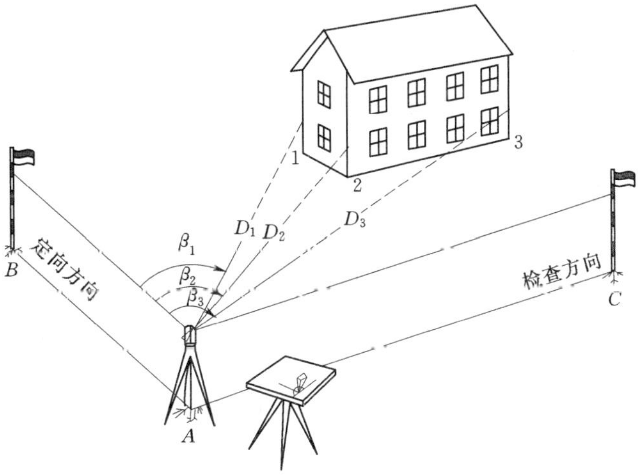

图 4-18 极坐标法测绘碎部点

极坐标法适用于通视良好的开阔地区，每一测站所能测绘的范围较大，且各碎部点都是独立测定的，不会产生累积误差，相互间不会发生影响，如有测错的点，也便于查找、改正，不影响全局。但该法由于须逐点竖立标尺，故工作量和劳动量较大，对于难以到达的碎部点，用此法困难较大。

对于已测定的地物点应根据相互间的关系连线，随测随连，如房屋的轮廓线 3-2、2-1等，以便将图上测得的地物与地面上的实体相对照。如有错误或遗漏，可以及时发现，并及时修正或补测。

2. 交会法

常用的有方向交会法、距离交会法、方向和距离交会法。

如图 4-19 所示，欲测定河对岸的特征点 1、2、3 等，由 A、B 控制点量 D_1、D_2、D_3 等不方便，可先将仪器安置于 A，测定 AB 与 A_1、A_2、A_3 方向间的水平角，并在图上绘出方向线；然后将仪器安置在 B，测定 BA 与 B_1、B_2、B_3 方向间的水平角，绘出方向线。相应点两方向线的交点即为 1、2、3 在图上的位置。此方法即为方向交会法。当碎部点距测站较远而只有卷尺量距，或遇河流、水面等量距不便时，此法较好。

如图 4-20 所示，P、Q 为已知点或已测地物点，欲测定地物点 1、2，可用尺直接测量距离 D_{P1}、D_{Q1} 和 D_{P2}、D_{Q2}，然后按测图比例尺用分规分别以图上 P、Q 为圆心，以

D_{P1}、D_{Q1}和 D_{P2}、D_{Q2}的图距为半径画弧，即可交会 1、2 在图上的位置。此方法即为距离交会法。当主要地物测定后，一些次要的、隐蔽的、不通视的碎部点可用此法。

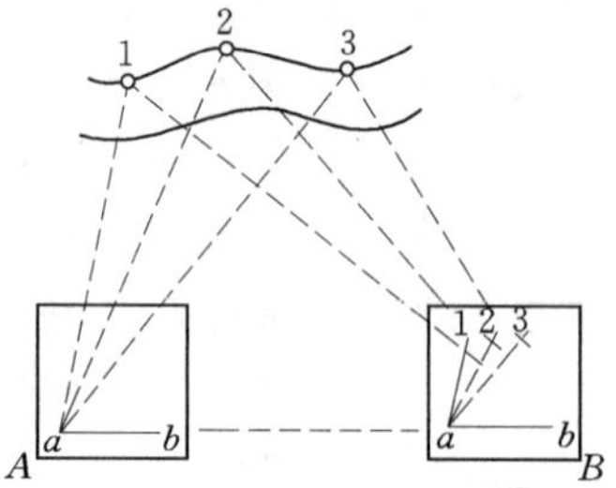

图 4－19　方向交会法测绘碎部点

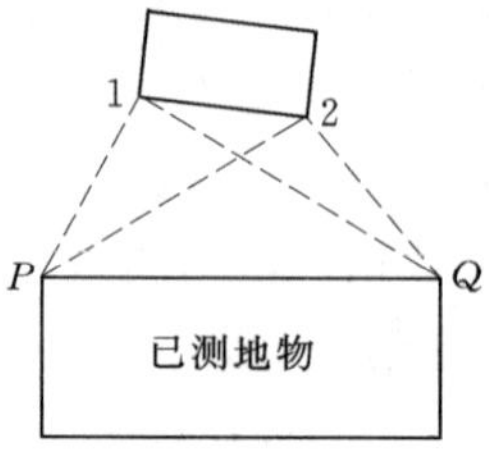

图 4－20　距离交会法测绘碎部点

如图 4－21 所示，A、B 为控制点，P 为已测地物点，欲测定地物点 1、2，可先在 A 依方向交会法的测绘 A_1、A_2 的方向线，量出 D_{P1}、D_{P2}，然后用分规分别以图上 P 为圆心，以 D_{P1}、D_{P2}的图距为半径作弧，与 A_1、A_2 方向线交出 1、2 在图上的位置。此方法即为边角交会法。当量距或视距遇障碍的次要地物点，可用此方法来测绘。

交会法对于利用已知点或已测定的地物点进行欲测的次要地物点定位，只要选择的大方法得当，将比较方便、快捷。

3. 直角坐标法

直角坐标法又称支距法。如图 4－22 所示，P、Q 为已测地物点，欲测定 1、2、3，可以 PQ 为 y 轴，用卷尺沿 PQ 方向量 y_1、y_2、y_3 找出 1、2、3 在 PQ 上的垂足，然后在 PQ 垂直方向由垂足分别量支距 x_1、x_2、x_3，即可用几何作图绘出地物点 1、2、3 在图上的位置。此方法即为直角坐标法。

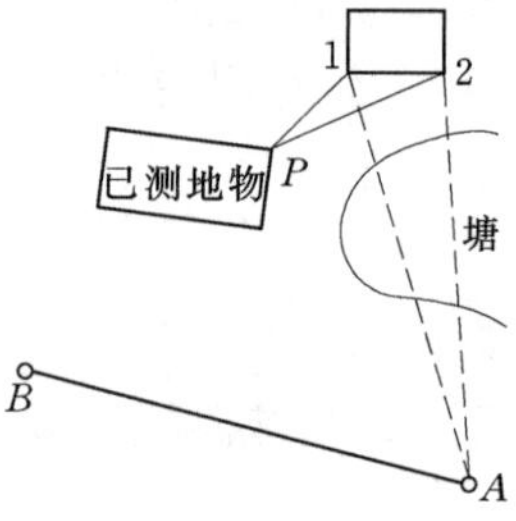

图 4－21　方向距离交会法测绘碎部点

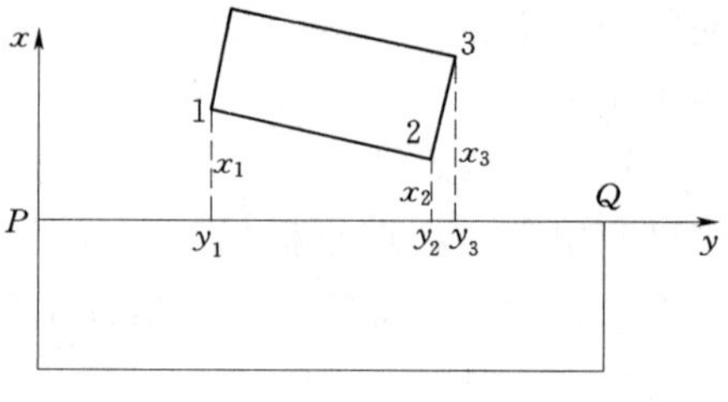

图 4－22　直角坐标法测绘碎部点

4.2.3　常规地形图测绘

根据现场具体情况，测量碎部点平面位置可灵活运用前面介绍的极坐标法、交会法、直角坐标法等方法，实际工作中一般以极坐标法为主。

4.2.3.1　经纬仪法

经纬仪测绘法的实质是极坐标法定点测图。测图时先将经纬仪安置在测站上，测图板置于测站旁；用经纬仪测定碎部点的方向与已知方向之间的水平角、测站点至碎部点的距离和碎部点的高程。然后根据测定数据用量角器和比例尺把碎部点位展绘在图纸上，并在点的右侧注明其高程，再对照实地描绘地物，勾绘地貌。此法操作简单、灵活，适用于各类测区。一个测站的测绘工作步骤如下：

1. 安置仪器

如图 4-23 所示，安置经纬仪于测站点（控制点）A 上，对中、整平，量取仪器高 i，检测竖盘指标差 x；将 i、x 及测站编号、高程等记入手簿，见表 4-8；并将平板仪安置在测站旁，在图上相应控制点 a 用细针通过圆心插定量角器。

2. 定向

照准另一控制点 B 作为后视方向，水平度盘置零，作为碎部点测量的起始方向。

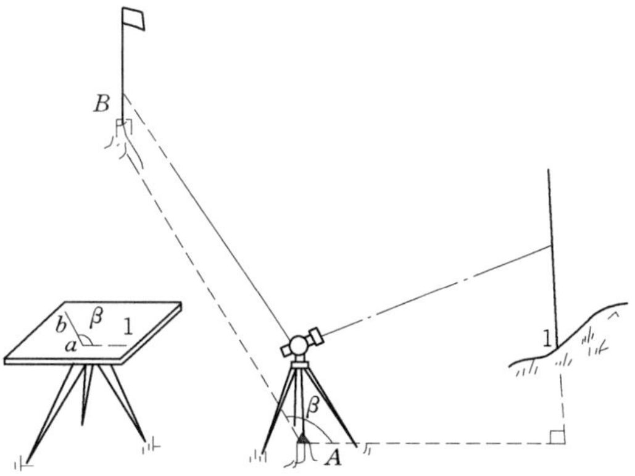

图 4-23 经纬仪测绘法测图

3. 立尺与观测

依次将标尺立在地物、地貌特征点上。经纬仪瞄准碎部点 1 的标尺，读取水平度盘读数，即得水平角 α。

读取尺间隔 l、中丝读数 v、竖盘读数 L，进行视距测量。

4. 记录与计算

将读数 l、v、L、β 记入手簿，见表 4-8。对于有特殊作用的碎部点，如房角、山头、鞍部等，应在备注中加以说明。由竖盘读数 L 计算竖直角 $\alpha=90°-L$，由 α、l、v，用计算器计算碎部点的水平距离、高差和高程。

表 4-8 **地 形 测 量 手 簿**

仪器型号：苏一光 DJ_2　$i=1.46m$　测站点：A　定向点：B　测站高：37.43m

仪器编号：940031　$x=$ 0″　观测者：任珍　记录者：金习　观测日期：1999.8.28

点号	视距间隔 l（m）	中丝读数 v（m）	竖盘读数（° ′）	竖直角（° ′）	初算高差 h'(m)	改正数 $i-v$(m)	高差 h（m）	水平角 β（° ′）	水平距离 D(m)	高程 H（m）	备注
1	0.281	1.460	93 28	−3 28	−1.70	0.00	−1.70	125 45	28.00	34.73	山脚
2	0.414	1.460	74 26	15 34	10.70	0.00	10.70	138 42	38.42	47.13	山头
⋮	⋮	⋮	⋮	⋮	⋮	⋮	⋮	⋮	⋮	⋮	⋮
38	0.378	2.460	91 14	−1 14	−0.81	1.00	−1.81	321 24	37.78	34.62	电杆

5. 展绘碎部点与地形勾绘

转动量角器，将量角器上等于 β_1 角值（碎部点 1 为 59°15′）的分划线对准起始方向线 AB，如图 4-24 所示，此时量角器的零方向（画线边）便是碎部点 1 的方向，然后用测图比例尺按测得的水平距离在该方向上定出点 1 的位置（称为刺点），并在点的右侧注明其高程。同法，测绘其他各碎部点。再根据各碎部点得相互关系描绘地物，勾绘出地性线、等高线。若用测距仪配合或全站仪进行水平角、距离、高程（此时 v 等于棱镜高 i）等测量，则称为光电测绘法。

4.2.3.2 全站仪法

全站仪测绘地形图的方法与经纬仪测图方法基本相同。基本步骤如下：

(1) 先在测站上安置全站仪，量出仪器高 i，后视另一控制点进行定向，使水平度盘读数为 0°00′00″。

(2) 立尺员在测杆上装好棱镜，将棱镜面向全站仪立于碎部点上，读出棱镜标志中心在测杆上的高度 v。

(3) 观测员设置好全站仪的参数后，瞄准棱镜标志中心测出平距 D、高差 h 和水平角 β，并做记录。

(4) 计算碎部点高程 H，然后与经纬仪测绘法一样，将碎步点展绘于图纸上。

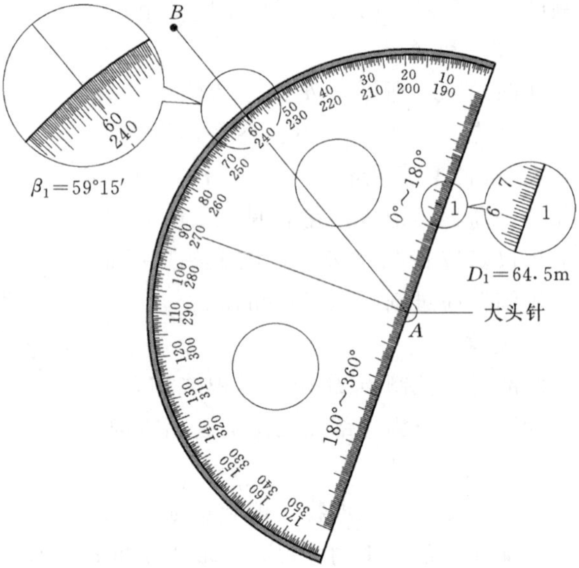

图 4 - 24　地形测量量角器与碎部点展绘

4.2.3.3　地形图测绘注意事项

(1) 为了检查测图质量，仪器搬到下一测站时，应先观测前站所测的某些明显碎部点，以检查由两个测站测得该点的平面位置和高程是否相符。如相差较大，则应查明原因，纠正错误，再继续进行测绘。

(2) 若测区面积较大，可分幅测绘，最后拼接成全区地形图。为了相邻图幅的拼接，每幅图应测出图廓外 10mm。

(3) 立尺员在跑点前，应先与观测员和绘图员商定跑尺路线；立尺时应将标尺竖直，并随时观察立尺点周围情况，弄清碎部点之间的关系，地形复杂时还需绘出草图，以协助绘图员绘图。

(4) 为方便绘图员绘图，观测员在观测时，应先读取水平角再视距；在读取竖盘读数时，要注意检查竖盘指标水准管气泡是否居中；读数时，水平角估读至 5′，竖盘读数估读至 1′即可；每观测 20～30 个碎部点后，应重新瞄准起始方向检查，起始方向水平度盘读数偏差不得超过 3′。

(5) 绘图人员要注意图面正确、整洁，注记清晰，并做到随测、随绘、随连线、随检查。当每站工作结束后，应检查、确认地物和地貌无错测或漏测时，方可迁站。

4.2.3.4　测站点的增设

由于地形分布的复杂性，有时测图控制点还不够用，需要增加，这一测量工作称为测站点增设（加密）。测站点的增设可根据实地情况选用支点法、图解交会法、内外分点法、附合导线法等。

(1) 支点法。在现场选定需要增设的测站点（用木桩标定），用极坐标法测定其在图上的位置，称为支点法。由于测站点的精度必须高于一般地物点，因此，增设支点前必须对仪器重新检查定向，支点边长不宜超过测站定向边的边长，且要进行往返丈量或两次测定，相对误差不得大于 1/200。对于增设测站点的高程，则可以根据已知高程的图根点用水准仪测量或经纬仪视距法测定，其往返高差的较差不得超过 1/7 等高距。

（2）图解交会法。图解交会增设测站点和方向交会法测定地物点相同，但规定较严格。如图 4－25 所示，A、B 为两个已知控制点，P 为要增设的测站点。P 点选定后打木桩标定，立上标尺。一般在 A 点测图工作结束时，图板再次定向后，绘出 AP 方向线，测定 P 的高程。然后将平板仪安置在 B 点，同法绘出 BP 方向线，测定 P 的高程。两个方向线的交点即为 P 点在图上的位置。再取两个方向上高程的平均值作为 P 点的高程。两高程较差，在平地不应超过 1/5 等高距，在丘陵、山地不应超过 1/3 等高距。

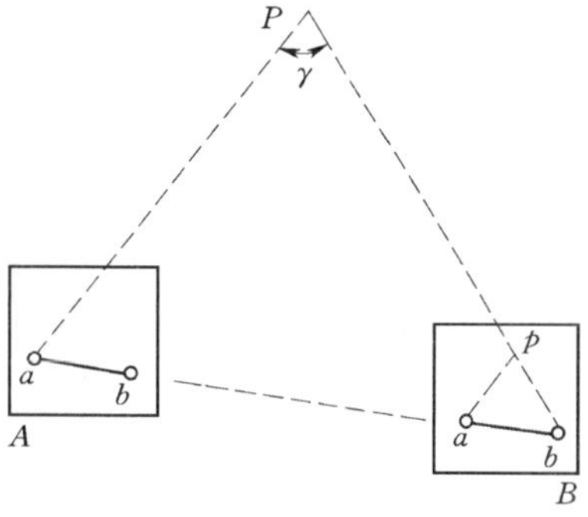

图 4－25 图解交会法增设测站

（3）内外分点法。内外分点法是一种在已知直线方向上按距离定位的方法。这种方法主要用在通视条件好、便于量距和设站的任意两控制点连线（内分点）或其延长线（外分点）上增补测站点。利用已知边内、外分点建立测站，不需要观测水平角，控制点至测站点间的距离、高差的测定与检核，均与支点法相同。

（4）附合导线法。当增加测站较多（超过 3 点）且又都在一个局部测区内，可根据所建立的测区图根控制网在局部测区增设图根点，可依据附合导线测量的方法进行测站增设。

4.2.3.5 地形图的绘制

（1）地物描绘。地物要按地形图图式规定的符号表示。房屋轮廓须用直线连接起来，而道路、河流的弯曲部分则是逐点连成光滑的曲线。对于不能按比例描绘的地物，用相应的非比例符号表示。

（2）等高线勾绘。在地形图上为了既能详细地表示地貌的变化情况，又不使等高线过密而影响地形图的清晰，等高线必须按表 4－6 规定的基本等高距进行勾绘。

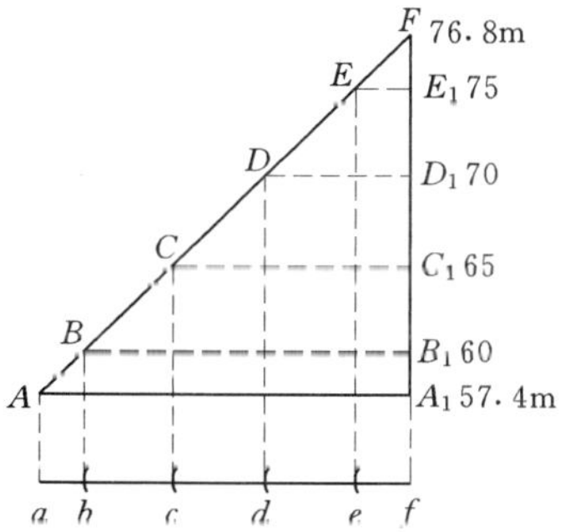

图 4－26 内插法求等高线点

勾绘等高线时，首先用铅笔轻轻描绘出山脊线、山谷线等地性线，再根据碎部点的高程勾绘等高线。由于碎部点是选在地面坡度变化处，相邻点间可视为等坡度倾斜，两相邻碎部点的连线上等高平距相等，因此可内插出相邻点间各条等高线通过的位置。对于诸如绝壁、悬崖、冲沟等，应按图式规定的符号表示。

1）解析法。如图 4－26 所示，A、F 为某一地性线上两地形点，A、F 点的高程分别为 57.4m 和 76.8m，高差为 19.4m。a、f 为缩绘在图上的位置，图距 $af=21\text{mm}$。若等高距为 5m，则其间有 60m、65m、70m 和 75m 4 条等高线通过，则 5m 高差在图上的平距为 $d_0=af\times5/(HF-HA)=5.4\text{mm}$，由图 4－26 可知，$A$、$B$ 和 E、F 间的高差不足 5m，其平距为

$$ab=\frac{af}{A_1F}A_1B_1=\frac{21}{19.4}\times(60-57.4)=2.8(\text{mm})$$

$$ef=\frac{af}{A_1F}E_1F=\frac{21}{19.4}\times(76.8-75)=2.0(\text{mm})$$

按上述计算数据即可在图 4－26 上定出 b、c、d、e 点。

2）图解法。按等坡度等平距的原则可用图解法勾绘等高线。在一张透明纸上绘一组等间隔的平行线，并在线端注以数字表示等高线根数和高程，如图 4－27 所示。绘图时将平行线覆盖在 af 上，使 a 位于 57.4 处，以 a 为圆心转动透明纸，使 f 与 76.8 重合，af 线与各平行线相交的点即为等高线通过处。

3）目估法。根据解析法原理，先确定 b、e 的位置，而后将 be 间分成 3 等分即可。即"先确定头尾，后等分中间"。此法在现场常用。在地性线上确定了等高线通过位置后，即可根据等高线特性对照实地勾绘等高线。勾绘等高线时，应在两相邻地性线间进行，且不可等到把所有通过点求出后再勾绘，应一边求通过点一边勾绘。勾绘时，对照实地地貌情况将相邻地性线上等高点用圆滑曲线连接起来。图 4－28 所示为勾绘而成的局部等高线地形图。等高线勾绘应在测图现场进行，至少应将曲线勾绘好，务必使勾绘的等高线能准确而形象地反映地貌特征，层次分明，协调一致，立体感强，接口处不留痕迹，曲线光滑自如。

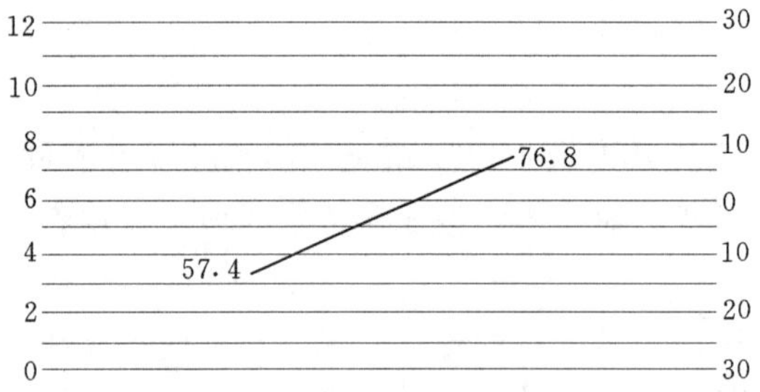

图 4－27　图解法求等高线点

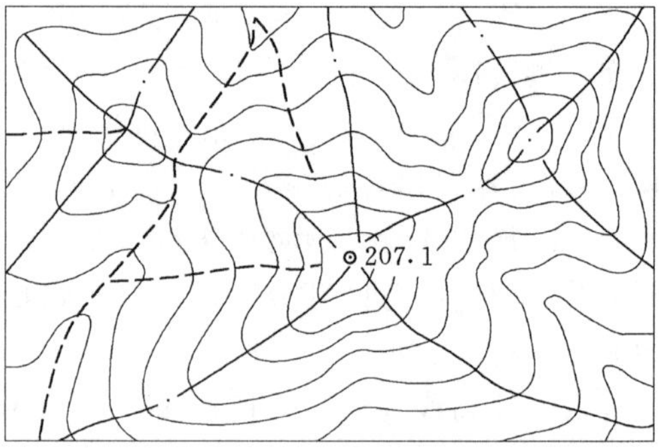

图 4－28　等高线的勾绘

（3）地形图上各种要素配合表示原则。

1）当两个地物中心重合或接近，难以同时准确表示时，将较重要的地物准确表示，次要地物移位 0.2mm 表示。房屋或围墙等高出地面的建筑物，直接建筑在陡坎或斜坡上的，建筑物按正确位置绘出，坡坎无法准确绘出时，可移位间隔 0.2mm 表示。

2）独立地物与房屋、道路、水系等其他地物重合时，中断其他地物符号，间隔 0.2mm 将独立地物完整绘出。两个独立地物相距很近，同时绘出有困难时，将高大突出的准确表示，另一个保持相互的关系位置移位表示。

3）悬空建筑在水上的房屋与水涯线重合时，间断水涯线，将房屋照常绘出。水涯线与陡坎重合时，以陡坎边线代替水涯线；水涯线与斜坡脚重合时，应在坡脚绘出水涯线。

4）双线道路与房屋、围墙等高出地面的建筑物边线重合时，以建筑物边线代替道路边线。道路边线与建筑物相接处应间隔 0.2mm。公路路堤（堑）应分别绘出路边线与堤（堑）边线，二者重合时，将其中之一移位 0.2mm 表示。

5）城市建筑区内的电力线、通信线可不连线，但应在杆架处绘出连线方向。等高线遇到房屋及其他建筑物、双线道路、路堤、路堑、陡坎、斜坡、湖泊、双线河及注记等均应中断表示。

4.2.3.6 地形图的拼接

由于测量和绘图误差的存在，分幅测图在相邻图幅的连接处，地物轮廓线和等高线都不会完全吻合，图 4-29 所示为相邻两幅图的局部衔接情况。拼接时用透明纸条覆盖在其中一幅图上，将图边格网线、地物、等高线等描下来，然后再把透明纸条按格网线与另一幅图边相接，描绘其地物、等高线。同一地物或等高线两幅图的描线不重合，即为接边误差。对于聚酯薄膜图纸，只需把两张图纸的坐标格网对齐，就可以检查接边处的地物和等高线的偏差情况。图的碎部点平面、高程接边误差不大于表 4-9 规定值的 $2\sqrt{2}$倍时，取其平均位置修正，但改正时应保持地物、地貌相互位置和走向的正确性。若边误差超限时，应到实地检查和改正。

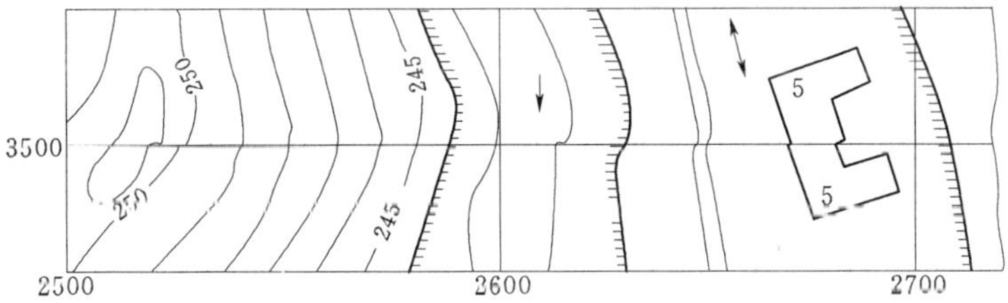

图 4-29 地形图的拼接

表 4-9 地物点平面位置中误差和地形点高程中误差

<table>
<tr><th>测区类别</th><th>点位中误差</th><th>平地</th><th>丘陵地</th><th>山地</th><th>高山地</th><th>备注</th></tr>
<tr><td rowspan="2">山地、高山地</td><td rowspan="2">图上 0.8mm</td><td colspan="4">高程注记点的高程中误差</td><td rowspan="4">h 为基本等高距</td></tr>
<tr><td>$h/3$</td><td>$h/2$</td><td>$2h/3$</td><td>h</td></tr>
<tr><td rowspan="2">城镇与工矿建筑区、平地、丘陵地</td><td rowspan="2">图上 0.6mm</td><td colspan="4">等高线插求点的高程中误差</td></tr>
<tr><td>$h/2$</td><td>$2h/3$</td><td>h</td><td>h</td></tr>
</table>

4.2.3.7 地形图的检查

为了确保地形图的质量，除施测过程中做好经常性检查外，在地形图测完后，必须对成图质量进行全面检查。地形图的检查包括图面检查、野外巡视和设站检查。

1. 图面检查

检查图上地物、地貌表现是否清晰易读，各种符号、注记是否正确，轮廓线有无矛盾等；等高线描绘是否合理、地形点高程是否相符、名称注记有无弄错或遗漏，各种植被的表示是否恰当，综合取舍是否合理；各类高程注记点的位置、数量是否符合要求；如发现错误或疑点，应到野外进行实地检查修改。同时还要检查各种控制资料是否齐全、成果精度是否满足要求；各种记录、观测和计算手簿中的记载是否齐全、正确、清晰，有无连环涂改，是否合乎要求。

2. 野外巡视

在图面检查的基础上，选择合理的巡查路线，将原图上的地物、地貌与实地对照比较。查看有无遗漏，综合取舍情况，形状是否相似，地貌显示是否逼真，符号运用、名称及其他注记是否正确等，发现问题应现场在图上进行修正或补充。

3. 设站检查

在图面检查和野外巡视基础上进行。根据图面检查和野外巡视发现的问题，到野外设站检查，除对发现的问题进行修正和补测外，还要对本测站所测地形用散点法进行检查，即在测站周围选择一些地形点，测定其位置和高程，看所测地形图是否符合要求，如果发现点位的误差超限，应按正确的观测结果修正。

4.2.3.8 测图的结束工作

（1）地形图的整饰。地形原图的整饰是外业各项成果的最后体现。地形图经过上述拼接、检查和修正后，还应进行清绘和整饰，使图面更为清晰、美观，然后作为地形图原图保存。整饰时按下列顺序进行：先图框内后图框外，先注记后符号，先地物、后地貌。图上的注记、地物符号、等高线等均应按规定的地形图图式进行描绘和书写。

最后，在图框外应按图式要求写出图名、图号、接图表、比例尺、坐标系统及高程系统、施测单位、测绘者及测绘日期等。若是地方独立坐标还应画出正北方向。对于须印制蓝图的原图，应严格按照《地形图图式》进行着墨描绘。

（2）测量成果的整理。测图工作结束后，应将各种资料予以整理并装订成册，以便提交验收和保存。这些资料包括平面和高程控制测量、地形测图两部分。主要有控制点分布略图、控制测量观测手簿、计算手簿、控制点成果表、地形原图、地形测量手簿等。

（3）检查验收。成果验收与提交成果资料整理完成后，应交业务主管部门或委托单位组织有关专家进行检查验收，对全部成果质量做出正确评价。若验收符合质量要求，提交业务主管部门或委托单位归档或使用；否则，应返工重测，并要承担相应的经济责任。

4.3 数字地形图测绘

随着计算机科学技术的发展和各种先进数据采集与输出设备的广泛应用，测绘科学技术正朝着自动化、数字化方向发展，测量的成果不再是绘制在纸上的地图，而是以数字形式存储在计算机中可以传输、处理、共享的数字地图。数字化测图作为一种先进的测量方法，已经替代了传统的白纸测图，其自动化程度和测量精度均是其他方法难以达到的。

4.3.1 数字测图系统的组成

数字化测图实质是一种全解析的方法。数字测图是以计算机为核心，在外连输入输出设备的支持下，对地形和地物空间数据进行采集、输入、成图、绘图、输出、管理的测绘方法。广义的数字化测图系统的框架如图 4－30 所示。数据采集设备采集地形数据输入计算机，有计算机内的成图软件进行处理、编辑生成地形图，并通过绘图仪输出可视图件。

实际工作中，大比例尺数字测图一般指数字测图，也称全野外数字测图。与白纸测图定点的基本原理一样，全野外数字化测图需要进行控制测量和碎步测量，应用全站仪等测量仪器在实地采集数据，然后用计算机处理，与测绘打印机联机，自动绘图和打印测量成果，最后将图形数据和属性数据存盘。地图数字化是利用数字化仪对已有的图件进行数字化，将图件上的各种要素以一定的规则输入计算机编辑处理。数字化测图是一种先进的测量方法，与白纸测图相比具有明显的优势，是近年来主要的成图方法。它具有自动化程度

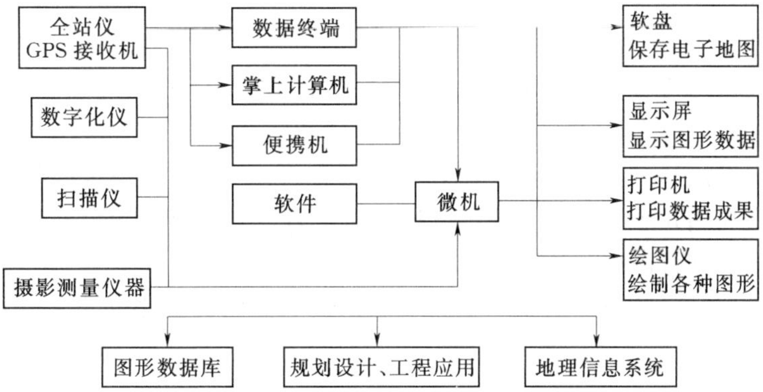

图 4-30 广义的数字化测图系统框架

高、现实性强、整体性强、应用性强、精度高的特点。

4.3.2 数字化测图系统的硬件环境和软件系统

4.3.2.1 数字化测图系统硬件的功能

数字化测图系统的硬件由计算机主机、全站仪、数据记录器（电子手簿）、数字化仪、打印机、绘图仪及其输出输入设备组成。

全站仪采集野外数据通过数据记录器（电子手簿、PC 卡）输入计算机。功能较全的全站仪可以直接与计算机进行数据传输。计算机包括台式、便携式 PC 等。若用便携式 PC 作电子平板，则可将其带到现场，直接与全站仪通信，记录数据，实时成图。

绘图仪和打印机是数字化成图系统不可缺少的输出设备。数字化仪通过用于现有地图的数字化工作。其他输入输出设备还有图像/文字扫描仪、磁带机等。计算机与外接输出设备的连接，可通过自身的串行接口、并行接口及计算机网络接口实现。

4.3.2.2 数字化测图软件系统

数字化测图软件是数字化测图的关键，一个功能比较完善的数字测图软件，应集数据采集、数据处理（包括图形数据的处理和属性数据及其他数据格式的处理）、图形编辑与修改、成果输出与管理于一体，且通用性强、稳定性好，并提供与其他软件进行数据转换的接口。目前，用于数字测图的应用软件很多，不同的软件各有其特点，即使是同一种软件，由于版本的不同，其功能也有差异。

南方地形地籍成图软件 CASS 是广州南方测绘仪器公司基于 AutoCAD 平台开发的 GIS 前端数据采集系统，主要应用于地形成图、地籍成图、工程测量应用 3 大领域。它全面面向 GIS，彻底打通了数字化成图系统与 GIS 的接口。使用骨架线实时编辑、简码用户化、GIS 无缝接口等先进技术。自 CASS 软件推出以来，在我国大部分地区已经成为主流成图软件。

4.3.3 数字测图的野外数据采集

4.3.3.1 测图前的准备工作

1. 图根控制测量

野外数据采集包括图根控制测量和碎步测量两个阶段。如高级控制点的密度不能满足大比例尺数字测图的需求时，应加密适当数量的图根控制点，直接供测图使用。如果利用全站仪采集碎部点，就常规成图方法而言，一般以在 500m 以内能测到碎部点为原则。一般平坦而开阔地区 1km^2 图根点的密度，对于 1：2000 比例尺测图不少于 4 个，对于 1：1000 比例尺测图不少于 16 个，对于 1：500 比例尺测图不少于 64 个。

图根平面控制点的布设，除采用图根导线、图根三角、交会方法和 GPS RTK 等方法外，还可采用辐射法和一步测量法。辐射法是在某一通视良好的等级控制上，用极坐标测量方法一次测定周围几个图根点，这种方法无需平差计算，直接测出坐标，为保证图根点的可靠性，一般要进行两次观测（另选定向点）；一步测量法（图 4－31）是将图根导线与碎步测量同时作业。利用全站仪一步测量法采集数据时，效率非常高，可少设一次站、少跑一遍路。

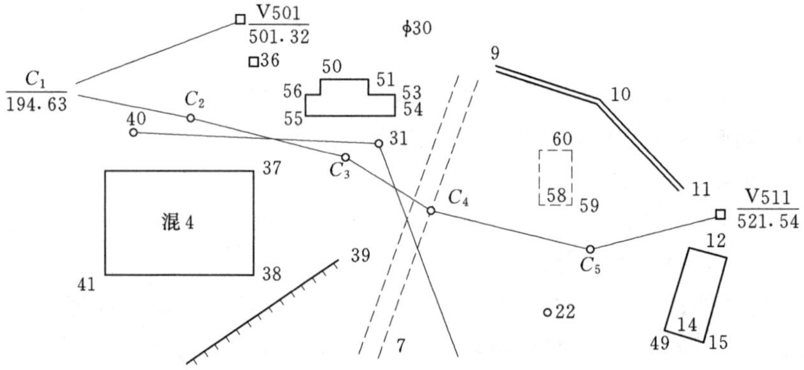

图 4－31 一步测量法示意图

2. 测站点的设定

数字测图时应尽量利用各级控制点作为测站点。在地形琐碎、房屋密集以及雨裂冲沟繁多的地方，需要增设一定数量的测站点，但不能用增设测站点做大面积的测图。

增设测站点是在控制点或图根点上，采用极坐标法、支导线法、辐射法等方法测定测站点的坐标和高程。测站点的点位精度相对于附近图根点的中误差不应大于图上 0.2mm，高程中误差不应大于测图基本等高距的 1/6。

4.3.3.2 仪器器材、资料准备及人员安排

野外数据采集前，要准备好仪器、器材、控制成果和基本资料，合理配备测量人员。

1. 仪器器材的准备

仪器器材主要包括全站仪、对讲机、便携机、备用电池、通信电缆、花秆、反光棱镜、钢尺等。全站仪、对讲机应提前充电。

2. 资料的准备

数据采集前，最好提前将测区的全部已知点成果通过计算机输入全站仪的内存中，以方便调用。目前多数数字测图系统在野外进行数据采集时，要求绘制较详细的草图。如果测区有相近比例尺的地图，则可利用旧图或影像图并适当放大复制，裁成合适的大小（如 A4 幅面）作为工作草图。在这种情况下，作业员可先进行测区调查，对照实地将变化的地物反映在草图上，同时标出控制点的位置，这种工作草图也起到工作计划图的作用。在没有合适的地图可作为工作草图的情况下，应在数据采集时绘制工作草图。工作草图应绘

制地物的相关位置、地貌的地性线、点号、丈量距离记录、地理名称和说明注记等。草图可按地物的相互关系分块绘制，也可按测站绘制，地物密集处可绘制局部放大图。草图上点号标注应清楚、正确，并与全站仪内存或电子手簿记录的点号对应。

3. 外业作业人员的组织

外业作业是对数字测图而言，着重指碎步测量及其人员的组织。数字测图的施测方式不同，人员的配备也有所不同。测记法施测时，作业人员一般配置为：观测员 1 人，领尺员 1 人，跑尺员 1～3 人（以测量作业熟练情况而定）。领尺员负责绘草图和室内成图，是核心成员。

4.3.3.3 野外数据采集方式

大比例尺数字测图野外数据采集设备主要是全站仪和 GPS RTK。根据提供图形信息码的方式不同，全站仪野外数据采集的工作程序可分为测记法和电子平板法两种。

1. 全站仪采集数据

(1) 测记法。

测记法是在观测碎部点时，绘制工作草图，在工作草图上记录地形要素名称和碎部点连接关系。然后在室内将碎部点显示在计算机屏幕上。根据工作草图，采用人机交互方式连接碎部点。输入图形信息码和生成图形。具体操作如下：

进入测区后，领尺员首先对测站周围的地形、地物分布情况大概看一遍，认清方向，制作如图 4-31 所示的含主要地物和地貌的工作草图（若在原有的旧图上标明会更精确），便于观测时在草图上标明所测碎部点的位置及点号。观测员指挥立尺员到事先选定好的某已知点上立镜定向；自己快速架好仪器，量取仪器高，启动全站仪，进入数据采集状态，选择保存数据的文件，按照全站仪的操作设置测站点、定向点，记录完成后，照准定向点完成定向工作。为确保设站无误，可选择检核点，测量检核点的坐标，若坐标差值在规定的范围内，即可开始采集数据，不通过检核不能继续测量。

完成上述工作后，观测员通过立尺员开始跑点。观测时要核对每个观测点的点号、属性、镜高，并存入全站仪内存中。每观测完一点，观测员要告知绘草图者被测点的点号，以便及时对照全站仪内存中记录的点号和绘草图者标号，保证两者一致。若不一致，应查找原因，及时更正。测记法数据采集通常区分为有码作业和无码作业。有码作业需要现场输入野外操作码（如 CASS 6.0）。无码作业现场不输入数据编码，而用草图记录绘图信息。绘草图人员在镜站把所测点的属性及连接关系在草图上反映出来，以供内业处理、图形编辑时用。

在进行地貌采点时，可以用一站多镜的方法进行。一般在地性线上要有足够密度的点，特征点也要尽量测到。例如，在山沟底测一排点，也应该在山坡边再测一排点，这样生成的等高线才真实。测量陡坎时，最好在坎上、坎下同时测点，这样生成的等高线才没有问题。在地形变化较小的地方，可以适当放宽采点密度。

需要注意的是，野外采集时，能测到的点要尽量测，实在测不到的点可用皮尺或钢尺量距，将丈量结果记录在草图上，室内用交互编辑方法成图。

当一个测站上所有的碎步点测完后，要找一个已知点重测进行检核，以检查施测过程中是否存在误操作、仪器碰动或出故障等原因造成的错误。检查确定无误后，关机、装箱并搬站到下一测站，重新按上述采集方法、步骤施测。

（2）电子平板法。

电子平板法是采用笔记本计算机和 PDA 掌上计算机作为野外数据采集记录器，可以在观测碎步点之后，对照实际输入图形信息码和生成图形。基本操作过程如下：

1）利用计算机将测区的已知控制点及测站点的坐标传输到全站仪的内存中，或手工输入控制点及测站点的坐标到全站仪的内存中。

2）在测站点上架好仪器，并把笔记本计算机和 PDA 与全站仪用相应的电缆连接好，开机后进入测图系统；设置全站仪的通信参数；选定所使用的全站仪类型。分别在全站仪和笔记本计算机或 PDA 上完成测站、定向点的设置工作。

3）全站仪照准碎步点，利用计算机控制全站仪的测角和测距，每测完一个点，屏幕上都会及时地展绘显示出来。

4）根据被测点的类型，在测图系统上找到相应的操作，将被测点绘制出来，现场成图。

2. GPS RTK 地形测量

Trimble 5700 GPS RTK 流动站初始化完成后，进入测量菜单，就可以进行测量。测量形式一般有独立点测量和连续采集地形点两种。

（1）独立点测量。

1）将流动站天线测杆放在一个待测点上，如果点上空有障碍物（如山、树）时，测量精度受影响。

2）从 TSCL 主菜单选择测量菜单。

3）在菜单类型中选择 RTK 测量形式。

4）在测量菜单中选择测量点（Mensuyes Points ）。

5）在点属性类型（Type）中输入地形点（Topo），在“点名”一栏输入数字点名、要素代码（Code）和天线高，注意天线高类型要正确。

6）单击“选项”（Options），将自动结束测量点（Auto end point ）设置为“否”（No），这样可以手工存储点；按测量任务的精度要求改变精度设置、记录次数设置等。

7）当天线对中点位，等待初始化完成，这时屏幕显示 RTK ＝固定。单击“测量”（Mensuye），按回车键。数据采集器记录数据，显示出静态图标，数据记录过程中保持测杆垂直。

8）TSCL 控制软件为每一种类型的测点预设了测量次数，测量次数与跟踪的卫星个数、几何精度和精度要求有关。当预设次数完成，“记录”（Store）命令显示时，检查以下精度：如果精度满意，按“记录”（Store）键记录；如果精度不满意，等待精度提高或选择“退出”（ESC），出现“是否放弃?”提问，选择“是”。

9）将测杆移动到另一个点上继续测量，直到按需要测完等待点，结束测量。

（2）连续采集地形点。

1）将流动站天线测杆放在一个待测点上，如果点上空有障碍物（如山、树）时，测量精度受影响。

2）从 TSCL 主菜单选择测量菜单。

3）在菜单类型中选择 RTK 测量形式。

4）在测量菜单选择连续测量（Continuous Topo）。

5）在点属性类型中输入地形点，在“点名”一栏输入数字点名、要素代码和天线高，注意天线高类型要正确。

6）单击“选项”，将自动结束测量点设置为“是”，这样可以自动存储点；按测量任务的精度要求改变精度设置、记录次数设置等；设置按时间记录的时间间隔，或按距离记录的距离间隔。

7）当天线对中点位，放置垂直后，等待初始化完成时显示：RTK＝固定。单击“测量”，按回车键。数据采集器自动记录存储数据，测量一个点后，TSC1 发出清脆的声音，点名自动累加。测量员可以按连续地形方向不断运动，TSC1 自动测量记录。连续动态图标显示。测量过程中，保持 GPS 天线杆垂直。

8）如果 TSC1 发出低沉的声音，提示精度低时检查：一般情况是卫星个数少或周围环境有障碍物，则等待精度提高，自动记录，或移到环境较好的位置。初始化完成后，再回来测量，或放弃此处测量；单击“选项”，适当调整自动记录精度要求等。

9）连续沿测量地形边走边测，直到按需要测完待测点，结束测量。

4.3.4 数字地形图成图方法

CASS 系统为数字测图提供了多种成图方法：测点点号定位成图法、简编码自动成图法、引导文件自动成图、屏幕坐标定位成图法和电子平板测图法等。除电子平板测图法外，其余均为测记式成图法。即把野外采集的数据存在电子手簿或全站仪的内存中，同时绘制草图，回到室内后再将数据传输到计算机内，对照草图完成各种绘制编辑工作，最后形成地形图。其中，引导文件自动成图法、测点点号定位成图法、屏幕坐标定位成图法适用于无码作业。

4.3.4.1 测点点号定位成图法

利用该法绘制平面图，只需把野外采集的“坐标数据文件”中的碎部点点号展在屏幕上，利用屏幕测点点号，对照草图上标明的点号、地物属性和连接关系，将每个地物绘出。方法如下。

1. 定显示区

定显示区就是通过坐标数据文件中的最大、最小坐标定出屏幕窗口的显示范围。

进入 CASS 9.0 主界面，单击“绘图处理”菜单项，即出现如图 4-32 所示的下拉菜单。然后移至“定显示区”命令，使之呈高亮显示，单击即出现一个对话框，如图 4-33 所示。这时，需要输入坐标数据文件名。可参考 Windows 选择打开文件的方法操作，也可直接通过键盘输入，在“文件名（N）”（即光标闪烁处）输入框中输入 C：\ CASS 9.0 \ DEMO \ STUDY. DAT，再移动光标至“打开（O）”处单击。这时，命令区显示：

最小坐标(米)：X＝31056.221，Y＝53097.691

最大坐标(米)：X＝31237.455，Y＝53286.090

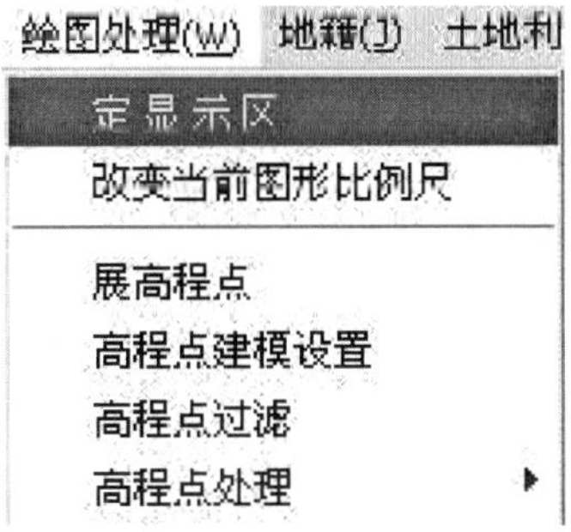

图 4-32 “定显示区”命令

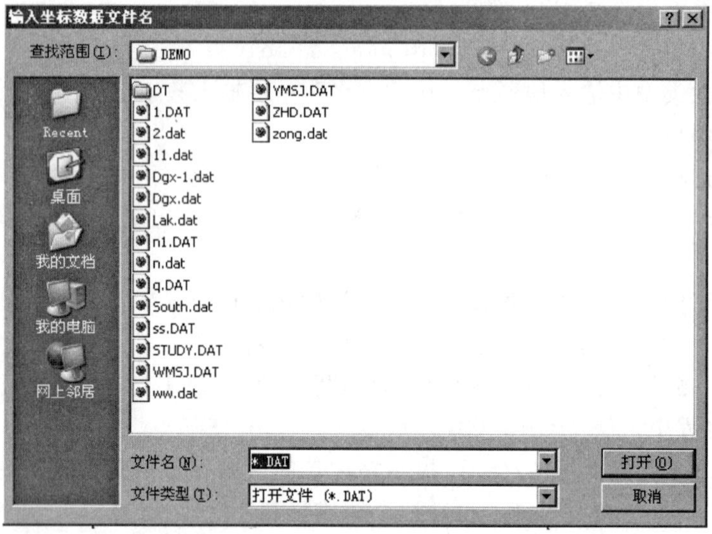

图 4-33 选择“定显示区”后的对话框

2. 选择测点点号定位成图法

移动光标至屏幕右侧菜单区的“测点点号”项单击，即出现如图 4-34 所示的对话框。

图 4-34 选择“点号定位”数据文件

输入点号坐标数据文件名 C：\ CASS 9.0 \ DEMO \ STUDY.DAT 后，命令区提示：

读点完成！共读入 106 个点

3. 展点

先移动光标至屏幕的顶部菜单“绘图处理”处单击，这时系统弹出一个下拉菜单。再选择“绘图处理”下的“展野外测点点号”命令，如图 4-35 所示，便出现如图 4-33 所示的对话框。

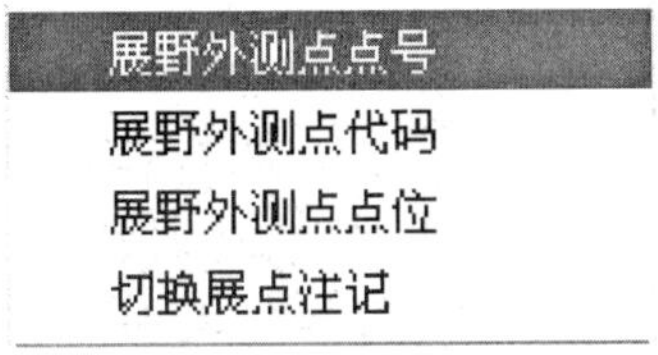

图 4-35 选择“展野外测点点号”命令

输入对应的坐标数据文件名 C：\ CASS 9.0 \ DEMO \ STUDY. DAT 后，便可在屏幕上展出野外测点的点号，如图 4-36 所示。

4. 绘平面图

下面可以灵活使用工具栏中的缩放工具进行局部放大以方便编图。先把左上角放大，单击右侧屏幕菜单的“交通设施/城际公路”按钮，弹出如图 4-37 所示的界面。

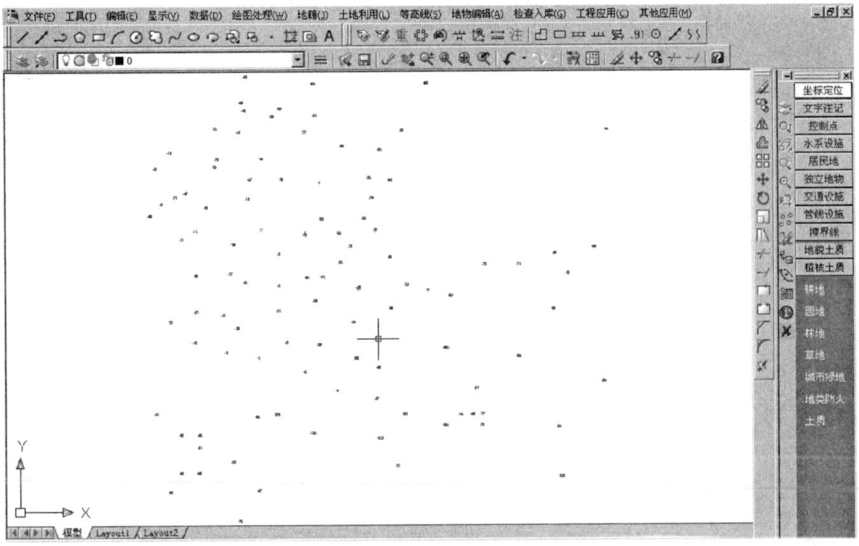

图 4-36 STUDY. DAT 展点图

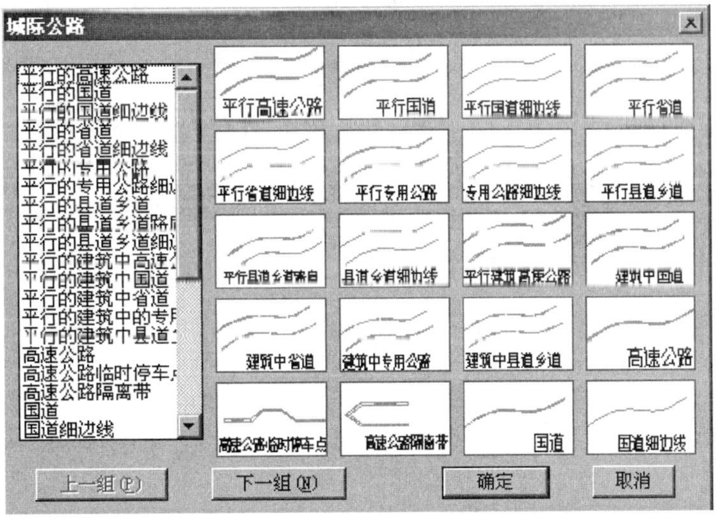

图 4-37 单击“交通设施/城际公路”按钮

找到“平行高速公路”并选中，再单击“确定”按钮，命令区提示：

绘图比例尺 1：输入 500，按回车键。

点 P/〈点号〉输入 92，按回车键。

点 P/〈点号〉输入 45，按回车键。

点 P/〈点号〉输入 46，按回车键。

点 P/〈点号〉输入 13，按回车键。

点 P/〈点号〉输入 47，按回车键。

点 P/〈点号〉输入 48，按回车键。

点 P/〈点号〉按回车键。

拟合线〈N〉？输入 Y，按回车键。

说明：输入 Y，将该边拟合成光滑曲线；输入 N（默认为 N），则不拟合该线。

1. 边点式/2. 边宽式〈1〉：按回车键（默认为 1）

说明：选 1（默认为 1），将要求输入公路对边上的一个测点；选 2，要求输入公路宽度。

对面一点

点 P/〈点号〉输入 19，按回车键。

这时平行高速公路就做好了，如图 4－38 所示。

下面做一个多点房屋。选择右侧屏幕菜单的“居民地/一般房屋”选项，弹出如图 4－39 所示界面。

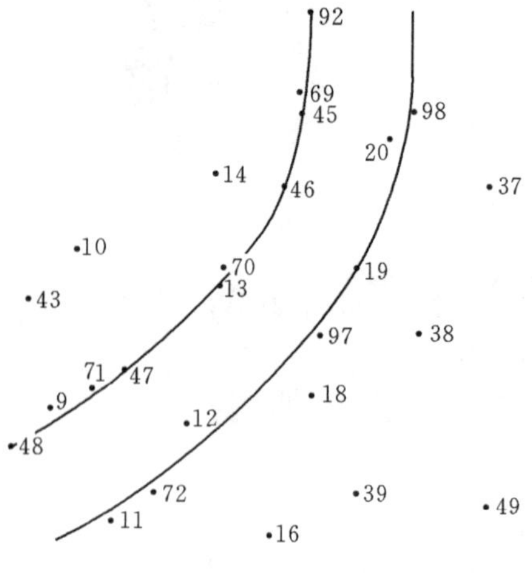

图 4－38　做好一条平行高速公路

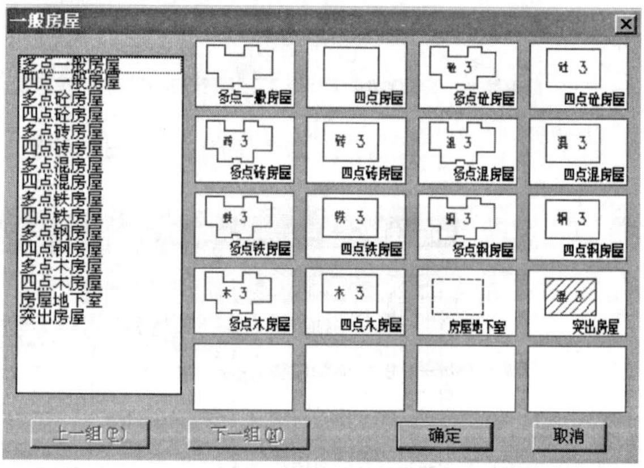

图 4－39　选择屏幕菜单“居民地/一般房屋”选项

先用鼠标左键选择“多点砼房屋”选项，再单击“确定”按钮。命令区提示：

第一点：

点 P/〈点号〉输入 49，按回车键。

指定点：

点 P/〈点号〉输入 50，按回车键。

闭合 C/隔一闭合 G/隔一点 J/微导线 A/曲线 Q/边长交会 B/回退 U/点 P/〈点号〉输

入 51，按回车键。

闭合 C/隔一闭合 G/隔一点 J/微导线 A/曲线 Q/边长交会 B/回退 U/点 P/〈点号〉 输入 J，按回车键。

点 P/〈点号〉 输入 52，按回车键。

闭合 C/隔一闭合 G/隔一点 J/微导线 A/曲线 Q/边长交会 B/回退 U/点 P/〈点号〉 输入 53，按回车键。

闭合 C/隔一闭合 G/隔一点 J/微导线 A/曲线 Q/边长交会 B/回退 U/点 P/〈点号〉 输入 C，按回车键。

输入层数：〈1〉 按回车键（默认输入 1 层）。

说明：选择多点砼房屋后自动读取地物编码，用户不须逐个记忆。从第三点起弹出许多选项，这里以“隔一点”功能为例，输入 J，输入一点后系统自动算出一点，使该点与前一点及输入点的连线构成直角。输入 C 时，表示闭合。

再作一个多点砼房屋，熟悉一下操作过程。命令区提示：

Command：dd

输入地物编码：〈141111〉 141111

第一点：点 P/〈点号〉 输入 60，按回车键。

指定点：

点 P/〈点号〉 输入 61，按回车键。

闭合 C/隔一闭合 G/隔一点 J/微导线 A/曲线 Q/边长交会 B/回退 U/点 P/〈点号〉 输入 62，按回车键。

闭合 C/隔一闭合 G/隔一点 J/微导线 A/曲线 Q/边长交会 B/回退 U/点 P/〈点号〉 输入 a，按回车键。

微导线 — 键盘输入角度（K）/〈指定方向点（只确定平行和垂直方向）〉用鼠标左键在 62 点上侧一定距离处点一下。

距离〈m〉：输入 4.5，按回车键。

闭合 C/隔一闭合 G/隔一点 J/微导线 A/曲线 Q/边长交会 B/回退 U/点 P/〈点号〉 输入 63，按回车键。

闭合 C/隔一闭合 G/隔一点 J/微导线 A/曲线 Q/边长交会 B/回退 U/点 P/〈点号〉 输入 j，按回车键。

点 P/〈点号〉 输入 64，按回车键。

闭合 C/隔一闭合 G/隔一点 J/微导线 A/曲线 Q/边长交会 B/回退 U/点 P/〈点号〉 输入 65，按回车键。

闭合 C/隔一闭合 G/隔一点 J/微导线 A/曲线 Q/边长交会 B/回退 U/点 P/〈点号〉 输入 C，按回车键。

输入层数：〈1〉 输入 2，按回车键。

说明：“微导线”功能由用户输入当前点至下一点的左角（°）和距离（m），输入后软件将计算出该点并连线。要求输入角度时若输入 K，则可直接输入左向转角，若直接用鼠标单击，只可确定垂直和平行方向。此功能特别适合知道角度和距离但看不到点的位置的情况，如房角点被树或路灯等障碍物遮挡时。

两栋房子和平行等外公路“建”好后，效果如图 4-40 所示。

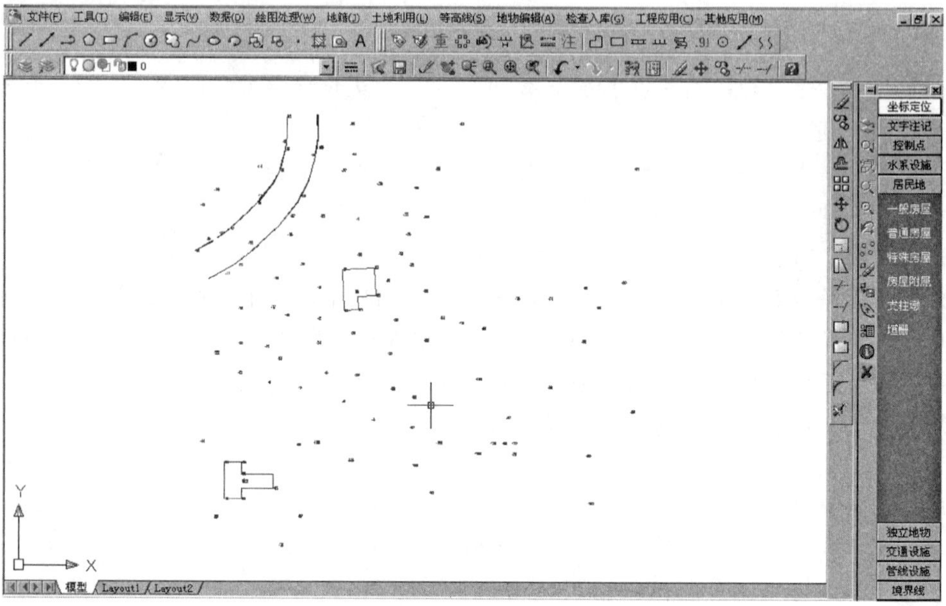

图 4-40　“建”好两栋房子和平行等外公路

类似以上操作，分别利用右侧屏幕菜单绘制其他地物。

在“居民地”菜单中，用 3、39、16 这 3 点完成利用 3 点绘制 2 层砖结构的 4 点房；用 68、67、66 绘制不拟合的依比例围墙；用 76、77、78 绘制 4 点棚房。

在“交通设施”菜单中，用 86、87、88、89、90、91 绘制拟合的小路；用 103、104、105、106 绘制拟合的不依比例乡村路。

在“地貌土质”菜单中，用 54、55、56、57 绘制拟合的坎高为 1m 的陡坎；用 93、94、95、96 绘制不拟合的坎高为 1m 的加固陡坎。

在“独立地物”菜单中，用 69、70、71、72、97、98 分别绘制路灯；用 73、74 绘制宣传橱窗；用 59 绘制不依比例肥气池。

在“水系设施”菜单中，用 79 绘制水井。

在“管线设施”菜单中，用 75、83、84、85 绘制地面上输电线。

在“植被园林”菜单中，用 99、100、101、102 分别绘制果树独立树；用 58、80、81、82 绘制菜地（第 82 号点之后仍要求输入点号时直接按回车键），要求边界不拟合，并且保留边界。

在“控制点”菜单中，用 1、2、4 分别生成埋石图根点，在提问点名．等级：时分别输入 D121、D123、D135。

最后选取“编辑”菜单下的“删除”级联菜单下的“删除实体所在图层”命令，光标符号变成了一个小方框，用左键选取任何一个点号的数字注记，所展点的注记将被删除。

平面图做好后效果如图 4-41 所示。

5. 绘等高线

(1) 展高程点。用鼠标左键选取“绘图处理”菜单下的“展高程点”命令，将会弹出数据文件的对话框，找到 C：\ CASS 9.0 \ DEMO \ STUDY. DAT 选项，单击“确定”按钮，命令区提示：注记高程点的距离（m）：直接按回车键，表示不对高程点注记进行取舍，全部展出来。

(2) 建立 DTM 模型。用鼠标左键选取“等高线”菜单下“建立 DTM”命令，弹出如图 4 -42 所示对话框。

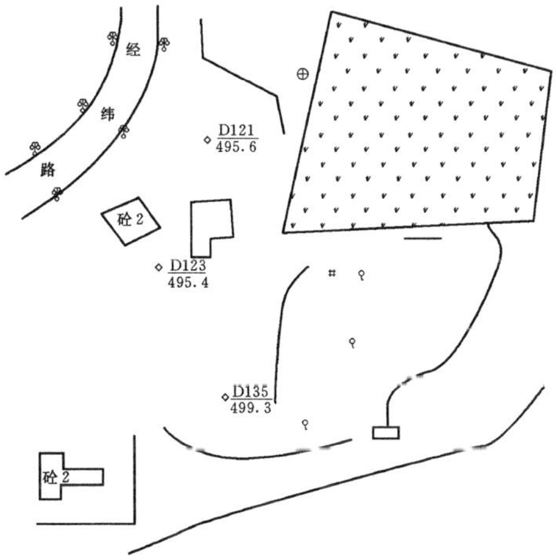

图 4 - 41　STUDY 的平面图

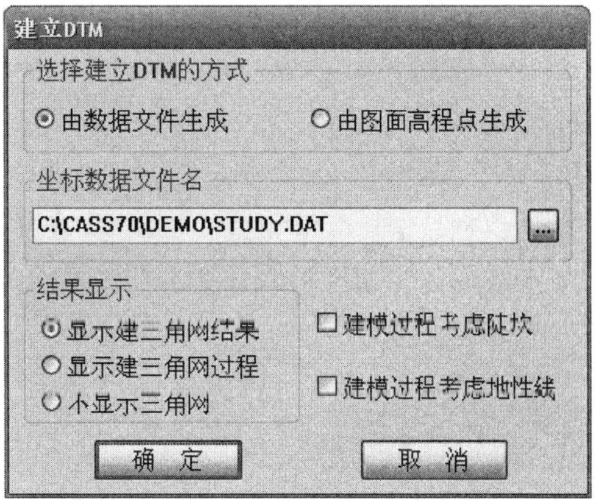

图 4 - 42　“建立 DTM”对话框

根据需要选择建立 DTM 的方式和坐标数据文件名，然后选择建模过程是否考虑陡坎和地性线，单击“确定”按钮，生成如图 4 - 43 所示 DTM 模型。

(3) 绘等高线。用鼠标左键选取“等高线”→“绘制等高线”菜单命令，弹出如图 4 - 44 所示对话框。

输入等高距后选择拟合方式后单击“确定”按钮，则系统马上绘制出等高线。再选择“等高线”菜单下的“删三角网”命令，这时屏幕显示如图 4 - 45 所示。

(4) 等高线的修剪。利用“等高线”菜单下的“等高线修剪”级联菜单，如图 4 - 46 所示。

用鼠标左键选取“批量修剪等高线”命令，在弹出的对话框中选择“建筑物”复选框，软件将自动搜寻穿过建筑物的等高线并将其进行整饰。选取“切除指定二线间等高线”命令，依提示依次用鼠标左键选取左上角的道路两边，CASS 9.0 将自动切除等高线穿过道路的部分。选取“切除穿高程注记等高线”，CASS 9.0 将自动搜寻，把等高线穿过注记的部分切除。

6. 加注记

下面演示在平行等外公路上加“经纬路”3 个字。

用鼠标左键选取右侧屏幕菜单的“文字注记—通用注记”命令，弹出如图 4 - 47 所示的界面。

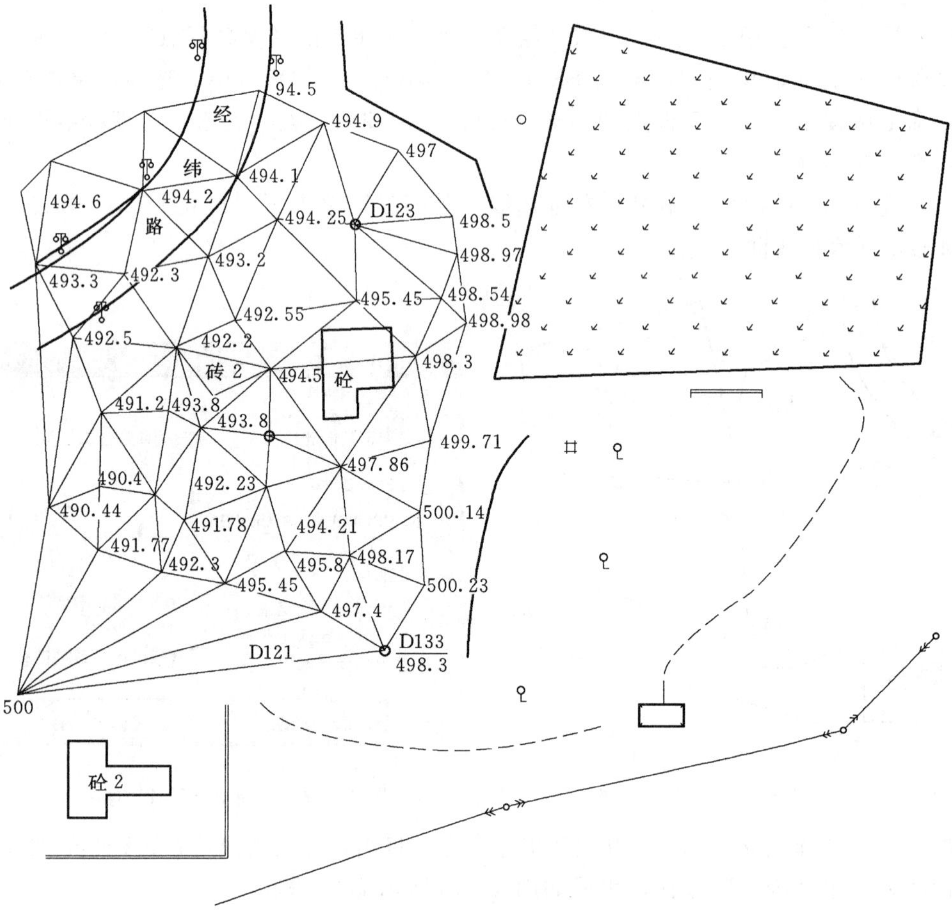

图 4-43　建立 DTM 模型

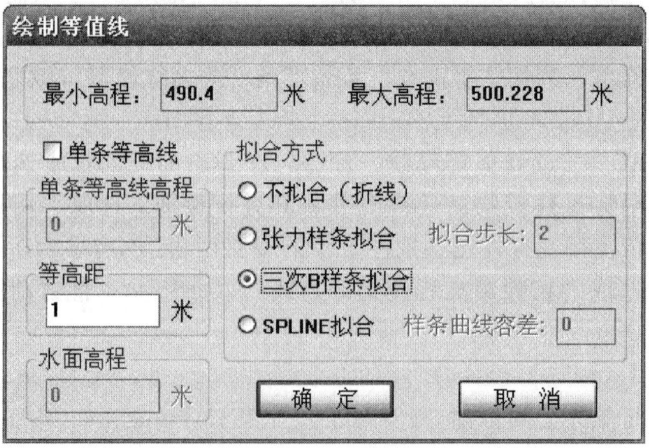

图 4-44　“绘制等值线”对话框

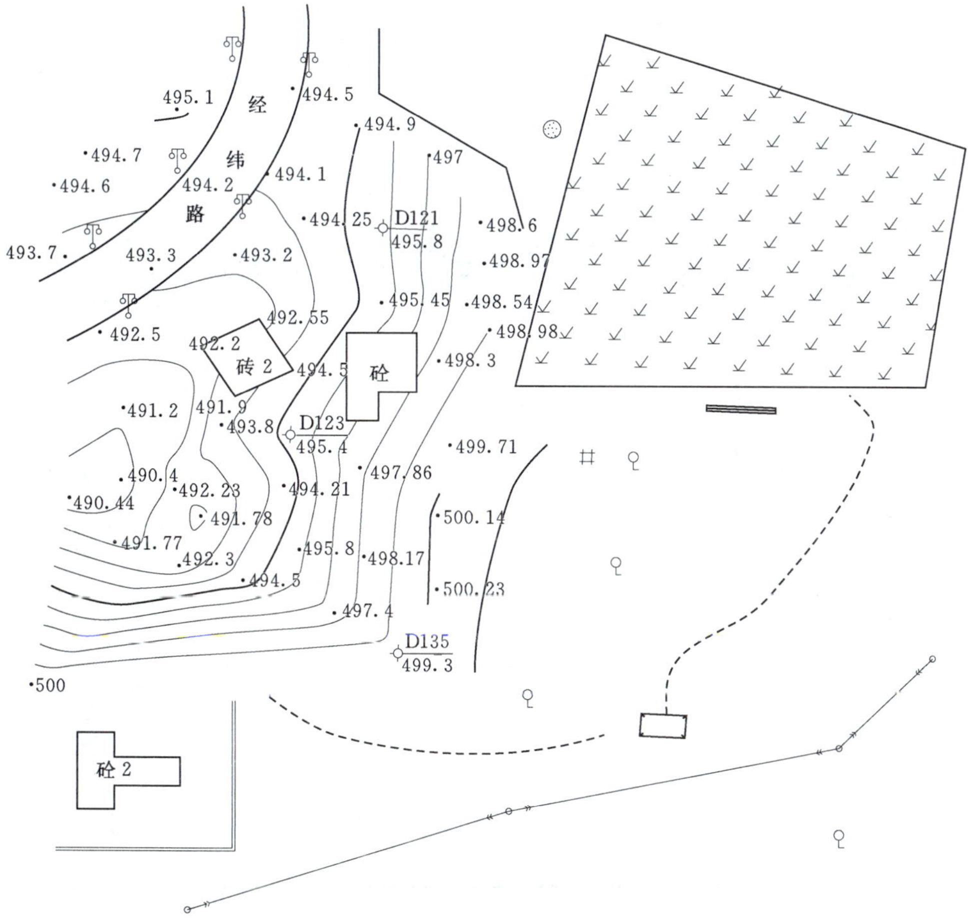

图 4-45 绘制等高线

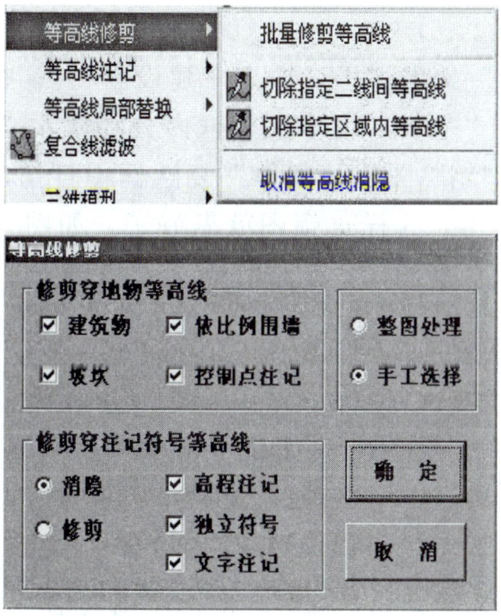

图 4-46 “等高线修剪”对话框

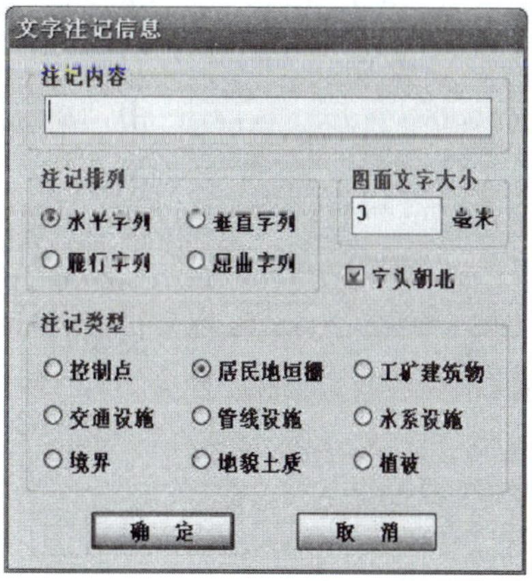

图 4-47 “文字注记信息”对话框

首先在需要添加文字注记的位置绘制一条拟合的多功能复合线，然后在注记内容中输入“经纬路”并选择注记排列和注记类型，输入文字大小确定后选择绘制的拟合多功能复合线即可完成注记。

经过以上各步，生成的图如图 4-48 所示。

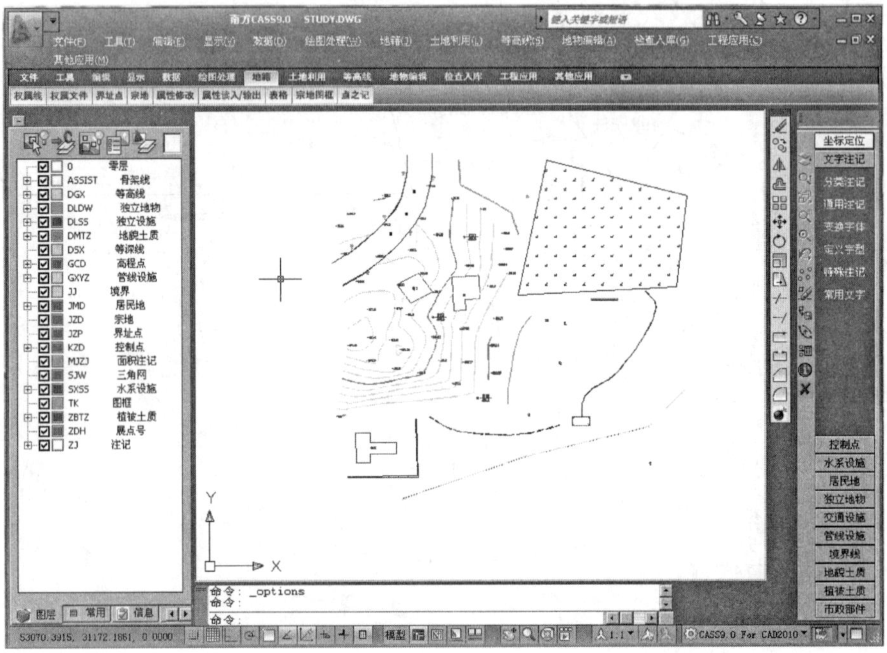

图 4-48　例图 study. dwg

7. 加图框

用鼠标左键单击“绘图处理”菜单下的“标准图幅（50×40）”命令，弹出如图 4-49 所示的界面。

在“图名”文本框里，输入“建设新村”；在“左下角坐标”框的“东”、“北”文本框内分别输入“53073”、“31050”；在“删除图框外实体”复选框中打勾，然后单击“确认”按钮。这样这幅图就做好了，如图 4-50 所示。注：2007 版新图式，图框外已无“测量员、绘图员”信息。右下角只有“批注”。

另外，可以将图框左下角的图幅信息更改成符合需要的字样，可以将图框和图章用户化。

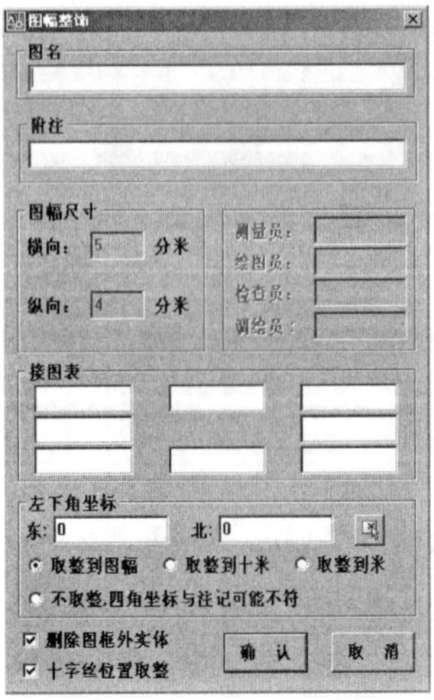

图 4-49　输入图幅信息

8. 绘图输出

用鼠标左键选取“文件”菜单下的“用绘图仪或打印机出图”命令，进行绘图。选好图纸尺寸、图纸方向之后，单击“窗选”按钮，用鼠标圈定绘图范围。将“打印比例”一项选为“2∶1”（表示满足 1∶500 比例尺的打印

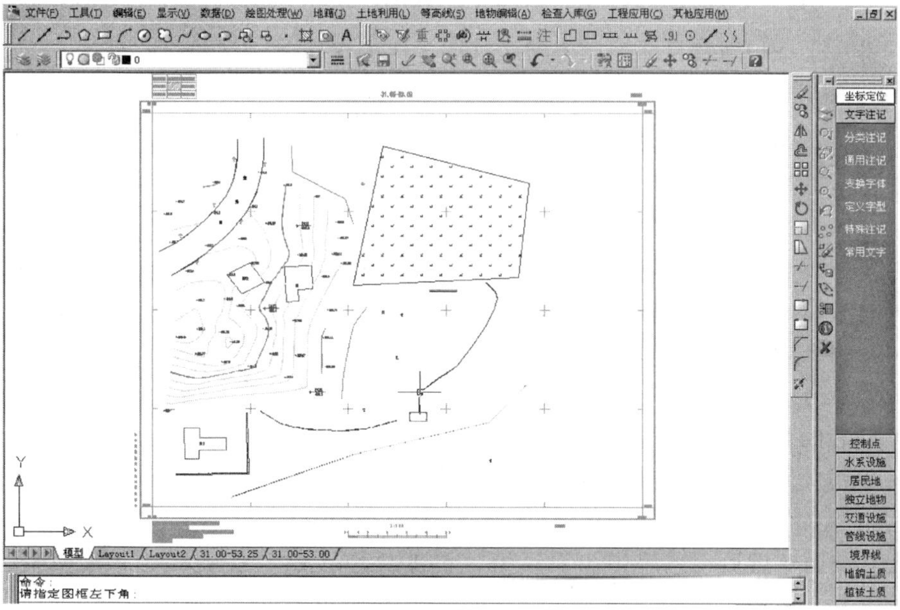

图 4-50 加图框

要求)，通过“部分预览”和“全部预览”可以查看出图效果，满意后就可单击“确定”按钮进行绘图了。

4.3.4.2 简编码自动成图法

此种工作方式也称为“带简编码格式的坐标数据文件自动绘图方式”，与“测点点号定位成图法”在野外测量时不同的是，每测一个地物点时都要在电子手簿或全站仪上输入地物点的简编码，简编码一般由一位字母和一或两位数字组成。用户可根据自己的需要通过 JCODE. DEF 文件定制野外操作简码。

1. 定显示区

此步操作与“测点点号定位成图法”中的“定显示区”操作相同。

2. 简码识别

简码识别的作用是将带简编码格式的坐标数据文件转换成计算机能识别的程序内部码(又称绘图码)。操作时，移动鼠标至菜单“绘图处理”→“简码识别”命令，按系统提示输入简编码坐标数据文件名，随后根据系统提示：输入规则地物调整限差值（m），对不规则地物的图形进行调整。

3. 绘平面图

在“绘图处理”菜单中选择“绘平面图”命令，屏幕上自动显示平面图。利用简编码自动成图法绘制的平面图，通常还要利用野外绘制的草图完成图形编辑。

4.3.4.3 引导文件自动成图法

此方式也称为“编码引导文件+无码坐标数据文件自动绘图方式”。该成图方法作业时，需要在内业人工编辑一个“引导文件”。引导文件是一个包含了地物编码、地物的连接点号和连接顺序的文本文件，它是根据草图在室内人工编辑而成的。然后将引导文件和坐标数据文件合并，生成一个包含地物全部信息的“简编码数据文件”。利用“简编码数据文件”即可把各种地物自动绘制成图，具体操作步骤如下。

1. 编辑引导文件

在绘图之前应编辑一个编码引导文件，该文件的主文件名一般取与坐标数据文件相同的文件名，后缀一般用“＊.YD”，以区别其他文件项。编写引导文件时，有以下要求：

(1) 每一行表示一个地物，如一幢房子、一条道路、一个独立地物、一个控制点。

(2) 每一行的第一个数据位为地物代码，以后按照地物各点的连接顺序依次输入各顺序点点号，格式如下：

代码，点号 1，点号 2，…，点号 n

(3) 同行的数据之间用逗号分隔。

(4) 地物代码的输入，需参考 CASS 的野外操作码，且第一个字母必须大写。

编写引导文件时，单击“编辑”菜单下的“文本编辑”命令或在命令行输入命令“EDIT”并按回车键后，系统弹出对话框，单击“是（Y)”按钮，文本编辑器便打开，输入引导文件，完成后存盘退出。

2. 定显示区

此步操作与“测点点号定位成图法”中的“定显示区”操作相同。

3. 编码引导

编码引导的作用是将“引导文件”与“无码的坐标数据文件”合并生成一个新的带简编码格式的坐标数据文件。这个新的带简编码格式的坐标数据文件在下一步“简码识别”操作时将要用到。

编码引导时，在“绘图处理”菜单中选择“编码引导”命令，根据对话框提示，依次输入引导文件名、坐标数据文件名、简编码坐标数据文件名。当命令提示“引导完毕”时，就表示编码引导成功。

4. 简码识别

此步操作与“简编码自动成图法”中的“简码识别”操作相同。

5. 绘平面图

此步操作与“简编码自动成图法”中的“绘平面图”操作相同。

4.3.4.4 屏幕坐标定位成图法

屏幕坐标定位成图法原理类似于测点点号定位成图法。所不同的仅仅是：绘图时点位的获取不是通过点号而是利用“捕捉”功能直接在屏幕上捕捉所展的点。其具体的操作步骤和测点点号定位成图法一样，依次为定显示区、展点、利用右侧菜单的屏幕坐标定位法成图。

4.3.5 数字地形图的检查验收与质量评定

测绘产品的检查验收与质量是生产过程不可缺少的环节，是对测绘产品的质量保证和质量的评价。为了控制测绘产品的质量，测绘工作者必须具有较高的质量意识和管理才能。因此，完成数字地形图成图后必须做好检查验收和质量评定工作。

4.3.5.1 检查验收

1. 选择检测点的一般规定与检查方法

选择检测点的一般规定是：数字地形图平面检测点应是均匀分布、随机选择的明显物点。平面和高程检测点的数量视地物复杂程度、比例尺等具体情况确定，每幅图一般各选取 20～50 个点，采用外业散点法按测站点精度施测。

通过量取两相邻图幅接边处要素端点的距离 Δd 是否等于 0 来检查接边精度，未连接的记录其偏差值；检查接边要素几何上自然连接情况，避免生硬；检查面域属性、线划属性的一致的要素实体个数。

2. 检查工作的实施

(1) 作业人员经自查，确认无误后方可按规定整理上交资料成果接受检查。

(2) 子过程检查和最终检查中，如发现有不符合质量要求的产品，应退给作业单位进行处理，然后再进行检查，直到检查合格为止。

3. 验收工作的实施

(1) 验收工作应在测绘产品经最终检查合格后进行。

(2) 检验批一般应由同一测域、同一生产单位的测绘产品组成。同一区域范围较大时，可以按生产时间不同分别组成检验批。

(3) 验收部门在验收时，一般按检验批中的单位产品数量 N 的 10%抽取样本数 n。

当检验批单位产品数量 $N \leqslant 10$ 时，$n=2$；当 $N>10$ 且 $N \times 10\%$ 不为整数时，则取整后加 1 作为抽检样本数。

(4) 抽样方法可采用简单随机抽样法或分级随机抽样法。对困难类别、作业方法等大体一致的产品，可采用简单随机抽样法；否则，应该采用分级随机抽样法。

(5) 对样本进行详查，并按规定进行产品质量核定。对样本以外的产品一般进行概查。当样本中经验收有质量不合格产品时，须进行二次抽样检查。

(6) 根据规定判定检验批的质量。经验收判为合格的检验批，被检单位要对验收中发现的问题进行处理；经验收判为一次检验未通过的批，要将检验批全部或部分退回被检单位，令其重新检查、处理，然后重新复检。

(7) 验收工作完成后，按规定编写验收报告，验收报告经验收单位上级主管部门审核（委托验收的验收报告送委托单位审核）后，随产品归档，并送生产单位一份。

4.3.5.2 质量评定

数字测绘产品质量实行优级品、良级品、合格品、不合格品评定制；检验批质量实行合格批、不合格批评定制。产品质量由生产单位评定，验收单位则通过检验批进行核定。

4.4 地形图应用

4.4.1 地形图的识读

为了正确地应用地形图，首先要能看懂地形图。地形图是用各种规定的符号和注记表示地物、地貌及其他有关资料。通过对这些符号的注记和识读，可使地形图成为展现在人们面前的实地立体模型，以判断其相互关系和自然形态。这就是地形图识图的主要目的。

1. 图外注记和识读

首先要了解这幅图的编号和图名、图的比例尺、图的方向以及采用什么坐标系统和高程系统，这样就可以确定图幅所在的位置、图幅所包括的面积和长宽等。

对于小于 1：10000 的地形图，一般采用国家统一规定的高斯平面直角坐标系，城市地形图一般采用城市坐标系，工程项目总平面图大多采用施工坐标系。自 1956 年起，我国统一规定以黄海平均海水面作为高程起算面，所以绝大多数地形图都属于这个高程系统。我国自 1987 年启用“1985 国家高程基准”，全国均以新的水准原点高程为准。但也有若干老的地形图和有关资料，使用的是其他高程系统或假定高程系统，如长江中下游一带，常使用吴淞高程系，为避免工程上应用的混淆，在使用地形图时应严加区别。通常，地形图所使用的坐标系统和高程系统均用文字注明于地形图的左下角。

对地形图的测绘时间和图的类别要了解清楚，地形图反映的是测绘时的现状，因此要知道图纸的测绘时间，对于未能在图纸上反映的地面上的新变化，应组织力量予以修测与补测，以免影响设计工作。

2. 地物识读

要知道地形图使用的是哪一种图例，要熟悉一些常用的地物符号，了解符号和注记的确切含义。根据地物符号，了解主要地物的分布情况，如村庄名称、公路走向、河流分布、地面植被、农田、山村等。图 4 - 51 所示为黄村的地形图，房屋东侧有一条公路，向南过一座小桥，桥下为双清河，河水流向是由西向东，图的西半部分有一些土坎。

黄村
10—20

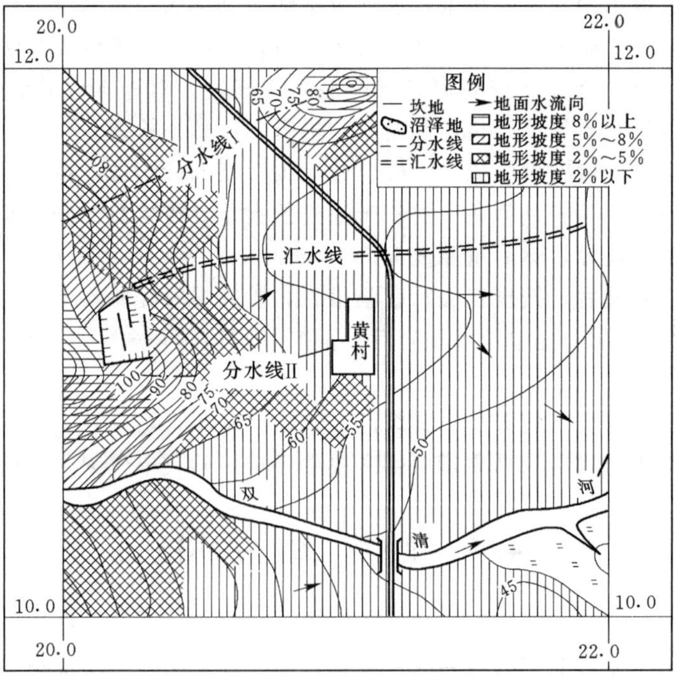

1：5000

图 4 - 51　地形图识别

3. 地貌识读

要正确理解等高线的特性，根据等高线了解图内的地貌情况，首先要知道等高距是多少，然后根据等高线的疏密判断地面坡度及地形走势。由图 4－51 中可以看出，整个地形西高东低，逐渐向东平缓，北边有一小山头，等高距为 5m。

4.4.2 地形图的基本应用

在工程建设规划设计时，往往要用解析法或图解法在地形图上求出任意点的坐标和高程，确定两点之间的距离、方向和坡度，利用地形图绘制断面图等，这就是用图的基本内容，现分述如下。

4.4.2.1 确定图上点的坐标

图 4－52 是比例尺为 1∶1000 的地形图坐标格网的示意图，以此为例说明求图上 A 点坐标的方法。首先根据 A 的位置找出它所在的坐标方格网 $abcd$，过 A 点作坐标格网的平行线 ef 和 gh。然后用直尺在图上量得 $ag=62.3\text{mm}$，$ae=55.4\text{mm}$；由内、外图廓间的坐标标注知：$x_a=20.1\text{km}$，$y_a=12.1\text{km}$，则 A 点坐标为

$$x_A=x_a+ag\cdot M=20100\text{m}+62.3\text{mm}\times1000=20162.3\text{m}$$
$$y_A=y_a+ae\cdot M=12100\text{m}+55.4\text{mm}\times1000=12155.4\text{m} \qquad (4-1)$$

式中　M——比例尺分母。

如果图纸有伸缩变形，为了提高精度，可按式（4－2）计算，即

$$\left.\begin{aligned}x_A&=x_a+ag\cdot M\cdot\frac{l}{ad}\\ y_A&=y_a+ae\cdot M\cdot\frac{l}{ab}\end{aligned}\right\} \qquad (4-2)$$

式中　l——方格 $abcd$ 边长的理论长度，一般为 10cm；

ad、ab——用直尺量取的方格边长。

4.4.2.2 确定两点间的水平距离

如图 4－52 所示，欲确定 AB 间的水平距离，可用以下两种方法求得：

1. 直接测量（图解法）

用卡规在图上直接卡出线段长度，再与图示比例尺比量，即可得其水平距离。也可以用刻有毫米的直尺量取图上长度 d_{AB}，并按比例尺（M 为比例尺分母）换算为实地水平距离，即

$$D_{AB}=d_{AB}M \qquad (4-3)$$

或用比例尺直接量取直线长度。

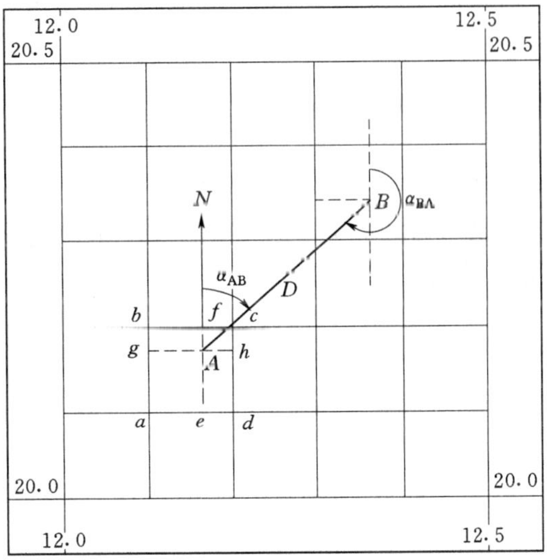

图 4－52　地形图的应用

2. 解析法

按式（4－2），先求出 A、B 两点的坐标，再根据 A、B 两点坐标由公式计算，即

$$D_{AB}=\sqrt{(X_B-X_A)^2+(y_B-y_A)^2} \tag{4-4}$$

4.4.2.3　确定两点间直线的坐标方位角

欲求图 4-52 上直线 AB 的坐标方位角，可有下述两种方法。

1. 解析法

首先确定 A、B 两点的坐标，然后按式确定直线 AB 的坐标方位角。

$$\tan\alpha_{AB}=\frac{\Delta y_{AB}}{\Delta x_{AB}}=\frac{y_B-y_A}{x_B-x_A} \tag{4-5}$$

2. 图解法

在图 4-52 上先过 A、B 点分别作出平行于纵坐标轴的直线，然后用量角器分别度量出直线 AB 的正、反坐标方位角 α'_{AB} 和 α'_{BA}，取这两个测量值的平均值作为直线 AB 的坐标方位角，即

$$\alpha_{AB}=\frac{1}{2}(\alpha'_{AB}+\alpha'_{BA}\pm 180°) \tag{4-6}$$

式中，若 $\alpha'_{BA}>180°$，取“$-180°$”；若 $\alpha'_{BA}<180°$，取“$+180°$”。

4.4.2.4　确定点的高程

利用等高线，可以确定点的高程。如图 4-53 所示，A 点在 28m 等高线上，则它的高程为 28m。M 点在 27m 和 28m 等高线之间，过 M 点作一直线基本垂直这两条等高线，得交点 P、Q，则 M 点高程为

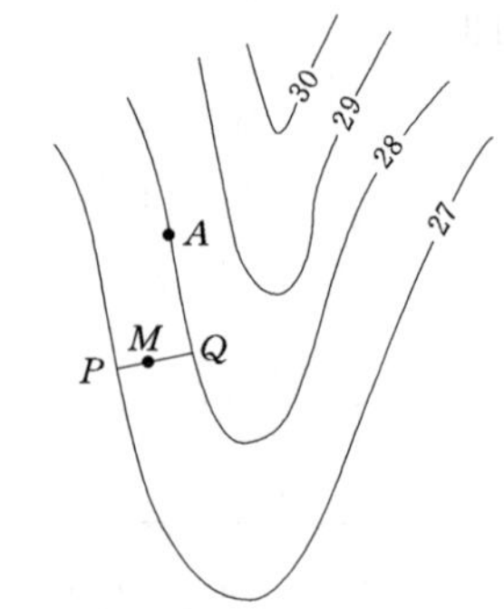

图 4-53　确定点的高程

$$H_M=H_P+\frac{d_{PM}}{d_{PQ}}\cdot h \tag{4-7}$$

式中　H_P——P 点高程；

h——等高距；

d_{PM}、d_{PQ}——图上 PM、PQ 线段的长度。

例如，设用直尺在图上量得 $d_{PM}=5$mm、$d_{PQ}=12$mm，已知 $H_P=27$m，等高距 $h=1$m，把这些数据代入式（4-7）得

$$h_{PM}=5/12\times 1=0.4(\text{m})$$

$$H_M=27+0.4=27.4(\text{m})$$

4.4.2.5　确定两点间直线的坡度

如图 4-53 所示，A、M 两点间的高差 h_{AM} 与水平距离 D_{AM} 之比，就是 A、M 间的平均坡度 i_{AM}，即

$$i_{AM}=\frac{h_{AM}}{D_{AM}} \tag{4-8}$$

例如，$h_{AM}=H_M-H_A=27.4-28.0=-0.6$（m），设 $D_{AM}=32.6$m，则 $i_{AM}=-0.6/32.6=+0.02=+2\%$。

坡度一般用百分数或千分数表示。$i_{AM}>0$ 表示上坡；$i_{AM}<0$ 表示下坡。若以坡度角表示，则

$$\alpha=\arctan\frac{h_{AM}}{D_{AM}}$$

应该注意到，虽然 A、M 是地面点，但 A、M 连线坡度不一定是地面坡度。

4.4.3　地形图在工程建设中的应用

4.4.3.1　确定汇水面积的边界线

当在山谷或河流修建大坝、架设桥梁或敷设涵洞时，都要知道有多大面积的雨水汇集在这里，这个面积称为汇水面积。

汇水面积的边界是根据等高线的分水线（山脊线）来确定的。如图 4－54 所示，通过山谷，在 MN 处要修建水库的水坝，就须确定该处的汇水面积，即由图中分水线（点划线）AB、BC、CD、DE、EF 与 FA 线段所围成的面积；再根据该地区的降雨量就可确定流经 MN 处的水流量。这是设计桥梁、涵洞或水坝容量的重要数据。

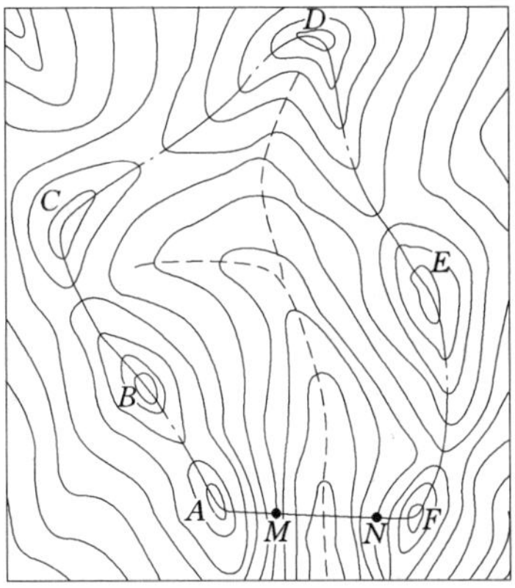

图 4－54　确定汇水面积边界线

4.4.3.2　地形图上面积的量算

在规划设计中，往往需要测定某一地区或某一图形的面积。例如，林场面积、农田水利灌溉面积调查，土地面积规划，工业厂区面积计算等。

设图上面积为 $P_{图}$，则

$$P_{实}=P_{图}\,M^2$$

式中　$P_{实}$——实地面积；

M——比例尺分母。

设图上面积为 10mm^2，比例尺为 1：2000，则实地面积 $P_{实}=10\times2000^2\div10^6=40\text{m}^2$。求算图上某区域的面积 $P_{图}$，一般有以下几种方法。

1. 用图解法测量面积

(1) 几何图形计算法。图 4－55 是一个不规则的图形，可将平面图上描绘的区域分成三角形、梯形或平行四边形等最简单规则的图形，用直尺量出面积计算的元素，根据三角形、梯形等图形面积计算公式计算其面积，则各图形面积之和就是所要求的面积。

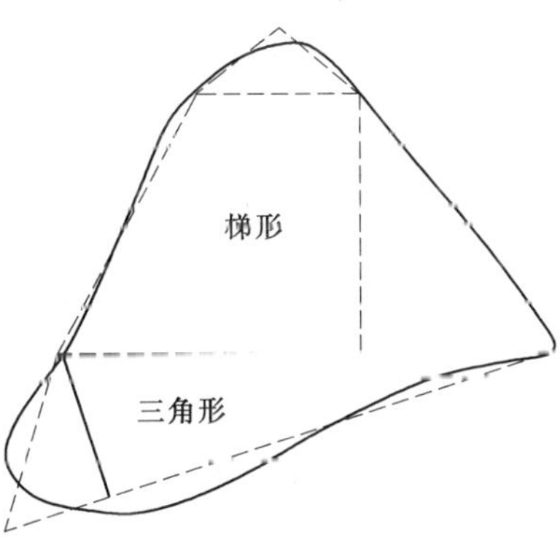

图 4－55　几何图形计算法

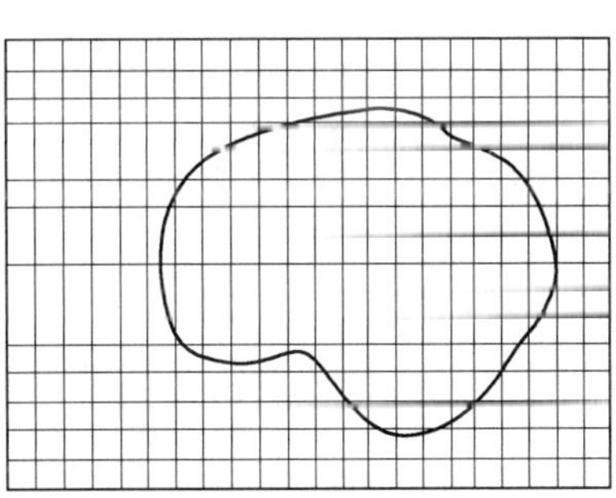

图 4－56　透明方格纸法

计算面积的一切数据，都是用图解法取自图上，因受图解精度的限制，此法测定面积的相对误差大约为 1/100。

(2) 透明方格纸法。将透明方格纸覆盖在图形上，然后数出该图形包含的整方格数和不完整的方格数。先计算出每一个小方格的面积，这样就可以很快算出整个图形的面积。

如图 4－56 所示，先数整格数 n_1，再数不完整的方格数 n_2，则总方格数约为 $n_1+\frac{1}{2}n_2$，然后计算其总面积 P，则

$$P=\left(n_1+\frac{1}{2}n_2\right)\cdot S$$

式中　S——一个小方格的面积。

(3) 平行线法。先在透明纸上画出间隔相等的平行线，如图 4－57 所示。为了计算方便，间隔距离取整数为好。将绘有平行线的透明纸覆盖在图形上，旋转平行线，使两条平行线与图形边缘相切，则相邻两平行线间截割的图形面积可全部看成是梯形，梯形的高为平行线间距 h，图形截割各平行线的长度为 l_1、l_2、…、l_n，则各梯形面积分别为

$$P_1=1/2\times h\times(0+l_1)$$
$$P_2=1/2\times h\times(l_1+l_2)$$
$$\vdots$$
$$P_n=1/2\times h\times(l_{n-1}+l_n)$$
$$P_{n+1}=1/2\times h\times(l_n+0)$$

则总面积 P 为

$$P=P_1+P_2+\cdots+P_n+P_{n+1}=h\cdot\sum_{n=1}^{n}l_n \tag{4-9}$$

2. 用坐标解析法计算面积

若待测图形为多边形，可根据多边形顶点的坐标计算面积。由图 4－58 可知，多边形 1234 的面积等于梯形 144′1′面积 $P_{144'1'}$ 加梯形 433′4′面积减梯形 233′2′面积 $P_{233'2'}$ 减梯形 122′1′面积 $P_{122'1'}$，即

$$P=P_{144'1'}+P_{433'4'}-P_{233'2'}-P_{122'1'}$$

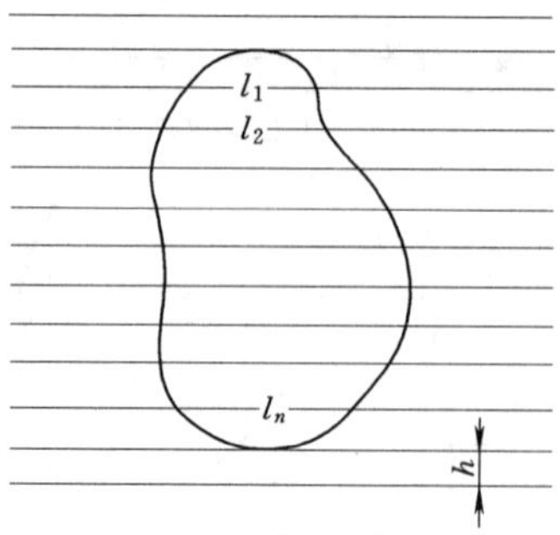

图 4－57　平行线法

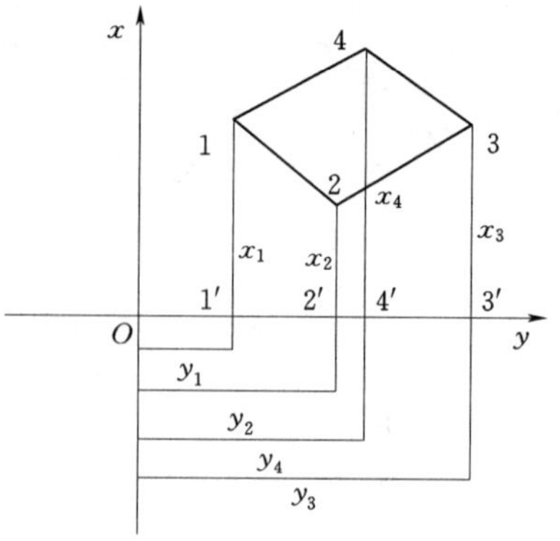

图 4－58　坐标解析法

设多边形顶点 1、2、3、4 的坐标分别为 (x_1、y_1)、(x_2、y_2)、(x_3、y_3)、(x_4、y_4)。将上式中各梯形面积用坐标值表示，即

$$A=\frac{1}{2}(x_4+x_1)(y_4-y_1)+\frac{1}{2}(x_3+x_4)(y_3-y_4)$$
$$-\frac{1}{2}(x_3+x_2)(y_3-y_2)-\frac{1}{2}(x_2+x_1)(y_2-y_1)$$
$$=\frac{1}{2}x_1(y_4-y_2)+\frac{1}{2}x_2(y_1-y_3)+\frac{1}{2}x_3(y_2-y_4)+\frac{1}{2}x_4(y_3-y_1)$$

即

$$P=\frac{1}{2}\sum_{i=1}^{4}x_{\mathrm{i}}(y_{\mathrm{i-1}}-y_{\mathrm{i+1}})$$

同理，可推导出 n 边形面积的坐标解析法计算公式为

$$P=\frac{1}{2}\sum_{i=1}^{n}x_{\mathrm{i}}(y_{\mathrm{i-1}}-y_{\mathrm{i+1}}) \tag{4-10}$$

或

$$P=\frac{1}{2}\sum_{i=1}^{n}y_{\mathrm{i}}(x_{\mathrm{i+1}}-x_{\mathrm{i-1}}) \tag{4-11}$$

注意：式中当 $i=1$ 时，令 $i-1=n$；当 $i=n$ 时，令 $i+1=1$。

利用式（4-10）、式（4-11）计算同一图形面积，可检核计算的正确性。采用以上两式计算多边形面积时，顶点 1、2、3、…、n 是按逆时针方向编号。若把顶点依顺时针编号，按上两式计算，其结果都与原结果绝对值相等，符号相反。

3. 求积仪法测量面积

求积仪是一种测定图形面积的仪器，它的优点是测量速度快，操作简便，能测定任意形状的图形面积，故得到广泛的应用。

电子求积仪是采用集成电路制造的一种新型求积仪，其性能优越，可靠性好，操作简便。图 4-59 所示为 KP—90N 型动极式电子求积仪。

若测量一不规则图形的面积（图 4-60），具体操作步骤如下：

（1）打开电源。按下 ON 键，显示窗立即显示。

（2）设定单位。用 UNIT 1 键及 UNIT 2 键设定。

（3）设定比例尺。用数字键设定比例尺分母，按 SCALE 键，再按 R-S 键即可。若纵、横比例尺不同时，如某些纵断面的图形，设横比例尺 1∶x，纵比例尺 1∶y 时，按键

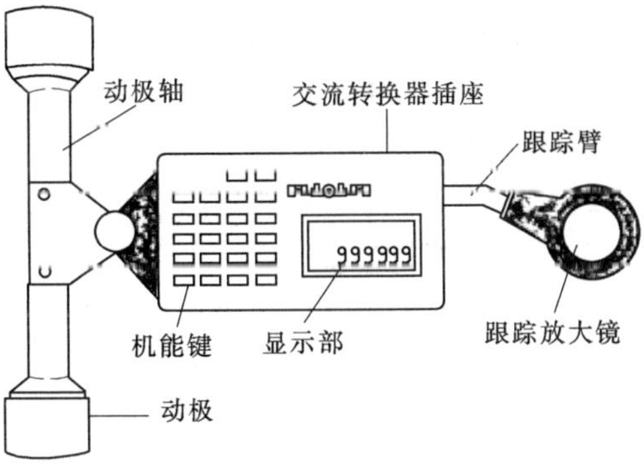

图 4-59 KP—90N 型电子求积仪

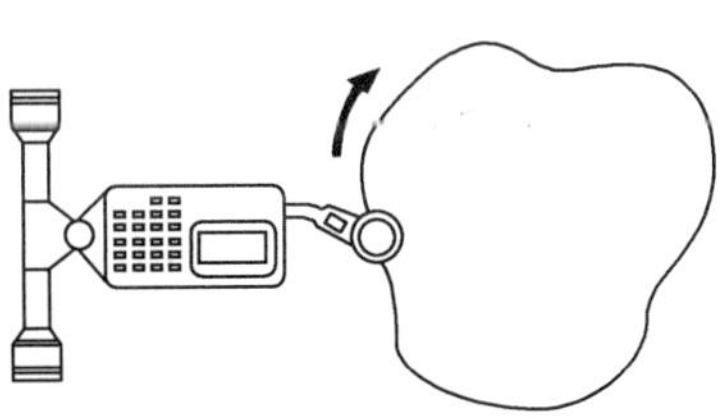

图 4-60 KP—90N 型电子求积仪使用

顺序为 x，SCALE，y，SCALE，R－S 即可。

（4）面积测定。将跟踪放大镜十字丝中心瞄准图形上一起点，按 START 键即可开始，对一图形重复测量两次取平均值，见表 4－10。

表 4－10　　KP－90N 型电子求积仪操作过程

键操作	符号显示	操作内容
START	cm^2 0.	蜂鸣器发生音响，开始测量
第一次测量	cm^2 5401.	脉冲计数表示
MEMO	MEMO cm^2 540.1	符号 MEMO 显示，从脉冲计数变为面积值，第一次测定值 540.1cm^2 被存储
START	MEMO cm^2 0.	第二次测量开始，蜂鸣器发出音响，数字显示为 0
第二次测量	MEMO cm^2 5399.	脉冲计数表示
MEMO	MEMO cm^2 539.9.	从脉冲计数变为面积值，第二次测定值 539.9cm^2 被存储
AVER	MEMO cm^2 540.	重复两次的平均值是 540cm^2

4.4.3.3 按既定坡度在地形图上选线

在道路、管线、渠道等工程设计中，都要求线路在不超过某一限定坡度的条件下，选择一条最短或者等坡路线。

如图 4－61 所示，从 A 点到 B 点选择一条公路线，要求其坡度不大于 i（限制坡度）。设计用的地形图比例尺为 $1/M$，等高距为 h，则路线通过相邻等高线的最小等高平距 d 为

$$d=\frac{h}{iM}$$

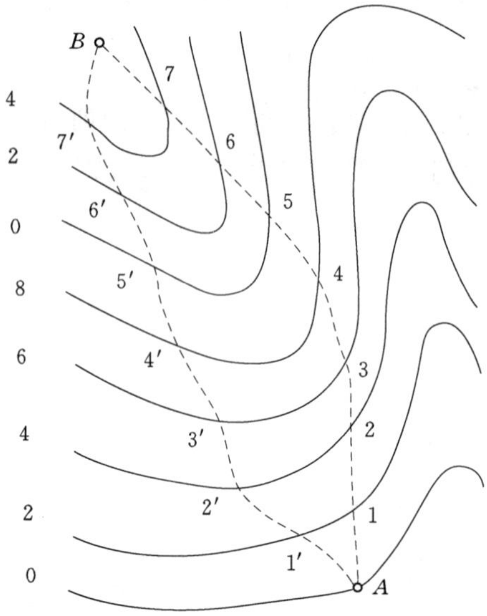

图 4－61　选定等坡路线

例如，地形图比例尺为 1∶2000，限制坡度为 5%，等高距为 2m，则路线通过相邻等高线的最小等高平距 d＝20mm。选线时，在地形图上从 A 点开始，以 A 为圆心，以 2cm 为半径，做弧交高程为 42m 的等高线于 1 点，再以 1 点为圆心，以 2cm 为半径，做弧交高程为 44m 的等高线于 2 点，依次进行下去，直到 B 点，依次连接各点，得到如图 4－61 的坡度线 A—1—2—3—…7—B。同理，可以得到另外一条指定坡度的路线 A—1′—2′—3′—…7′—B，由此可选出多条路线。在比较方案进行决策时，主要根据线形、地质条件、占用耕地、拆迁量、施工方便、工程费用等因素综合考虑，最终确定路线的最佳方案。

如遇到等高线之间的平距大于计算值时，以 d 为半径的圆弧不会与等高线相交。这说明地面实际坡度小于限制坡度，在这种情况下，路线可按最短距离绘出。

4.4.3.4　按设计线路绘制断面图

在各种线路工程设计中，土（石）方量的概算以及确定线路的纵坡都需要了解沿线路方向地势起伏情况，为此需要利用地形图绘制沿设计线路方向的纵断面图。

如图 4-62 所示，欲沿 AB 方向绘制断面图，可在绘图纸或方格纸上绘两垂直的直线，横轴表示距离，纵轴表示高程。然后在地形图上从 A 点开始，沿路线的方向量取两相邻等高线间的水平距离，按一定比例尺将各点依次绘在横轴上，得 A、1、2、…、10、B 点的位置。再从地形图上求出各点高程，按一定比例尺（一般为距离比例尺的 10 倍或 20 倍）绘在横轴相应各点的垂线上，最后将相邻的高程点用平滑曲线连接起来，即得到路线 AB 的纵断面图。

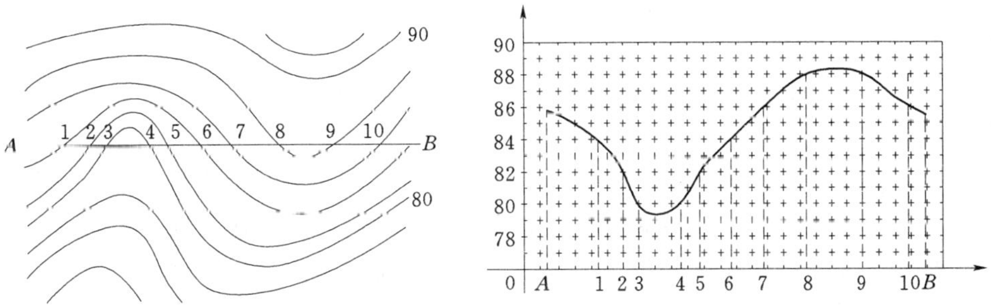

图 4-62　纵断面绘制

4.4.3.5　平整场地中的土方计算

在各种工程建设中，除对建筑物要作合理的平面布置外，往往还要对原地貌作必要的改造，以便适于布置各类建筑物、排除地面水以及满足交通运输和敷设地下管道等。这种地貌改造称为平整土地。

在平整土地工作中，常需预算土、石方的工程量，即利用地形图进行填挖土（石）方量的概算。其方法有多种，下面分两种情况介绍。

1. 要求平整成水平面

(1) 等高线法。

当场地地面起伏较大，且仅计算土方量时，可采用等高线法。这种方法是从场地设计的等高线开始，算出各等高线所包围的面积，分别将相邻两条等高线所围面积的平均值乘以等高距，就是此两等高线平面间的土方量，再求和即得总挖方量。

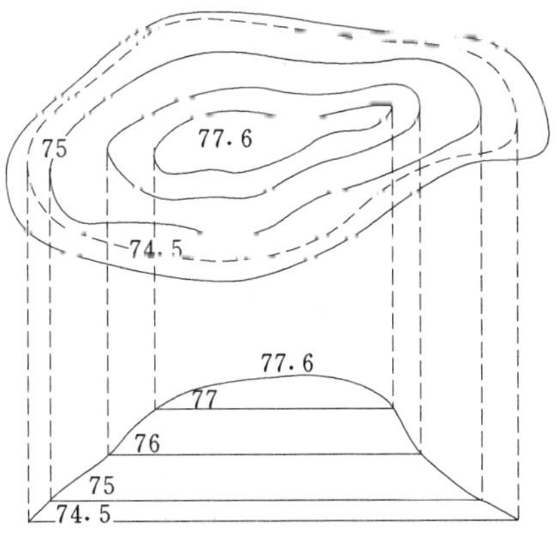

图 4-63　等高线法估算土方量

如图 4-63 所示，地形图等高距为 1m，平整场地的设计高程为 74.5m，首先在图中内插设计高程 74.5m 等高线，然后分别求出 74.5m、75m、76m、77m 等 4 条等高线所围成的面积 $A_{74.5}$、A_{75}、A_{76}、A_{77}，即可算出每层土方量为

$$V_1=\frac{1}{2}(A_{74.5}+A_{75})\times 0.5$$

$$V_2=\frac{1}{2}(A_{75}+A_{76})\times 1$$

$$V_3=\frac{1}{2}(A_{76}+A_{77})\times 1$$

$$V_4=\frac{1}{3}A_{77}\times 0.6$$

总挖方为

$$\Sigma V_W=V_1+V_2+V_3+V_4$$

(2) 断面法。

此法适用于带状地形的土方量计算，在施工场地范围内，以一定的间隔绘出断面图，求出各断面图由设计高程线围成的填、挖方面积，然后计算相邻断面间的土方量，最后求和得到总挖方量和填方量。

如图 4-64 所示，地形图比例尺为 1∶1000，等高距为 1m，在矩形范围欲修建一段道路，其设计高程为 47m。为求土方量，先在地形图上绘出互相平行、间隔为 10（一般桩距）的断面方向线 1-1、2-2、…、6-6；按一定比例尺绘出各断面图，并将设计等高线绘制在断面图上（1-1、2-2 断面），如图 4-64 所示。然后在断面图上分别求出各断面设计高程线与断面图所包围的填土面积 A_{Ti} 和挖土面积 A_{Wi}（i 表示断面编号），最后计算两断面间土方量。例如，1-1 和 2-2 两断面间的土方为

填方　　$$V_T=\frac{1}{2}(A_{T1}+A_{T2})l$$

挖方　　$$V_W=\frac{1}{2}(A_{W1}+A_{W2})l$$

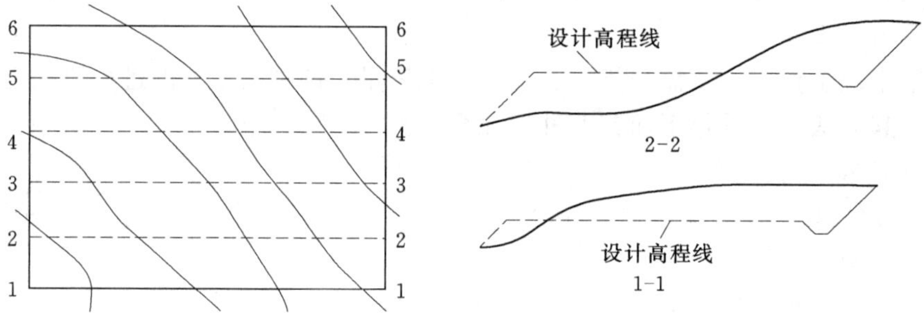

图 4-64　断面法计算土方

同理，依次计算出每相邻断面间的土方量，最后将填方量和挖方量分别累加，即得到总土方量。

(3) 方格网法。

大面积的土方量计算常用此法。

图 4-65 所示为一块待平整的场地，其比例尺为 1∶1000，等高距为 1m，要求在划定的范围内将其平整为某一设计高程的平地，以满足填、挖平衡的要求。计算土方量的步

骤如下：

1）绘方格网并求方格角点高程。在拟平整的范围打上方格，方格大小可根据地形复杂程度、比例尺的大小和土方估算精度要求而定，边长一般为 10m 或 20m，然后根据等高线内插方格角点的地面高程，并注记在方格角点右上方。本例是取边长为 10m 的格网。

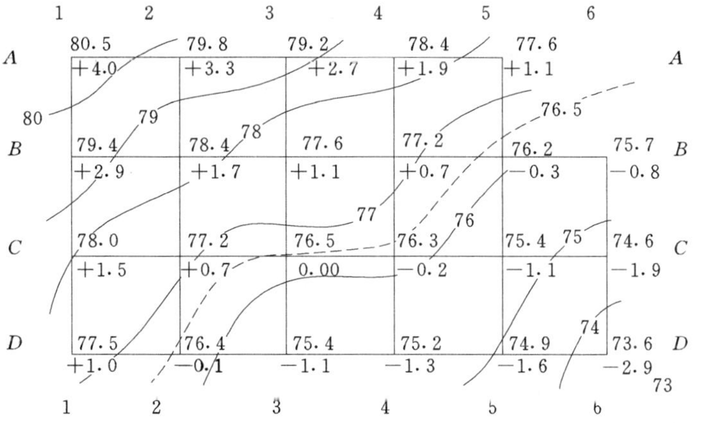

图 4-65 方格网法估算土石方量

2）计算设计高程。把每一方格 4 个顶点的高程加起来除以 4，得到每一个方格的平均高程。再把每一个方格的平均高程加起来除以方格数，即得到设计高程，即

$$H_{设}=\frac{H_1+H_2+\cdots+H_n}{n}=\frac{1}{n}\sum_{i-1}^{n}H_i$$

式中 H_i——每一方格的平均高程；

n——方格总数。

为了计算方便，从设计高程的计算中可以分析出角点 A_1、A_5、B_6、D_1、D_6 的高程在计算中只用过一次，边点 A_2、A_3、C_1、…的高程在计算中使用过 2 次，拐点 B_5 的高程在计算中使用过 3 次，中点 B_2、B_3、C_2、C_3、…的高程在计算中使用过 4 次，这样设计高程的计算公式可以写成

$$H_{设}=\frac{\sum H_{角}\times1+\sum H_{边}\times2+\sum H_{拐}\times3+\sum H_{中}\times4}{4n}=76.94\text{m}$$

式中 n——方格总数。

用上式计算出的设计高程为 76.94m，在图 4-65 中用虚线描出 76.94m 的等高线，称为填挖分界线或零线。

3）计算方格顶点的填挖高度。根据设计高程和方格顶点的地面高程，计算各方格顶点的挖、填高度为

$$h=H_{地}-H_{设}$$

式中 h——填挖高度（施工厚度），正数为挖，负数为填；

$H_{地}$——地面高程；

$H_{设}$——设计高程。

4）计算填挖方量。填、挖方量计算一般在表格中进行，可以使用 Excel 计算图 4-65

中的填、挖方量。如图 4-66 所示，A 列为各方格顶点点号；B、C 列为各方格顶点的填挖高度；D 列为方格顶点的性质；E 为顶点所代表的面积；F 列为挖方量，其中 F3 单元的计算公式为“=B3 * E3”，其他单元计算类推；G 为填方量，其中 G3 单元的计算公式为“=C3 * E3”，其他单元计算类推；总挖方（F26 单元）和总填方（G26 单元）计算公式分别为“=SUM（F3：F25）”和“=SUM（G3：G25）”。

角点　　　　填(挖)方高度 $\times\frac{1}{4}$ 方格面积

边点　　　　填(挖)方高度 $\times\frac{2}{4}$ 方格面积

拐点　　　　填(挖)方高度 $\times\frac{3}{4}$ 方格面积

中点　　　　填(挖)方高度 $\times\frac{4}{4}$ 方格面积

由本例列表计算可知，挖方总量为 3416m^3，填方总量为 3422m^3，两者基本相等，满足填、挖平衡的要求。

Microsoft Excel - 土石方计算.xls

文件(F)　编辑(E)　视图(V)　插入(I)　格式(O)　工具(T)　数据(D)　窗口(W)　帮助(H)

A1　=　填、挖土石方量计算表

	A	B	C	D	E	F	G
1	填、挖土石方量计算表						
2	点号	挖深（m）	填高（m）	点的性质	代表面积（m2）	挖方量（m3）	填方量（m3）
3	A1	4.0		角	100	354	0
4	A2	3.3		边	200	568	0
5	A3	2.7		边	200	448	0
6	A4	1.9		边	200	288	0
7	A5	1.1		角	100	64	0
8	B1	2.9		边	200	488	0
9	B2	1.7		中	400	496	0
10	B3	1.1		中	400	256	0
11	B4	0.7		中	400	96	0
12	B5		-0.3	拐	300	0	-228
13	B6		-0.8	角	100	0	-126
14	C1	1.5		边	200	208	0
15	C2	0.7		中	400	96	0
16	C3		0	中	400		-184
17	C4		-0.2	中	400	0	-264
18	C5		-1.1	中	400	0	-624
19	C6		-1.9	边	200	0	-472
20	D1	1.0		角	100	54	0
21	D2		-0.1	边	200	0	-112
22	D3		-1.1	边	200	0	-312
23	D4		-1.3	边	200	0	-352
24	D5		-1.6	边	200	0	-412
25	D6		-2.9	角	100	0	-336
26	求和				5600	3416	-3422

图 4-66　使用 Excel 计算填、挖土石方量

2. 要求按设计等高线整理成倾斜面

将原地形改造成某一坡度的倾斜面，一般可根据填、挖平衡的原则，绘出设计倾斜面的等高线。但是有时要求所设计的倾斜面必须包含不能改动的某些高程点（称为设计斜面的控制高程点），如已有道路的中线高程点、永久性或大型建筑物的外墙地坪高程等。如图 4-67 所示，设 a、b、c 3 点为控制高程点，其地面高程分别为 54.6m、51.3m 和 53.7m。要求将原地形改造成通过 a、b、c 3 点的斜面，其步骤如下：

（1）确定设计等高线的平距。过 a、b 两点作直线，用比例内插法在 ab 曲线上求出高程为 54、53、52、…各点的位置，也就是设计等高线应经过 ab 线上的相应位置，如 d、e、f、g、…点。

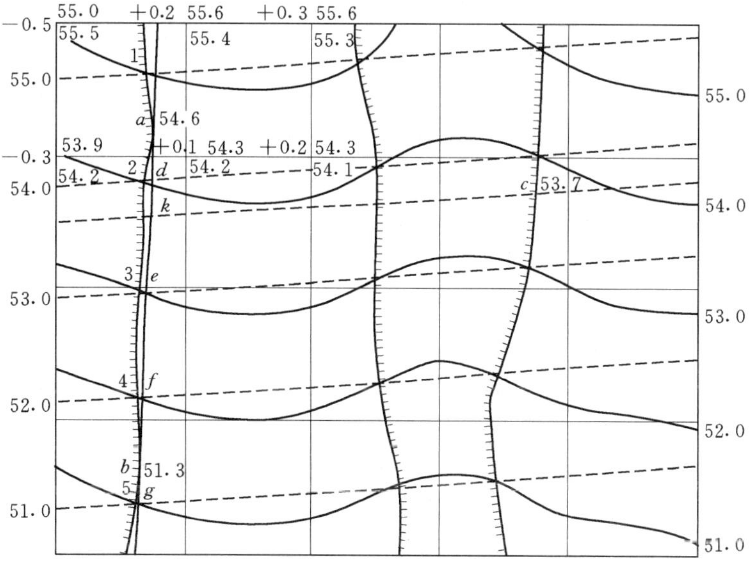

图 4－67 倾斜面土方量计算

（2）确定设计等高线的方向。在 ab 直线上求出一点 k，使其高程等于 c 点的高程（53.7m）。过 kc 连一线，则 kc 方向就是设计等高线的方向。

（3）描绘设计倾斜面的等高线。过 d、e、f、g、…各点作 kc 的平行线（图 4－67 中的虚线），即为设计倾斜面的等高线。过设计等高线和原同高程的等高线交点的连线，如图 4－67 中连接 1、2、3、4、5 等点，就可得到挖、填边界线。图 4－67 中绘有短线的一侧为填土区，另一侧为挖土区。

（4）计算挖、填土方量。与前面方格网法相同，首先在图上绘方格网，并确定各方格顶点的挖深和填高量。不同之处是各方格顶点的设计高程是根据设计等高线内插求得的，并注记在方格顶点的右下方。其填高和挖深量仍记在各顶点的左上方。挖方量和填方量的计算和前面方格网法相同。

4.4.4 数字地形图的应用

4.4.4.1 数字地形图的特点

传统纸质地形图通常是以一定的比例尺并按图式符号绘制在图纸上的，即通常所称的白纸测图。这种地形图具有直观性强、使用方便等优点，但也存在不易保存、易损坏、难以更新等缺点。数字地形图是数字化的地图，不仅能表示地形的空间信息（包括位置、大小、形状及相互关系等），也能够表述地形的属性信息（包括性质、特征及相关说明，如建筑物的建造时间、建筑面积、权属及使用单位等）。数字地形图通常存储于数字存储介质上，表达载体可以是屏幕，也可以用绘图仪或打印机输出图纸。计算机、信息及网络技术等为电子地图提供了软、硬件支撑，使电子地图中的信息内容丰富、展示多样化、信息更新快捷、使用方便，能够直观、形象、生动地表达地理空间信息。电子地图能够建立三维景观，将地物、地貌信息立体化，生成一个逼真的三维虚拟环境，可以使用户能够以视觉、听觉等感知形式读地形。

数字地形图包括 3 个方面内容：数学要素、地形要素和地图综合。数学要素是指地形在地图平面上表示时，必须遵循的数学函数关系，包括坐标系统、高程系统、地图投影、分隔及比例关系。地形要素是统一、规范的地物和地貌符号。地图综合主要是指由于地图图幅的限制或数据采集能力的局限，或制作某些专用地图的具体需要等，对地形所采集的某些合理取舍和综合概况。数字地形图不是传统地图在理论、方法上的简单翻版，而是将其与现代信息技术相结合的创新，它提供了新的超越传统地图的描述地理环境和信息的能力，同时可以更好地表达人们对地理空间规律的认识，其主要特点如下：

（1）可实现多源信息的集成处理，包括纸质地图、数据库系统、摄影测量、遥感、GPS 等获取的空间数据和属性数据，丰富了信息来源。

（2）可实现多维、多尺度的地理信息运算与表达，不仅支持一般地图的应用（如定位、导航等），还支持更深入的地理科学研究。

（3）可利用屏幕实时显示的灵活特性，进行有关地理对象或要素的时空变化过程模拟与规律研究，有助于进一步预测其变化发展的趋势。

（4）通过计算机和网络通信技术的应用，可以建立分布式电子地图的表达与应用的共享平台，以完成更加复杂的、集成的地球科学研究。

4.4.4.2　数字地形图的其他表达形式

1. 多媒体电子地图

数字地形图与多媒体技术相结合可产生多媒体电子地图，它集文本、图形、图表、图像、声音、动画和视频等多种媒体于一体，除了具有一般电子地图外，还增加了地图表达空间信息的媒体形式，听觉、视觉等多种感知形式，直观、形象、生动地表达空间信息。

多媒体电子地图可以存储于数字存储介质上，以光盘、网络等形式传播，以计算机或者触屏信息查询系统的形式供大众使用。无论用户是否有使用计算机和地图的经验，都可以方面地从多媒体电子地图中得到所需要的信息，不仅可以查阅全图，也可以将其任意放大、缩小、漫游、测距、控制图层显示、模糊查询，甚至可以进行下载打印地图等操作。

2. 导航电子地图

导航电子地图是数字地形图与导航技术的结合，导航图可以任意放大或缩小，既可以由地图确定交通工具在城市或乡村地区具体位置，又可以通过电子地图查询到所需寻找的道路交叉路及建筑物等。随着卫星导航产业的快速发展，导航电子地图已经越来越广泛地应用于车载自动导航系统、移动目标监控、最优路径分析、目的地简况与位置查询、交通信息管理与服务等，以及面向个人消费者的旅游、出行等。

3. 网络电子地图

网络电子地图是基于现代网络技术的数字地形图，它被赋予先进的可视化信息技术及网络技术，可以通过网络高速传输地图数据，实现快速、方便地查询异地相关地理信息。网络电子地图可广泛应用于土地与地籍管理、水资源管理、数字天气预报、灾害监测与评估、智能交通管理、跟踪污染和疾病的传播区域、移动位置服务、现代物流、城市设施管理、数字城市、电子政务等诸多领域。

4. 三维电子地图

三维电子地图采用DEM技术，将地物、地貌信息立体化，非常直观、真实、准确地反映地形状况，并可查询任一点的平面坐标、经纬度和高程值。在地物信息方面，除了提供效果良好的三维景观外，还可根据用户的要求提供丰富的属性数据。三维电子地图由于可以直观地观察到某地区的概貌和细节，快速搜索各种地物的具体位置及相关属性，因此，在土地利用和覆盖调查、农业估产、区域规划、居民生活等诸多方面具有重大应用价值，在三维景观中可直接进行各项工程的规划与设计工作。目前三维电子地图开始出现在网络上，有卫星实景三维地图和人工虚拟三维地图等。

5. 虚拟现实电子地图

虚拟现实（Virtual Reality，VR）技术是利用计算机生成一幅逼真的三维虚拟环境，并通过利用专门的传感设备与之相互作用的新技术。虚拟现实电子地图就是基于虚拟现实技术的电子地图，它充分利用了计算机与硬件与软件系统的集成技术，提供了一种实时的虚拟景观，使用户具有仿佛置身于现实世界一样的身临其境感觉，并且可以通过人机对话方式交互地操作虚拟现实中的物体。

4.4.4.3 数字地形图应用方式

数字地形图的阅读工具一般是菜单形式的屏幕界面，界面上列出了工具内容，并通过帮助文档详细地介绍了功能及使用方法。随着菜单的引导，可以方便地选择阅读方式，或利用电子笔进行标绘，或进行地图要素的长度（距离）、面积、体积等的量算。数字地形图的使用方式可以概括如下：

（1）阅读方式。直接在屏幕上显示地形图进行阅读和观察，判断地物位置、形状及地貌形态等，以及相关属性信息，这是数字地形图的基本应用内容。

（2）分析方式。建立在地图数据库的基础上，侧重于地图信息的分析与应用，有较强的工具包、软件包、模型库的支持，如根据地名查找具体位置、根据地物查看相关信息等。

（3）嵌入方式。将数字地形图嵌入管理、分析或辅助决策等系统，提供地理数据与空间分析手段，或者起到地理背景或软件模块的作用，如查找最短路径、统计面积及计算里程等。

4.4.4.4 数字地形图的应用

数字地形图不仅具有纸质地形图所有的功能和应用内容，而且还具有自动查询、检索及分析功能，能够快速、高效、准确地解决实际问题。在数字地形图上可查询任意点的平面坐标、经纬度和高程值；可以查阅全图，也可将其缩小、放大、漫游、测距、分图层显示等；能够对地物的位置、形状及属性进行查询、检索及综合分析等项操作，也可根据用户的要求提供丰富的属性数据，直观地观察某一区域的概貌和细节，快速搜索各种地物的具体位置及相互关系。下面介绍一些数字地形图的应用实例。

（1）双向查询。能够实现图形和属性数据之间的双向查询，当选中某图形时就会弹出相应的属性表，也可根据属性查询相应的图形。例如，根据桥梁的属性（如名称、类型及修建时间等）进行查询，并将查询的相关结果在数字地形图上闪烁显示。

（2）自动量算。在进行长度量算、面积量算及体积量算等工作时，只需要按照界面引导，选择相应的菜单或工具条即可得到量算数据。

（3）三维显示。数字地形图可以根据需要建立逼真的三维景观。例如，对城市进行洪水淹没动态模拟与分析，当洪水泛滥时动态演示整个水淹过程，显示洪水淹没范围并统计出被淹没的道路、房屋及洪灾面积等。

（4）叠置分析。利用数字地形图的叠置分析功能，可以将不同图形、属性的地形要素叠置在一起进行分析。例如，将境界层与道路层进行叠置分析后，可以得到每个地区的道路里程数。

（5）缓冲区分析。根据实际需要，按照点（如某个城市）或线（如某条铁路）建立指定半径的缓冲区，并统计落入该缓冲区内的地形要素数目（如农田面积、人口数量、滑坡个数及建筑物面积等），并以表格或图形等形式显示结果信息。

（6）网络分析。对地图线状要素进行分析，如道路、河流等。网络分析的典型方法是求连通性和最短路径，即判断两点间是否存在连通路径并找出最短路径，同时显示该路径的总长度及所经过的地名。

（7）数字地面模型分析。数字地面模型（即 DTM）是利用计算机表示地貌的一种数据模型，利用 DTM 可以实现许多的基本地形量算与分析，如地形坡度和坡向的量算与分析、通视分析、绘制断面图等。

（8）专业分析。在进行交通线路选线时，利用数字地形图可展示施工现场的三维地形景观，直观地分析、选择线路的方向与具体位置，进行场地平整设计并统计土石方量，自动地进行选线方案的优化工作等。

（9）防灾减灾。在制订防灾预案或面临突发灾害事件时，利用数字地形图可以方便、快捷地模拟或确定事件发生的位置、影响范围、地形特点、前往最优路径及周围资源配置情况等，以便快速制定科学、合理的抢险救援方案。

第5章 施工测量基本工作

5.1 施工测量基本知识

各种工程建设都应遵循一定的建设程序，都要经过勘测规划设计、施工和运行管理等几个阶段，各个阶段对测量工作的任务要求不同。在施工阶段，要求将拟建建筑物体的位置和大小按设计图纸的要求用一定的测量仪器和测量方法在施工现场标定出来，作为施工的依据，这种标定工作称为施工放样（也称测设）。也将施工阶段所进行的测量工作称为施工测量。

施工测量和测图相反，测图是将地物地貌绘制到图纸上，而施工测量则是将图纸上设计好的数据标定到实地上去。

施工测量工作的基本原则是：由整体到局部；先控制后碎部。

5.1.1 施工测量的主要内容

施工测量贯穿于整个施工过程中，它的主要内容包括：

(1) 建立与工程相适应的施工控制网。施工测量也按照“从整体到局部”、“先控制后碎部”的原则进行。为了把规划设计的建（构）筑物准确地在实地标定出来，以便于各项工作的平行施工，施工测量时要在施工场地建立平面控制网和高程控制网，作为建（构）筑物定位及细部测设的依据。

(2) 建（构）筑物的放样及设备安装的测量工作。施工前，要按照设计要求，利用施工控制网把建（构）筑物和各种管线的平面位置和高程在实地标定出来，作为施工的依据；在施工过程中，要及时测设建（构）筑物的轴线和标高位置，并对构件和设备安装进行校准测量。

(3) 检查和验收工作。每道工序完成后，都要通过实地测量检查施工质量并进行验收，同时根据检测验收的记录，整理竣工资料和编绘竣工图，为鉴定工程质量和日后维修与扩（改）建提供依据。

5.1.2 施工测量的特点和要求

施工测量的特点和要求如下：

(1) 施工测量应与施工组织计划相协调。施工测量是直接为工程施工服务的，测量工作必须按照施工进程及时测设建筑物各部分的位置，还要在施工过程中和施工后进行检测。测量工作人员应主动与设计、施工部门密切联系，明确施工组织计划安排，了解设计内容、性质及对测量的精度要求，随时掌握工程进度及现场的变动，保证测设成果满足施工需要。

(2) 施工放样的精度与建筑物的大小、结构形式、建筑材料等因素有关。

建筑物测设的精度可分两种：①测设整个建筑物（也就是测设建筑物的主要轴线）对

周围原有建筑物或与设计建筑物之间相对位置的精度；②建筑物各部分对其主要轴线的测设精度。对于不同的建筑物或同一建筑物中的各个不同的部分，这些精度要求并不一致。测设的精度主要取决于建筑物的大小、性质、用途、建材、施工方法等因素。放样精度不够，将造成质量事故；精度要求过高，则增加放样工作的困难，降低工作效率。因此，应该选择合理的施工测量精度。

(3) 在同一工地进行各建筑物放样时，所利用的测量控制点必须是同一坐标系统和高程系统，这样才能保证各建筑物之间的关系符合设计要求。

(4) 施工现场各工序交叉作业，运输频繁，地面情况变动大，受各种施工机械振动影响，因此测量标志从形式、选点到埋设均应考虑便于使用、保管和检查。发现标志在施工中被破坏，应及时恢复。

5.1.3 施工测量前的准备工作

现代工程建筑项目规模大、施工进度快、精度要求高，所以施工测量前应做好一系列准备工作，主要包括以下几项：

(1) 收集相关资料。相关资料包括工程总平面图、施工组织设计、基础平面图、建筑物施工图、设备安装图和测绘成果等。

(2) 编制施工测量方案。包括施工测量的具体任务、成果精度要求、进度计划、人员组织安排、测量方法及所用测量仪器设备等。根据所收集的资料及工程质量（精度和速度）的要求，结合施工现场条件和自身的测绘仪器设备情况来进行编制。

(3) 检校好仪器、工具。

(4) 认真核算图纸上的尺寸和数据，计算放样数据，编制放样图表。

施工测量是保证工程建设项目质量的一个非常重要的环节，测量人员应有高度的责任心、过硬的施工测量技术和能力，测量过程中还应采用不同方法加强外业、内业的校核工作，杜绝差错，确保施工测量成果质量。

5.2 基本的测设工作

施工测量的基本任务是把图纸上设计的建（构）筑物的一些特征点位置在地面上标定出来，作为施工的依据，可见，施工测量的根本任务是点位的测设。测设点位的基本工作是已知水平距离、已知水平角和已知高程的测设。

5.2.1 已知水平距离的测设

根据给定的直线起点和水平长度，沿已知方向确定出直线另一端点的测量工作，称为已知水平距离的测设。

1. 测设的一般方法

按一般方法进行测设时，可由给定的起点，沿给出的方向直接用钢尺量取所测设的距离，从而确定出直线的另一端点。如测设的长度超过钢尺长度，则应进行往返丈量，丈量误差若在容许范围之内，则取平均值作为最后结果。

2. 测设的精密方法

当测设精度要求较高时，应按精密方法进行测设。此时应对所测设的距离进行尺长改正、温度改正和倾斜改正。

例 5-1 在地面上欲测设一段 25.000m 的水平距离 AB，所用钢尺的尺长方程式为

$$l_t=30-0.0060+1.2\times10^{-5}\times30(t-20℃)(\mathrm{m})$$

测设时温度为 26℃，经简单测量得 A、B 两点间高差 $h=-0.600\mathrm{m}$。所施于钢尺的拉力与检定时拉力相同。试计算测设时在地面上应量出的长度 l。

解： 先求 3 项改正数

尺长改正 $$\Delta l_d=\frac{-0.0060}{30}\times25.00=-0.0050(\mathrm{m})$$

温度改正 $$\Delta l_t=1.2\times10^{-5}\times25.00\times(26-20)=+0.0018(\mathrm{m})$$

倾斜改正 $$\Delta l_h=+\frac{(0.600)^2}{2\times25.00}=+0.0072(\mathrm{m})$$

距离测设时，3 项改正数的符号与量距时相反，故测设长度为

$$l=D-\Delta l_d-\Delta l_t+\Delta l_h=25.000+0.0050-0.0018+0.0072=25.0104(\mathrm{m})$$

当测设的距离超过一整尺长时，也可采用下列测设方法。

如图 5-1 所示，先从已知点 A，按设计长度 D，用一般方法定出 B' 点，再多次精确丈量 AB'，并进行尺长改正、温度改正和倾斜改正，求得的 AB' 长度 D'。若 D' 与 D 不相符，则按式（5-1）计算改正数，即

图 5-1 钢尺量距方法

$$\Delta D=D-D' \qquad (5-1)$$

并沿 AB 直线方向，对 B' 点进行改正，即可确定出 B 点的正确位置。如 ΔD 为正，应向外改正；如 ΔD 为负，则向内改正。

5.2.2 已知水平角的测设

已知水平角的测设，是根据某一已知方向和已知水平角的数值，把该角的另一方向在地面上标定出来。如已知地面上 OA 方向，从 OA 向右测设水平角 β，定出 OB 方向。

由于对精度的要求不同，水平角测设的方法有以下两种。

1. 一般方法

如图 5-2 所示，一般方法的步骤如下：

（1）在 O 点安置经纬仪，以盘左位置瞄准 A 点，并使水平度盘读数配置为 L（L 稍大于 0°00′00″）。

（2）松开水平制动螺旋，顺时针方向旋转照准部，使度盘读数为 $L+\beta$ 角值，在此方向上定出 B' 点。

（3）倒镜成盘右位置，以同样方法定出 B'' 点。

（4）取 B'、B'' 的连线中点 B，则 $\angle AOB$ 就是要测设的角度。

2. 精确方法

如图 5-3 所示，当测设精度要求较高时，可按以下步骤进行：

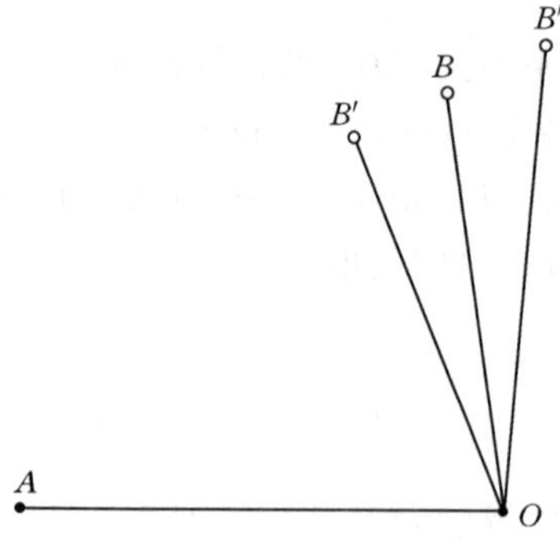

图 5-2　已知水平角简单测设方法

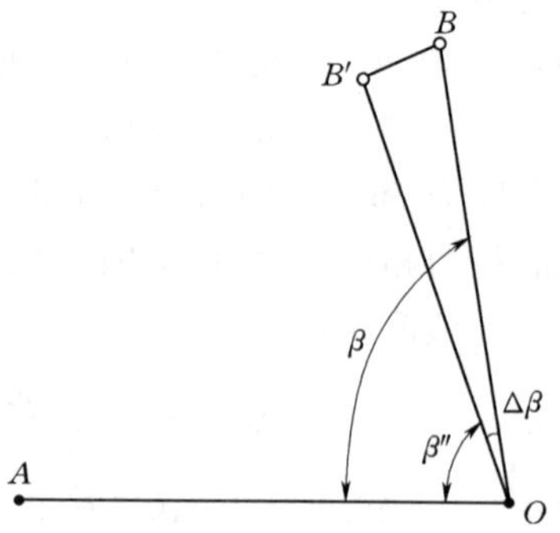

图 5-3　已知水平角精确测设方法

(1) 先按一般方法测设出 B' 点。

(2) 用测回法对 $\angle AOB'$ 观测若干个测回（测回数根据要求的精度而定），求出其平均值 β'，并计算出 $\Delta\beta=\beta-\beta'$。

(3) 计算改正距离，即

$$B'B=OB'\tan\Delta\beta\approx OB'\frac{\Delta\beta}{\rho} \tag{5-2}$$

式中，$\rho=206265''$。

(4) 自 B' 点沿 OB' 的垂直方向量出距离 $B'B$，定出 B 点，则 $\angle AOB$ 就是要测设的角度。

量取改正距离时，如 $\Delta\beta$ 为正，则沿 OB' 的垂直方向向外量取；如 $\Delta\beta$ 为负，则沿垂直方向向内量取。

5.2.3　已知高程的测设

已知高程的测设，是根据已知高程的水准点将设计高程在实地标定出来。下面用实例说明测设方法。

如图 5-4 所示，BM_5 为水准点，其高程 $H_水=7.327$m，今欲将设计高程 $H_设=6.513$m 测设到木桩 A 上。其测设步骤如下：

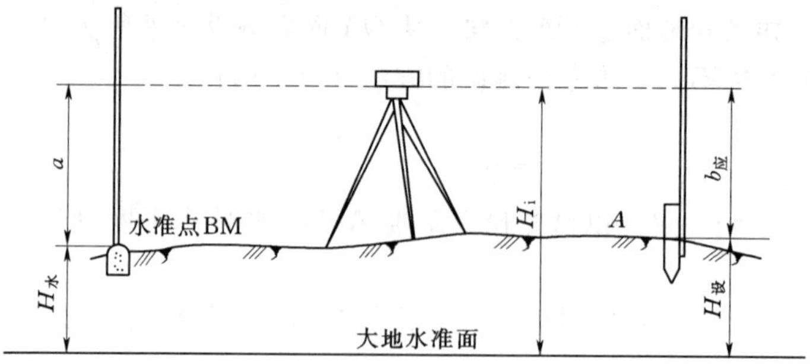

图 5-4　已知高程的测设

(1) 在水准点 BM_5 和 A 点之间安置水准仪，后视 BM_5 得读数 $a=0.874$m，则视线高程为

$$H_i = H_{BM_5} + a = 7.327 + 0.874 = 8.201(\text{m})$$

（2）计算 A 点水准尺尺底恰好位于设计高程时的前视读数 b，即

$$b = H_i - H_{设} = 8.201 - 6.513 = 1.688(\text{m})$$

（3）上、下移动竖立在木桩 A 侧面的水准尺，使尺上读数为 1.688m。此时紧靠尺底在桩上画一水平线，其高程即为 6.513m。

当待放样的高程 H_B 高于仪器视线时（如放样隧洞顶标高时），可以把尺底向上，即用"倒尺"法放样，如图 5-5 所示，$b = H_B - (H_A + a)$。

当放样的高程点与水准点之间的高差很大时，如向深基坑传递高程时，可以用悬挂钢尺代替水准点，以放样设计高程。悬挂钢尺时，零刻划端朝下，并在下端挂一个重量相当于钢尺鉴定时拉力的重锤，在地面上和坑内各放一次水准仪，如图 5-6 所示。设地面放仪器时对 A 点尺上的读数为 a_1，对钢尺的读数为 b_1；在坑内放仪器时对钢尺读数为 a_2，则对 B 点尺上的应有读数为 b_2。

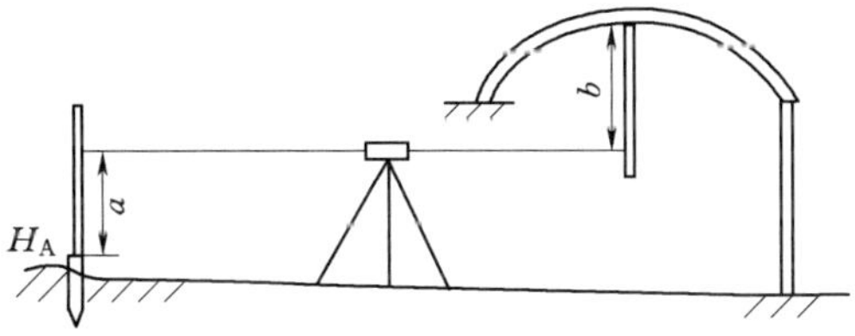

图 5-5　倒尺法放样

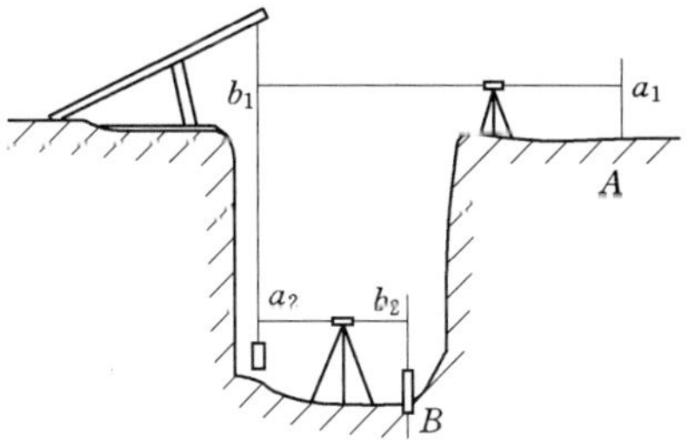

图 5-6　大高差水准测量方法示意图

由

$$H_B - H_A = h_{AB} = (a_1 - b_1) + (a_2 - b_2)$$

得

$$b_2 = a_1 - b_1 + a_2 - h_{AB}$$

用逐渐打入木桩或在木桩上画线的方法，使立在 B 点的水准尺上读数为 b_2，这样，就可以使 B 点的高程符合设计要求。

当放样点的高程比水准点高程高很多时，如以地面上的水准点进行高层建筑物的高程放样，也可按以上方法进行，但应向上传递高程，注意数据要计算正确。

5.3 测设点位的基本方法

如上所述，建（构）筑物的测设，实质上是将建（构）筑物的一些特征点的平面位置和高程标定于施工现场。测设点的平面位置的基本方法有直角坐标法、极坐标法、角度交会法和距离交会法。测设时究竟选用哪一种方法，应根据施工现场控制点的分布情况、建筑物的大小、测设精度及施工现场情况来选择。

5.3.1 直角坐标法

直角坐标法是根据直角坐标原理进行点位放样的。若施工场地的平面控制网为建筑基线或建筑方格网时，使用此方法较为方便。

如图 5-7 所示，1、2、3、4 为建筑方格网点，P、Q 为建筑物主轴线端点，其坐标分别为（x_P、y_P）、（x_Q、y_Q），PQ 与方格网线平行，今欲以直角坐标法测设 P、Q 点的平面位置。

测设时，首先计算 P 点与 1 点的纵、横坐标差

$$\Delta x_{1P}=x_P-x_1$$

$$\Delta y_{1P}=y_P-y_1$$

在 1 点安置经纬仪，瞄准 2 点，从 1 点开始沿此方向测设距离 Δy_{1P}，定出 a 点；然后将经纬仪搬至 a 点，仍瞄准 2 点，逆时针方向测设出 90°角，沿此方向测设距离 Δx_{1P}，即得到 P 点位置。按同样方法测设出 Q 点。最后应丈量 PQ 的距离以作为检核。

5.3.2　极坐标法

如测量控制点离放样点较近，且便于量距时，可采用极坐标法测设点的平面位置。

如图 5-8 所示，设 F、G 为施工现场的平面控制点，其坐标为：$x_F=346.812$m、$y_F=225.500$m；$x_G=358.430$m，$y_G=305.610$m。P、Q 为建筑物主轴线端点，其设计坐标为 $x_P=370.000$m、$y_P=235.361$m；$x_Q=376.000$m、$y_Q=285.000$m。

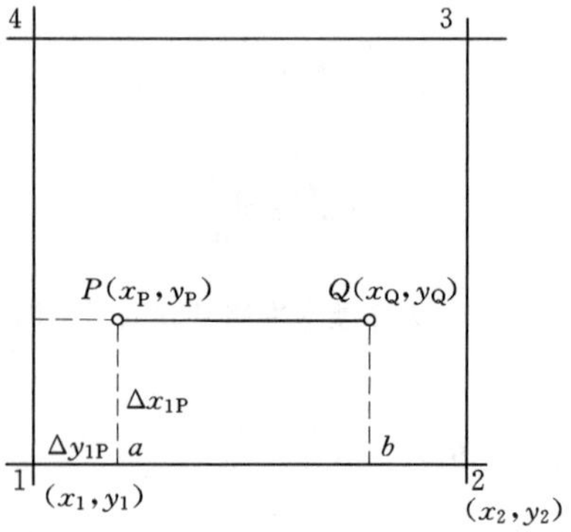

图 5-7　直角坐标法

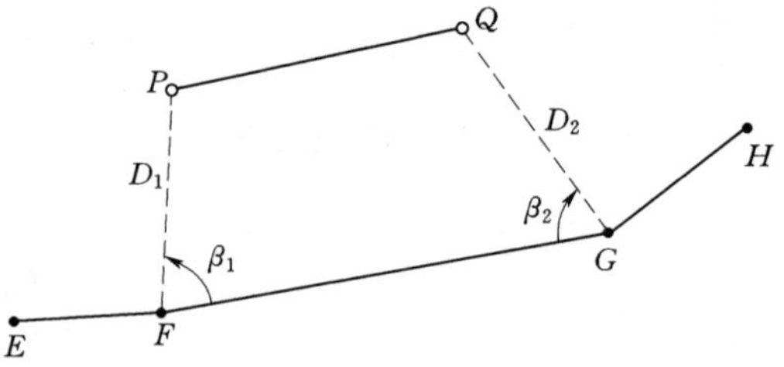

图 5-8　极坐标法

用极坐标法测设 P、Q 点平面位置的步骤如下：

（1）根据控制点 F、G 的坐标和 P、Q 的设计坐标，计算测设所需的数据 β_1、β_2 及 D_1、D_2。

计算 FG、FP、GQ 的坐标方位角，有

$$\alpha_{FG}=\arctan\frac{y_G-y_F}{x_G-x_F}=\arctan\frac{+80.110}{+11.618}=81°44'53''$$

$$\alpha_{FP}=\arctan\frac{y_P-y_F}{x_P-x_F}=\arctan\frac{+9.861}{+23.188}=23°02'18''$$

$$\alpha_{GQ}=\arctan\frac{y_Q-y_G}{x_Q-x_G}=\text{acrtan}\frac{-20.610}{+17.570}=310°26'51''$$

计算 β_1、β_2 的角值，有

$$\beta_1=\alpha_{FG}-\alpha_{FP}=81°44'53''-23°02'18''=58°42'35''$$

$$\beta_2=\alpha_{GQ}-\alpha_{GF}=310°26'51''-261°44'53''=48°41'58''$$

计算距离 D_1、D_2，有

$$D_1=\sqrt{(x_P-x_F)^2+(y_P-y_F)^2}=\sqrt{(23.188)^2+(9.861)^2}=25.198(\mathrm{m})$$

$$D_2=\sqrt{(x_Q-x_G)^2+(y_Q-y_G)^2}=\sqrt{(17.570)^2+(20.610)^2}=27.083(\mathrm{m})$$

（2）测设时，将经纬仪安置于 F 点，瞄准 G 点，按逆时针方向测设 β_1 角，得到 FP 方向；再沿此方向测设水平距离 D_1，即得到 P 点的平面位置。用同样方法测设出 Q 点。然后丈量 PQ 之间的距离，并与设计长度相比较，其差值应在容许范围内。

如果使用全站仪按极坐标法测设点的平面位置，则更为方便。如图 5－9 所示，设欲测设 P 点的平面位置，其施测步骤如下：

（1）把全站仪安置在 F 点，瞄准 G 点，水平度盘安置在 $0°00'00''$。

（2）将控制点 F、G 的坐标和 P 点的设计坐标输入全站仪，即可自动计算出测设数据水平角 β 及水平距离 D。

（3）测设已知角度 β（仪器能自动显示角值），并在视线方向上指挥持反光棱镜者把棱镜安置在 P 点附近的 P' 点。如果持镜者的棱镜可以显示 FP' 的水平距离 D'，就可根据 D'，与 D 之间的差值 ΔD，由持镜者用小钢尺在视线方向上对 P 点点位进行改正。若棱镜无水平距离显示，则可由观测者按算得的 ΔD 值指挥持镜者移动至 P 点位置。

5.3.3　角度交会法

当测设的点位离已知控制点较远或不便于量距时，可采用角度交会法。当使用角度交会法测设点位时，为了进行检核，应尽可能根据 3 个方向进行交会。

如图 5－10 所示，E、F、G、H 为已知坐标的平面控制点，P、Q 为给定设计坐标的待测设点。

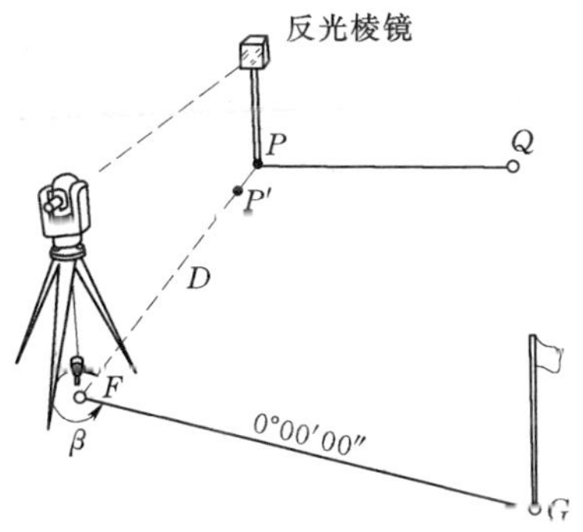

图 5－9　全站仪按极坐标法

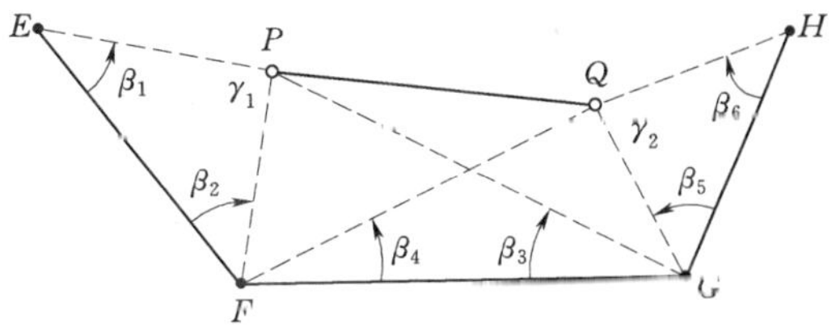

图 5－10　角度交会法

测设前根据已知控制点和待测设点的坐标，分别计算出角值 β_1、β_2、β_3、β_4、β_5、β_6，并检验交会 γ_1、γ_2 是否满足不小于 30°或不大于 120°的要求。测设时，可先在 E、F 安置经纬仪，测设 β_1、β_2，获得 EP、FP 两条方向线；在两观测员共同指挥下，在方向线交点处打下大木桩；然后再将两条方向线投到桩顶上。接着在 G 点安置经纬仪，测设 β_3 角，将方向线 GP 投到桩顶上，3 方向线的交点即为 P 点的点位。若 3 条方向线不交于一点，而形成一误差三角形，当误差三角形的各边边长均不超过 10mm 时，取其内切圆的圆心作为 P 点的位置。按同样方法测设出 Q 点。最后用钢尺丈量 PQ 的水平距离与设计长度比较，其误差在容许范围之内，则稍微改正 P 点或 Q 点位置，使之符合设计要求。

如果仅用两个方向进行交会，则应重复交会，以此检核。

5.3.4　距离交会法

距离交会法是通过测设已知距离定出点的平面位置的一种方法。此法适用于场地平整、便于量距，且控制点到待测设点的距离不超过一整尺的地方。

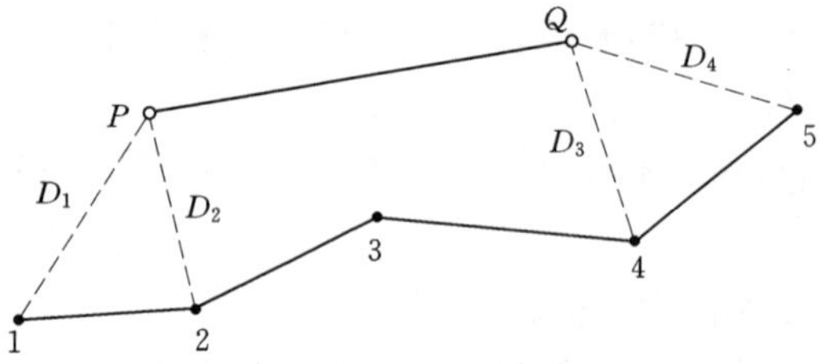

图 5-11　距离交会法

如图 5-11 所示，P、Q 为待测设点，1、2、3、4、5 为已知坐标的平面控制点。测设前，根据 P 点的设计坐标和 1、2 点的已知坐标，计算出测设距离 D_1、D_2。测设时分别用两把钢尺的零点对准 1、2 点，同时拉紧、拉平钢尺，以 D_1 和 D_2 为半径，在地面上画弧，两弧交点即为待测 P 的点位。同法可测设出 Q 点的位置。测设完毕，应检测 PQ 的距离是否与其设计值相符，以此检核。

5.4　圆曲线的测设

圆曲线是指具有一定曲率半径的圆弧，是路线转弯常用的曲线形式之一。圆曲线的测设一般分为两步进行：先测设曲线的主点，即曲线的起点（ZY 点）、中点（QZ 点）和终点（YZ 点）；然后再在主点之间按照规范规定的桩距测设曲线的其他各点，即详细测设。

5.4.1　单圆曲线的主点测设

交点是单圆曲线最主要的曲线主点。单圆曲线的其他 3 个主点包括：直圆点，即按照曲线前进方向由直线段进入圆曲线的起点，用 ZY 表示；曲中点，即整个圆曲线的中点，用 QZ 表示；圆直点，即由圆曲线进入下一段直线段的曲线终点，用 YZ 表示。

1. 主点元素的计算

圆曲线的主点元素包括切线长、曲线长、外距、切曲差。要进行曲线主点的测设和里程计算，必须先进行主点元素的计算。

如图 5-12 所示，路线的转角为 α、圆曲线的半径为 R，则圆曲线的测设元素可按照下列公式计算，即

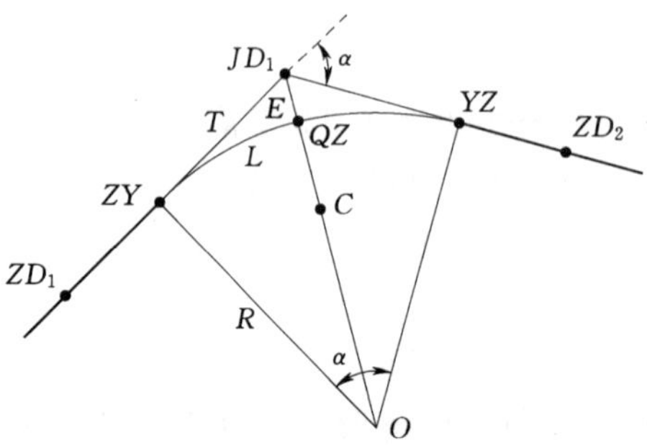

图 5-12　圆曲线的主点测设

切线长　$T=R\cdot\tan\frac{\alpha}{2}$

曲线长　$L=R\cdot\alpha\cdot\frac{\pi}{180^\circ}$

外距　$E=\frac{R}{\cos\frac{\alpha}{2}}-R=R\left(\sec\frac{\alpha}{2}-1\right)$

切曲差　$D=2T-L$　　(5-3)

2. 主点里程的计算

交点 JD 的里程由中线丈量或计算中得到，根据交点的里程和曲线测设元素，即可算出各

主点的里程：

$$
\begin{aligned}
ZY_{里程} &= JD_{里程} - T \\
YZ_{里程} &= ZY_{里程} + L \\
QZ_{里程} &= YZ_{里程} - L/2 \\
JD_{里程} &= QZ_{里程} + L/2\text{（校核）}
\end{aligned}
\tag{5-4}
$$

例 5-2 路线 JD 点里程为 K8+088.88，转角 $\alpha=25°36'$，圆曲线的半径 $R=300$m，进行圆曲线的主点测设。

（1）测设元素计算：

切线长 $$T=R\cdot\tan\frac{\alpha}{2}=300\times\tan\frac{25°36'}{2}=68.16(\text{m})$$

曲线长 $$L=R\cdot\alpha\cdot\frac{\pi}{180°}=300\times25°36'\times\frac{\pi}{180°}=134.04(\text{m})$$

外距 $$E=\frac{R}{\cos\frac{\alpha}{2}}-R=R\left(\sec\frac{\alpha}{2}-1\right)=300\times\left(\sec\frac{25°36'}{2}-1\right)=7.65(\text{m})$$

切曲差 $$D-2T-L=2.28\text{m}$$

（2）主点里程计算：

$$
\begin{aligned}
ZY_{里程} &= JD_{里程} - T = \text{K8}+020.72 \\
YZ_{里程} &= ZY_{里程} + L = \text{K8}+154.76 \\
QZ_{里程} &= YZ_{里程} - L/2 = \text{K8}+087.74 \\
JD_{里程} &= QZ_{里程} + D/2 = \text{K8}+088.88\text{（计算无误）}
\end{aligned}
$$

3. 曲线主点的测设

如图 5-12 所示，圆曲线的测设元素和主点里程计算出之后，可按照下述步骤进行主点测设：

（1）在 JD 处安置经纬仪，盘左瞄准后视 ZD_1 方向，沿此方向量取 T，定出 ZY 点。

（2）转动照准部，瞄准前视 ZD_2 方向，量取 T，定出 YZ 点。

（3）转动照准部，瞄准分角线方向桩 C 点方向，量取 E，定出 QZ 点。

5.4.2 单圆曲线的详细测设

如果曲线较长、地形变化较大，为详细表示路线沿曲线的前进方向，除进行圆曲线的主点设置，还要按照规范规定的桩距在曲线上设置整桩和必要的加桩。测设曲线整桩和加桩的过程，被称为圆曲线的详细测设或辅点测设。

曲线按桩距设桩，通常有两种方法：整桩距法和整桩号法。整桩号法是将曲线上靠近起点 ZY 的第一个桩的桩号凑成桩距倍数的整桩号，然后按桩距连续向曲线终点 YZ 设桩，这样设置的桩均为整桩号。整桩距法是从曲线起点 ZY 和终点 YZ 开始，分别以桩距连续向曲线中点 QZ 设桩，这样设置的桩一般都不是整数，因此要注意加设百米桩和公里桩。中线测量中一般均采用整桩号法。

圆曲线里程桩的测设方法较多，下面分别介绍切线支距法和偏角法。

1. 切线支距法

切线支距法又称为直角坐标法，以曲线的起点或终点为坐标原点，取切线方向为 X

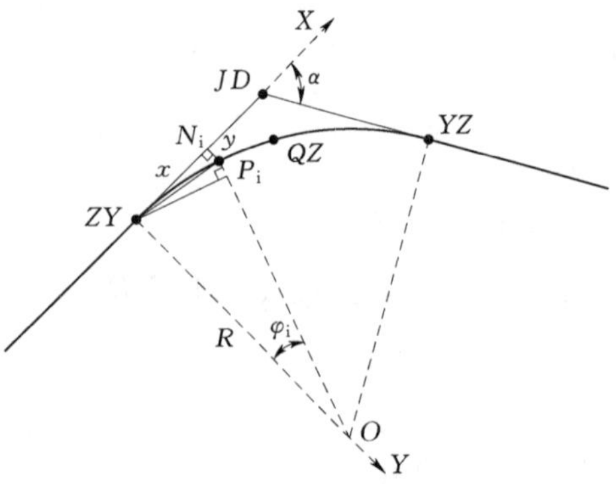

图 5-13　切线支距法

轴，垂直切线的方向为 Y 轴，根据横距 x、纵距 y 设置圆曲线上各点的位置。如图 5-13 所示。

设 P_i 点为圆曲线上欲测设的点，P_i 点至 ZY 点或 YZ 点的弧长为 l_i，弧长 l_i 所对的圆心角为 φ_i，R 为圆曲线的半径，则 P_i 点的坐标（x_i，y_i）可按式（5-5）计算，即

$$x_i = R\sin\varphi_i$$
$$y_i = R(1-\cos\varphi_i) \qquad (5-5)$$

其中

$$\varphi_i = \frac{l_i}{R}\frac{180^\circ}{\pi} \qquad (5-6)$$

切线支距法详细测设圆曲线，为避免支距过长，一般是由 ZY 点和 YZ 点分别向 QZ 点施测，测设步骤如下：

（1）详细测设时，按照曲线上各点的坐标，用皮尺自曲线的起点或终点沿切线方向分别量取 x_i，相应得各垂点 N_i，在垂点 N_i 上用方向架作垂线，量取 y_i，相应得曲线上各点 P_i。

（2）圆曲线详细测设的校核：丈量所定各点间的弦长作为详细测设的校核。

（3）若校核无误，在点 P_i 钉上里程桩。

（4）前半个曲线（ZY—QZ）是以曲线的起点 ZY 为坐标原点，取切线方向（ZY—JD）为 X 轴，垂直切线的方向为 Y 轴，根据横距 x_i、纵距 y_i 设置前半个曲线（ZY—QZ）上各点的位置。

（5）后半个曲线（YZ—QZ）是以曲线的终点 YZ 为坐标原点，取切线方向（YZ—JD）为 X 轴，垂直切线的方向为 Y 轴，根据横距 x_i、纵距 y_i 设置后半个曲线（YZ—QZ）上各点的位置。

例 5-3　在例 5-2 中，若采用切线支距法并按照整桩号法设桩，计算各桩坐标。

例 5-2 已计算出主点里程，在此基础上按整桩号法列出详细测设的桩号，并计算其坐标，见表 5-1。

表 5-1　　**切线支距法测设圆曲线**

桩　　号	各桩至 ZY 或 YZ 的曲线长度 l_i（m）	圆心角 φ_i（° ′ ″）	x_i（m）	y_i（m）
ZY K8+020.72	0	0 00 00	0	0
+040	19.28	3 40 56	19.27	0.62
+060	39.28	7 30 07	39.17	2.57
+080	59.28	11 19 18	58.90	5.84
QZ K8+087.74	67.02	12 48 00	66.46	7.46
+100	54.76	10 27 30	54.46	4.98
+120	34.76	6 38 19	34.68	2.01
+140	14.76	2 49 08	14.75	0.36
YZ K8+154.76	0	0 00 00	0	0

切线支距法适用于平坦、开阔的地区，具有测点误差不累积的优点。

2. 偏角法

偏角法又称为极坐标法，如图 5-14 所示，它是以曲线起点或曲线终点至任一点 P_i 的弦切角（偏角）Δ_i 和弦长 c_i 来确定点的位置。

根据几何原理，偏角 Δ_i 等于相对应弧长所对圆心角 φ_i 的一半，即

$$\Delta_i=\frac{\varphi_i}{2}$$

所以

$$\Delta_i=\frac{l_i}{R}\frac{90°}{\pi} \tag{5-7}$$

弦长为

$$c_i=2R\sin\frac{\varphi_i}{2}$$

弧弦差为

$$\delta=l_i-c_i=\frac{l_i^3}{24R^2}$$

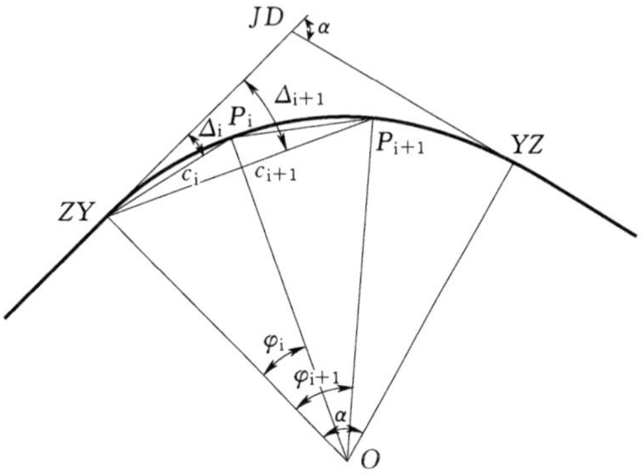

图 5-14 偏角法

在实际工作中，弦长可以直接根据 R 和 φ_i 计算，也可先计算 δ，再利用 l_i 来计算弦长。

例 5-4 在例 5-2 中，若采用偏角法并按照整桩号法设桩，计算各桩偏角和弦长（表 5-2）。

表 5-2 **偏角法计算主点里程坐标表**

桩号	各桩至 ZY 或 YZ 的曲线长度（m）	偏角值（° ′ ″）	偏角读数（° ′ ″）	相邻桩间弦长（m）	相邻桩间弦长（m）
ZY K8+020.72	0.00	0 00 00	0 00 00	0.00	0.00
+040	19.28	1 50 28	1 50 28	19.28	19.28
+060	39.28	3 45 03	3 45 03	20.00	20.00
+080	59.28	5 39 39	5 39 39	20.00	20.00
QZ K8+087.74	67.02	6 24 00	6 24 00	7.74	7.74
			353 36 00	12.26	12.26
+100	54.76	5 13 45	354 46 15	20.00	20.00
+120	34.76	3 19 09	356 40 51	20.00	20.00
+140	14.76	1 24 34	358 35 26	14.76	14.76
YZ K8+154.76	0.00	0 00 00	0 00 00	0.00	0.00

测设步骤：

（1）按照曲线上各点的极坐标，置经纬仪于 ZY 或 YZ 点处，对中与整平，盘左瞄准 JD 点，水平度盘归零，转动照准部使水平度盘读数依次为 Δ_i（仪器置于 ZY 点上时正拨，置于 YZ 点上时反拨），依次量弦长 c_i，得 P_i 点。

(2) 圆曲线详细测设的校核。以曲线起点（ZY）至终点（YZ）的总偏角等于转角的1/2来校核。

(3) 若校核无误，在点 P_1、P_2、P_3、…钉上里程桩。

偏角法不仅可以在 ZY 和 YZ 点上测设曲线，而且可在 QZ 点上测设，也可在曲线任一点上测设。它是一种精度较高，适用性较强的常用方法。缺点是存在测点误差累积，所以宜从曲线两端向中点或自中点向两端测设曲线。

5.5 坡度线的测设

两点间的高差与其水平距离的比值称为坡度。设地面上两点间的水平距离为 D，高差为 h，坡度为 i，则

$$i=\frac{h}{D} \tag{5-8}$$

坡度可用百分率（%）表示，也可用千分率（‰）表示。

已知坡度的测设，就是根据一点的高程位置，沿给定的方向，在该方向上定出其他一些点的高程位置，使这些点的高程位置在给定的设计坡度线上。如图 5-15 所示，A 点的高程为 H_A，A、N 点的水平距离为 D_{AN}，直线 A、N 的测设坡度为 i_{AN}，则可算出 N 点的设计高程为：

$$H_N=H_A+i_{AN}D_{AN} \tag{5-9}$$

按测设高程的方法，在 N 点测设出 H_N 的高程位置，则 A 点与 N 点的设计坡度线就定出来了。除了线路两端点定出外，还要在 A、N 两点之间定出一系列点，使它们的高程位置能位于 AN 所在的同一坡度线上。测设时，将水准仪（当设计坡度较大时可用经纬仪）安置在 A 点，并使水准仪机座上的一只脚螺旋在 AN 方向上，另两只脚螺旋的连线与 AN 方向垂直，量取仪高 i，用望远镜瞄准立于 N 点的水准尺，调整 AN 方向上的脚螺旋，使十字丝的中丝在水准尺上的读数为仪器高 i，这时仪器的视线平行于所设计的坡度线，然后 AN 中间的各点 1、2、3、…的桩上立水准尺，只要各点水准尺的读数为 i，则尺子底部即位于设计坡度线上。

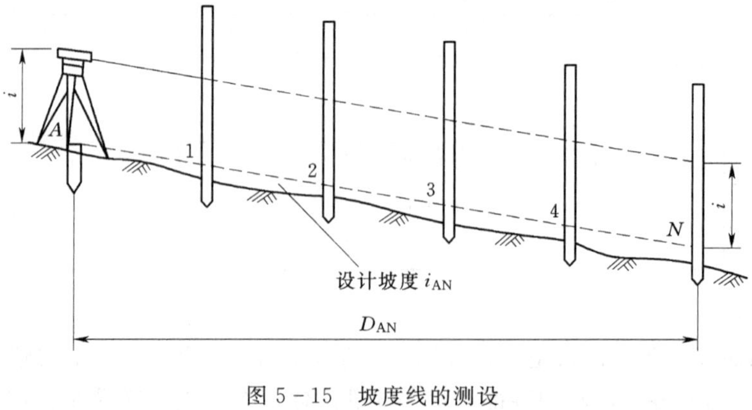

图 5-15　坡度线的测设

第6章　水工建筑物施工测量

水利工程一般由若干建筑物组成，这些建筑物的综合体称为水利枢纽。按照这些建筑物在该综合体中的主要任务和作用不同，一般将其分为挡水建筑物、泄水建筑物、通航建筑物及为发电而建的建筑物。挡水建筑物即拦河大坝，是主要的水工建筑物，按照其建筑材料和结构分为土坝、混凝土重力坝、拱坝和支墩坝。本章分别介绍土坝、混凝土重力坝及拱坝建设中的测量工作。按照大坝的施工顺序，测量工作一般应完成下列任务：布设平面和高程基本控制网，控制整个工程的施工放样；确定坝轴线和布设控制坝体细部放样的定线控制网；清基开挖的放样；坝体细部放样等。

6.1　土坝施工测量

6.1.1　土坝控制测量

建立土坝施工控制网应首先根据基本网确定坝轴线，然后以坝轴线为依据布设坝身控制网以控制坝体细部的放样。现分述如下。

6.1.1.1　坝轴线的确定

坝轴线即坝顶中心线，在设计图上量取两端点和一中点坐标，反算出它与邻近测图控制点的方位角，用前方交会法进行测设，在实地标出三点一线，即为坝轴线位置。

对于中、小型土坝的坝轴线，一般是由工程设计人员和勘测人员组成选线小组，深入现场进行实地踏勘，根据当地的地形、地质和建筑材料等条件，经过方案比较，直接在现场选定。

对于大型土坝以及与混凝土坝衔接的土质副坝，一般经过现场踏勘、图上规划等多次调查研究和方案比较，确定建坝位置，并在坝址地形图上结合枢纽的整体布置，将坝轴线标于地形图上，如图6-1中的M_1、M_2所示。再根据预先建立的基本控制网用角度交会法将M_1和M_2放样到地面上。

坝轴线的两端点在现场标定后，应用永久性标志标明。为了防止施工时端点被破坏，应将坝轴线的端点延长到两面山坡上，如图6-1中的M'_1、M'_2所示。

6.1.1.2　建立平面控制网

直线型坝的放样控制网通常采用矩形网或正方形方格网作平面控制。网格的大小与坝体大小和地面情况有关。

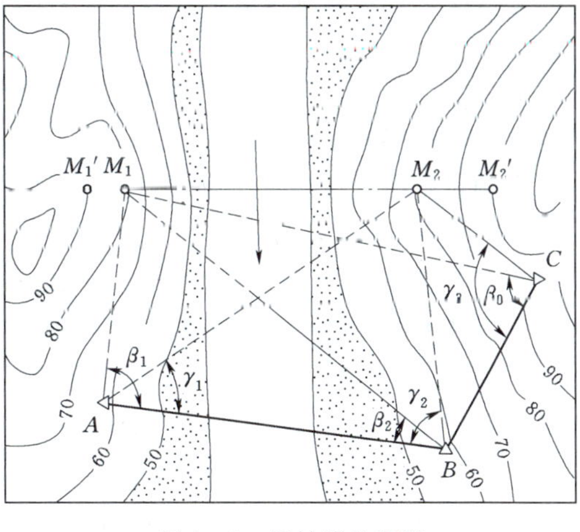

图6-1　坝轴线的测设

1. 测设坝轴垂直线

具体测设步骤和方法如下：

(1) 在坝轴线两端找出与坝顶设计高程相同的地面点（即坝顶端点）。为此，将经纬仪安置在坝轴线上，以坝轴线定向；从水准点向上引测高程，当水准仪的视线高达到略高于坝顶设计高程时，算出符合坝顶设计高程应有的前视标尺读数，再指挥标尺在坝轴线上移动寻找两个坝轴端点，并打桩标定，如图 6-2 中的 M 和 N 所示。

(2) 以任一个坝顶端点作为起点，每隔一定距离设置里程桩，在坡度显著变化的地方设置加桩。当距离丈量有困难时，可采用交会法定出里程桩的位置。如图 6-2 所示，在便于量距的地方作坝轴线 MN 的垂线 EF，用钢尺量出 EF 的长度，测出水平角 $\angle MFE$，算出平距 ME。

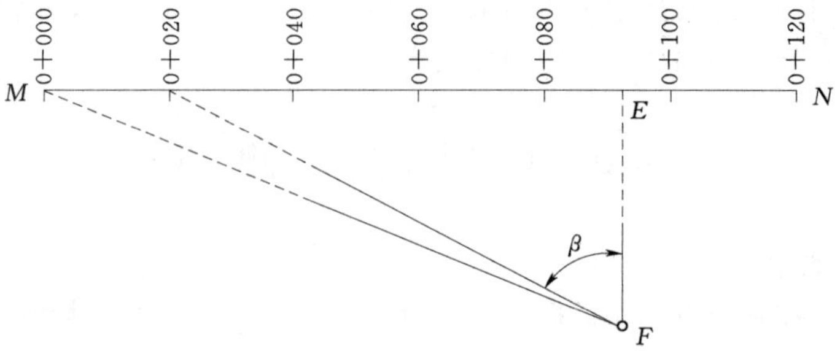

图 6-2　测设坝轴垂直线方法

这时，设欲放样的里程桩号为 0+020，先按公式 $\beta=\arctan\dfrac{ME-20}{EF}$ 计算出 β 角，然后用两台经纬仪分别在 M 点和 F 点设站，M 点的经纬仪以坝轴线定向，F 点的经纬仪测设出 β 角，两仪器视线的交点即为 0+020 桩的位置。其余各桩按同法标定。

(3) 在各里程桩上测设坝轴线的垂线。垂线测设后，应向上、下游延长至施工影响范围之外，打桩编号，如图 6-3 所示。

2. 测设坝轴平行线

在河滩上选择两条便于量距的坝轴垂直线，根据所需间距，从坝轴里程桩起，沿垂线向上、下游丈量定出各点，并按轴距（即至坝线的平距）进行编号，如上 10、上 20、…，下 10、下 20、…。两条垂线上编号相同的点连线即坝轴平行线，应将其向两头延长至施工影响范围之外，打桩编号（图 6-3）。

在测设平行线的同时，还可一道放出坝顶肩线和变坡线，它们也是坝轴平行线。

6.1.1.3　高程控制网的建立

用于土坝施工放样的高程控制，可由若干永久性水准点组成基本网和临时作业水准点两级布设。基本网一般在施工影响范围之外布设水准点，用三等水准测量按环形路线（如图 6-4中由 Ⅲ_A 经 $BM_1\sim BM_6$，再至 Ⅲ_A）测定它们的高程；临时水准点直接用于坝体的高程放样，布置在施工范围内不同高度的地方，并尽可能做到安置一、二次仪器就能放样高程。临时水准点应根据施工进程临时设置，附合到永久水准点上（如图 6-4 中由 BM_1 经 1～3 再至 BM_3）从水准基点引测它们的高程，并应经常检查，以防由于施工影响发生变动。

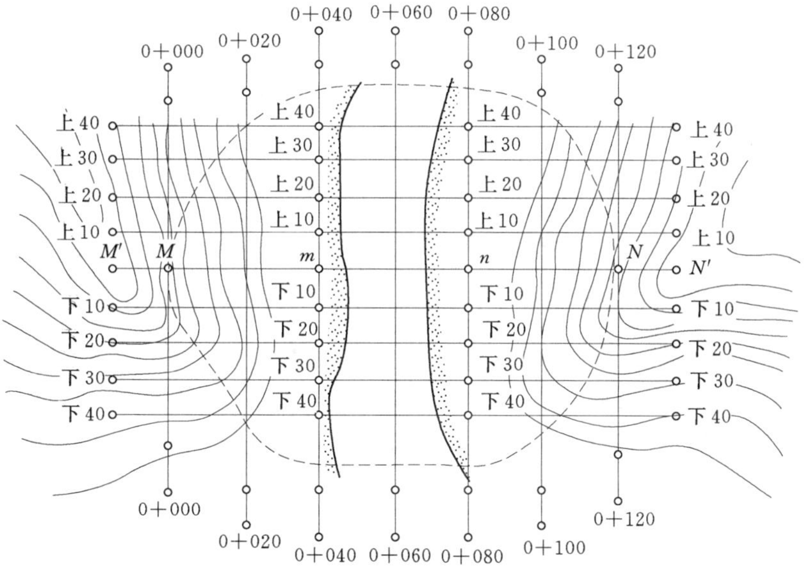

图 6-3 坝轴垂直线的测设

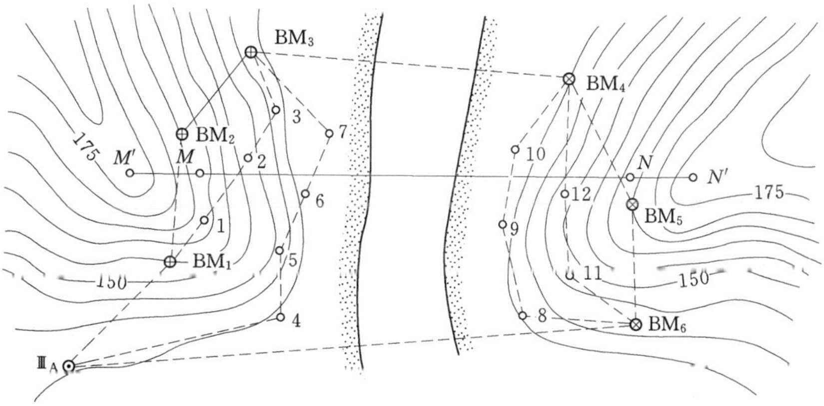

图 6-4 高程控制网的建立

6.1.2 土坝清基开挖与坝体填筑的施工测量

6.1.2.1 清基开挖线的放样

清基开挖线是坝体与自然地面的交线，亦即自然地表上的坝脚线。套绘断面法是最简易的清基开挖线放样方法。

此法与渠道断面放样相仿。首先测定各里程桩高程，沿垂直线方向测绘断面图（即横断面图），在各断面图上再套绘坝体设计断面（图 6-5），从图 6-5 上量出两断面线交点（即坝脚点）至里程桩的距离（如图 6-5 中的 D_1 和 D_2），然后据此在实地垂线上放样出坝脚点。将各垂线上的坝脚点连起来就是清基开挖线。但清基有一定的深度，为了防止塌方，应放一定的边坡，因此实际开挖线需根据地质情况从所定开挖线向外放宽一定距离，撒上白灰标明，如图 6-3 中的虚线所示。

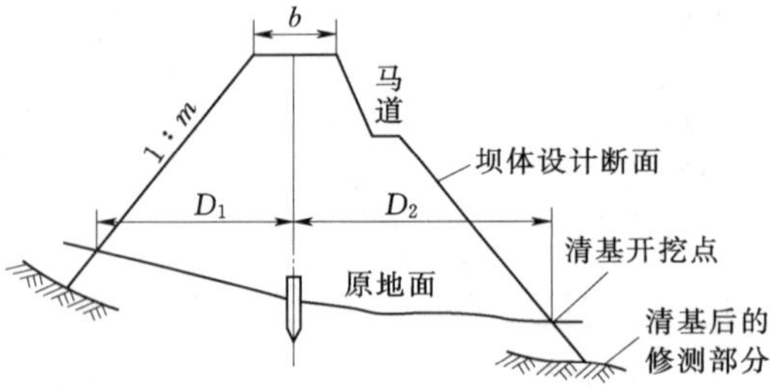

图 6-5　坝体设计断面

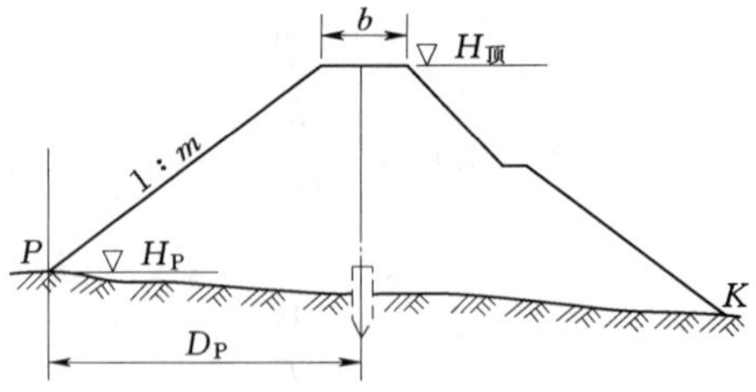

图 6-6　起坡线的放样

6.1.2.2　起坡线的放样

清基完工后，位于基坑底面上的坝脚线称为起坡线。起坡线是填筑土石或浇筑混凝土的边界线。起坡线的放样也可采用套绘断面法。如果采用断面法，首先必须恢复里程桩，修测横断面图（即在原断面图上修测靠坝脚开挖线部分），从修测后的横断面图上量出坝脚点的轴距再去放样。

起坡线的放样精度要求较高。无论采用哪种方法放样，都应进行检查。如图 6-6 所示，设所放出的点为 P。检查时，用水准测量测定此点高程为 H_P，则此点至坝轴里程桩的实地平距（或放点时所用的平距）D_P 应等于按式（6-1）所算出来的轴距，即

$$D_P=\frac{b}{2}+(H_{顶}-H_P) \tag{6-1}$$

如果实地平距与计算的轴距相差大于 1/1000，应在此方向移动标尺重测高程和重量平距，直至量得立尺点的平距等于所算出的轴距为止，这时的立尺才是起坡点应有的位置。所有起坡点标定后，连成起坡线。

6.1.2.3　坝体边坡的放样

土石坝边坡放样很简单，通常采用坡度尺法或轴距杆法。混凝土坝的边坡放样必须装置模板，模板的斜度用坡度尺确定。

1. 坡度尺法

按设计坝面坡度 1：m 特制一个大三角板，使两直角边的长度分别为 1 市尺和 m 市尺；在长为 m 的直角边上安一个水准管。放样时，将小绳一头系于起坡桩上，另一头系在坝体横断面方向的竹竿上，将三角板斜边靠着绳子，当绳子拉到水准气泡居中时，绳子的坡度即等于应放样的坡度（图 6-7）。

2. 轴距杆法

根据土石坝的设计坡度，算出不同层高坡面点的轴距 d，编制成表。此表按高程每隔 1m 计算一值。由于坝轴里程桩会被淹埋，必须以填土范围之外的坝轴平行线为依据进行量距。为此，在这条平行线上设置一排竹竿（称轴距杆），如图 6-7 所示。设平行线的轴距为 D，则上料桩（坡面点）离轴距杆为 $D-d$，据此即可定出上料桩的位置。随着坝体增高，轴距杆可逐渐向坝轴线移近。

上料桩的轴距是按设计坝面坡度计算的，实际填土时应超出上料位置，即应留出夯实和修整的余地，如图 6-7 中虚线所示。超填厚度由设计人员提出。混凝土坝的中间部分是分块立模的，应先将分块线投影到基础面或已浇好的坝块面上，再在离分块线 0.2m 的

地方弹出一条平行墨线，以供检查和校正模板之用。在沿分块线立模时，在模板顶部钉一颗长 0.2m（包括模板厚）的钉子，吊下垂球，若垂球正对平行线，则说明模板已竖直。

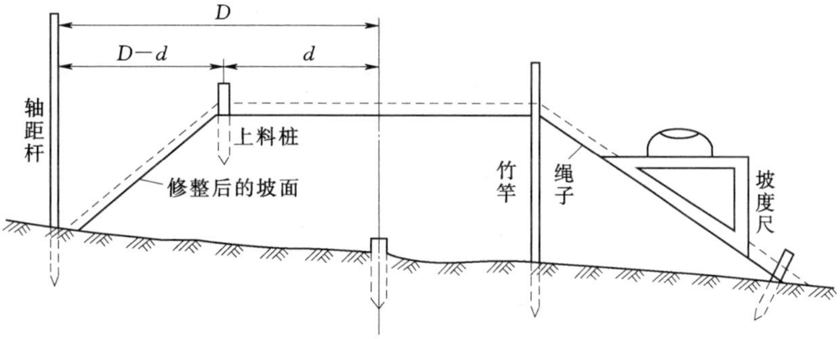

图 6－7　坝体边坡的放样

6.2　混凝土坝施工测量

混凝土坝主要有混凝土重力坝、拱坝和支墩坝。下面就分别介绍常用的混凝土重力坝和拱坝的施工测量工作。主要是施工控制测量和立模放样。

6.2.1　混凝土坝的施工控制测量

混凝土坝按其结构和建筑材料相对土坝来说较为复杂，其放样精度比土坝要求高。施工平面控制网一般按两级布设，不多于 3 级，精度要求最末一级控制网的点位中误差一般不超过±10mm。

6.2.1.1　基本平面控制网

基本网作为首级平面控制，一般布设成三角网，并应尽可能将坝轴线的两端点纳入网中作为网的一条边。根据建筑物重要性的不同要求，一般按 3 等以上三角测量的要求施测。为了减少安置仪器的对中误差，三角点一般建造混凝土观测墩，并在墩顶埋设强制对中设备，以便安置仪器和觇标。

6.2.1.2　坝体控制网

混凝土坝采取分层施工，每一层中还分跨分仓（或分段分块）进行浇筑。坝体细部常用方向线交会法和前方交会法放样，为此，坝体放样的控制网　定线网，有矩形网和三角网两种，前者以坝轴线为基准，按施工分段分块尺寸建立矩形网，后者则由基本网加密建立三角网作为定线网。

1. 矩形网

图 6－8 所示为直线型混凝土重力坝分层分块示意图，图 6－9 所示为以坝轴线 AB 为基准布设的矩形网，它是由若干条平行和垂直于坝轴线的控制线所组成，格网尺寸按施工分段分块的大小而定。

测设时，将经纬仪安置在 A 点，照准 B 点，在坝轴线上选甲、乙两点，通过这两点测设与坝轴线相垂直的方向线，由甲、乙两点开始，分别沿垂直方向按分块的宽度钉出 e、f 和 g、h、m 以及 e'、f' 和 g'、h'、m' 等点。最后将 ee'、ff'、gg'、hh' 及 mm' 等连

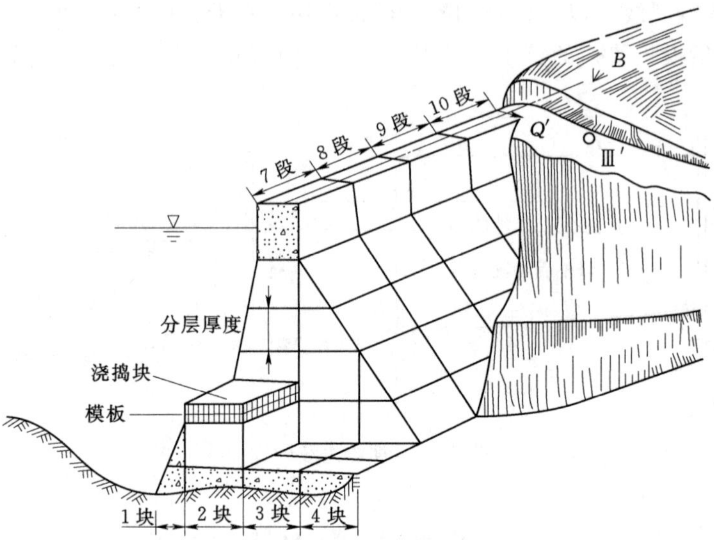

图 6－8　直线型混凝土重力坝分层分块示意图

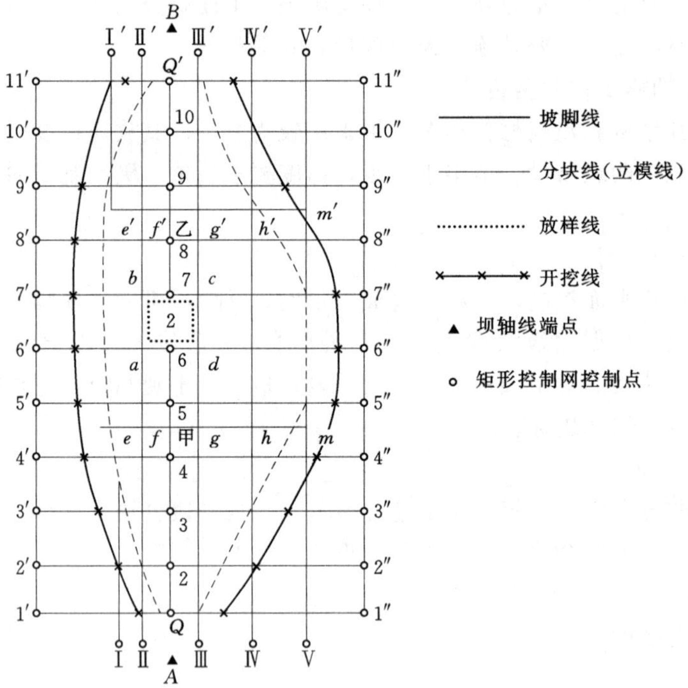

图 6－9　以坝轴线 AB 为基准布设的矩形网

线延伸到开挖区外，在两侧山坡上设置Ⅰ、Ⅱ、…、Ⅴ和Ⅰ′、Ⅱ′、…、Ⅴ′等放样控制点。

然后在坝轴线方向上，按坝顶的高程，找出坝顶与地面相交的两点 Q 与 Q'（方法可参见土坝控制测量中坝身控制线的测设），再沿坝轴线按分块的长度钉出坝基点 2、3、…、10，通过这些点各测设与坝轴线相垂直的方向线，并将方向线延长到上、下游围堰上或两侧山坡上，设置 1′、2′、…、11′和 1″、2″、…、11″等放样控制点。

在测设矩形网的过程中，测设直角时须用盘左盘右取平均，丈量距离应细心校核，以免发生差错。

2. 三角网

图 6－10 所示为由基本网的一边 AB（拱坝轴线两端点）加密建立的定线网 $ADCBFEA$，各控制点的坐标（测量坐标）可测算求得。但坝体细部尺寸是以施工坐标系 XOY 为依据的，因此应根据设计图纸求算得施工坐标系原点 O 的测量坐标和 OX 的坐标方位角，换算为便于放样的统一坐标系统。

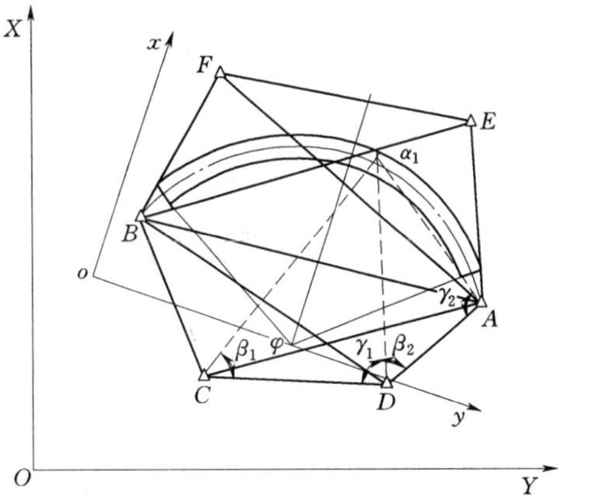

图 6－10 加密定线网的建立

6.2.1.3 高程控制网

高程控制分两级布设，基本网是整个水利枢纽的高程控制。视工程的不同要求按二等或三等水准测量施测，并考虑以后可用作监测垂直位移的高程控制。作业水准点或施工水准点，随施工进程布设，尽可能布设成闭合或附合水准路线。

6.2.2 混凝土重力坝坝体的立模放样

6.2.2.1 直线型重力坝的立模放样

在坝体分块立模时，应将分块线投影到基础面上或已浇好的坝块面上，模板架立在分块线上，因此分块线也称立模线，但立模后立模线被覆盖，还要在立模线内侧弹出平行线，称为放样线（图 6－9 中虚线所示），用来立模放样和检查校正模板位置。放样线与立模线之间的距离一般为 0.2～0.5m。

1. 方向线交会法

如图 6－9 所示的混凝土重力坝，已按分块要求布设了矩形坝体控制网，可用方向线交会法，先测设立模线。如要测设分块 2 的顶点 b 的位置，可在 7′，安置经纬仪，瞄准 7″点，同时在Ⅱ点安置经纬仪，瞄准Ⅱ′点，两架经纬仪视线的交点即为 b 的位置。在相应的控制点上，用同样的方法可交会出这分块的其他 3 个顶点的位置，得出分块 2 的立模线。利用分块的边长及对角线校核标定的点位，无误后在立模线内侧标定放样线的 4 个角顶，如图 6－9 中分块 $abcd$ 内的虚线。

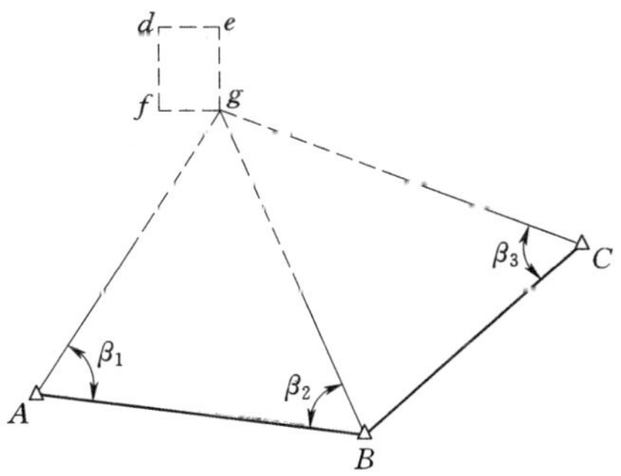

图 6－11 前方交会法直线型重力坝的立模放样

2. 前方交会（角度交会）法

如图 6－11 所示，由 A、B、C 3 个控制点用前方交会法先测设某坝块的 4 个角点 d、e、f、g，它们的坐标由设计图纸上查得，从而与三控制点的坐标可计算放样数据——交会角。如欲测设 g 点，

可算出 β_1、β_2、β_3，便可在实地定出 g 点的位置。依次放出 d、e、f 各角点，也应用分块边长和对角线校核点位，无误后在立模线内侧标定放样线的 4 个角点。

方向线交会法简易、方便，放样速度也较快，但往往受到地形限制，或因坝体浇筑逐步升高，挡住方向线的视线不便放样，因此实际工作中可根据条件把方向线交会法和角度交会法结合使用。

6.2.2.2 拱坝的立模放样

拱坝有单曲拱坝和双曲拱坝两种类型。单曲拱坝的坝面弧线采用统一圆心，双曲拱坝坝面弧线的圆心随高度变动。单曲拱坝的放样比较简单，和双曲拱坝中放样一个拱圈的方法相同，本节先以某水利工程为例介绍单曲拱坝的放样方法，相当于双曲拱坝的每一层的放样，再介绍双曲拱坝的放样。

1. 单曲拱坝的放样

拱坝的放样常用前方交会法；如果量距方便，有时也采用极坐标法。当测图控制点的精度和密度能满足放样要求时，可以直接依据这些控制点按测图坐标进行放样，若精度和密度都不够时，可按测图坐标重新布设，并在使用比较频繁的控制点上设置固定仪器座架（仪器墩）。

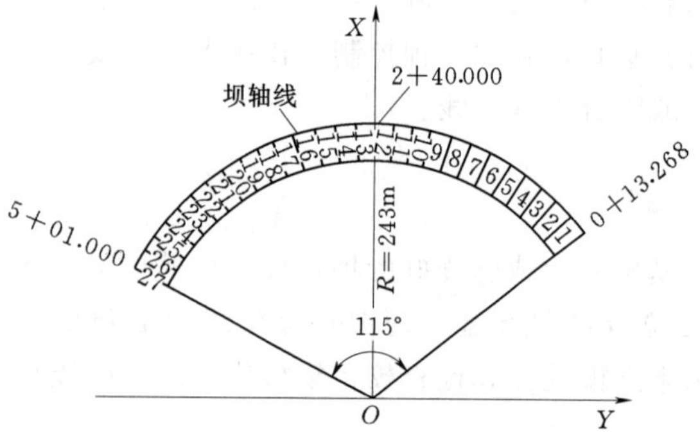

图 6－12　单曲拱坝的放样

图 6－12 所示为某水利枢纽工程的拦河大坝，系一拱坝，坝迎水面的半径为 243m，以 115°夹角组成一圆弧，弧长为 487.732m，分为 27 跨，按弧长编成桩号，从 0＋13.286－5＋01.000（加号前为百米）。施工坐标 XOY，以圆心 O 与 12、13 分跨线（桩号 2＋40.000）为 X 轴，为避免坝体细部点的坐标出现负值，令圆心 O 的坐标为（50000，50000）。

现以第 11 跨的立模放样为例介绍放样数据的计算。图 6－13 是第 11、12 跨坝体分跨分块图，图中尺寸从设计图上获得，一跨分 3 块浇筑，中间第二块在浇筑一、三块后浇筑，因此只要放出一、三块的放样线（图 6－13 中虚线 $a_1a_2b_2c_2d_2d_1c_1b_1$ 及 $a_3a_4b_4c_4d_4d_3c_3b_3$ 所示）。放样数据计算时，应先计算出各放样点的施工坐标，而后计算交会所需的放样数据。

（1）放样点施工坐标计算。由图 6－13 可知，放样点的坐标可按下列各式求得，即

$$x_{ai}=x_0+[R_i+(\mp 0.5)]\cos\varphi_a$$
$$y_{ai}=y_0+[R_i+(\mp 0.5)]\sin\varphi_a$$
$$x_{bi}=x_0+[R_i+(\mp 0.5)]\cos\varphi_b$$
$$y_{bi}=y_0+[R_i+(\mp 0.5)]\sin\varphi_b$$
$$x_{ci}=x_0+[R_i+(\mp 0.5)]\cos\varphi_c$$
$$y_{ci}=y_0+[R_i+(\mp 0.5)]\sin\varphi_c$$
$$x_{di}=x_0+[R_i+(\mp 0.5)]\cos\varphi_d$$

$$y_{di}=y_0+[R_i+(\mp 0.5)]\sin\varphi_d \quad (i=1,2,3,4)$$

式中，0.5m 为放样线与圆弧立模线的间距：$i=1$、3 取"−"，$i=2$、4 取"+"；

$$\varphi_a=(l_{12}+l_{11}-0.5)\times\frac{1}{R_1}\times\frac{180}{\pi}$$

$$\varphi_b=\left[l_{12}+l_{11}-0.5-\frac{1}{3}(l_{11}-1)\right]\times\frac{1}{R_1}\times\frac{180}{\pi}$$

$$\varphi_c=\left[l_{12}+l_{11}-0.5-\frac{2}{3}(l_{11}-1)\right]\times\frac{1}{R_1}\times\frac{180}{\pi}$$

$$\varphi_d=\left[l_{12}+l_{11}-0.5-\frac{3}{3}(l_{11}-1)\right]\times\frac{1}{R_1}\times\frac{180}{\pi}$$

根据上述各式算得第三块放样点的坐标如表 6-1 所示。

表 6-1　第 3 块放样点的坐标

	a_3	b_3	c_3	d_3	a_4	b_4	c_4	d_4
x	695.277	696.499	697.508	698.303	671.626	672.700	673.587	674.286
y	540.338	533.889	527.402	520.886	535.453	529.784	524.084	518.375

$\varphi_a=11°40'17''$，$\varphi_b=9°47'07''$，$\varphi_c=7°53'56''$，$\varphi_d=6°00'45''$。

由于 a_i、d_i 位于径向放样线上，只有 a_1 与 d_1 至径向立模线的距离为 0.5m，其余各点（a_2、a_3、a_4 及 d_2、d_3、d_4）到径向分块线的距离可由 $\frac{0.5}{R_1}\times R_i$ 求得，分别为 0.458m、0.411m 及 0.360m。

(2) 交会放样点的数据计算。在图 6-13 中，a_i、b_i、c_i、d_i 等放样点是用角度交会法测设到实地的。例如，图 6-14 中放样点 a_4，是由标 2、标 3、标 4 3 个控制点，用 β_1、β_2、β_3 3 交会角交会而得，标 1 也是控制点，它们的坐标是已知的。在这里控制点标 1 作为定向点，即仪器安置在标 2、标 3、标 4，以瞄准标 1 为测交会角的起始方向。交会角 β_1、β_2、β_3 根据放样点计算的坐标与控制点的坐标用反算求得，在图 6-14 中，标 2、标 3、标 4 的坐标与标 1 的坐标计算定向方位角 α_{21}、α_{31}、α_{41}，与放样点 a_4 的坐标计算放样点的方位角 α_{2a4}、α_{3a4}、α_{4a4} 相应方位角相减，得 β_1、β_2、β_3 的角值。有时可不必算出交会角，利用算得的方位角直接交会。例如，把经纬

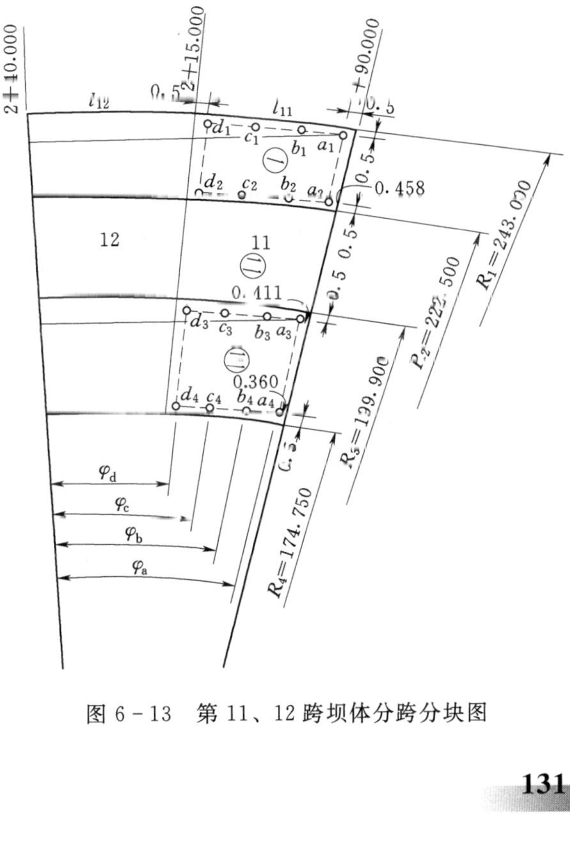

图 6-13　第 11、12 跨坝体分跨分块图

仪安置在标 2，瞄准定向点标 1，使度盘读数为 α_{21}，而后转动度盘使读数为 α_{2a4}，此时视线所指为标 2—α_4 方向，同样两架经纬仪分别安置在标 3 及标 4，得标 3—α_4 及标 4—α_4 两条视线，这 3 条视线相交，用角度交会法定出放样点 α_4。放样点测设完毕，应丈量放样点间的距离，是否与计算距离相等，以资校核。

2. 双曲拱坝的放样

从投影到平面上的图形来看，双曲拱坝由不同圆心和不同半径的一些圆曲线组成，所有圆心都与拱顶位于同一直线上（图 6－15），这条直线称为拱坝中心线。因为一般河谷都是下窄上宽，所以这些圆曲线所对的中心角及其半径总是按高程从下往上逐层增大，对应的圆心也因设计半径随高程增大而离坝体越远。在施工中，拱坝是按高程分层、分段和分块浇筑的，放样的任务就是分层、分段，放出每块立模线的位置。

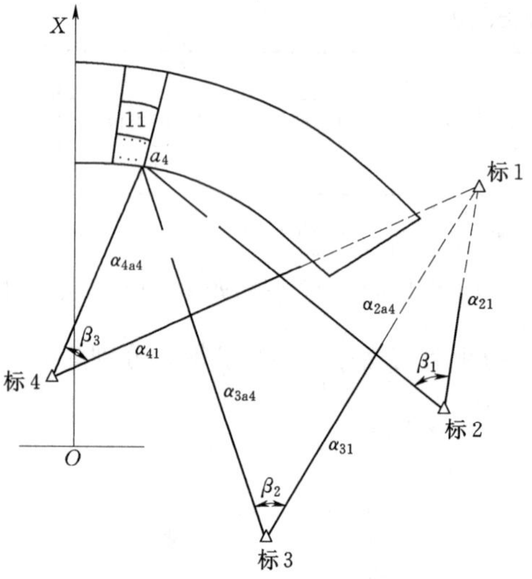

图 6－14　交会法放样点

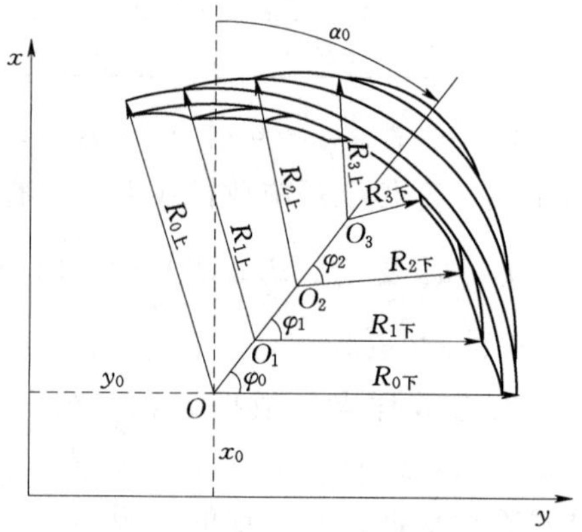

图 6－15　双曲拱坝中心线的放样

放样的方法和步骤介绍如下：

（1）从设计图上量取拱坝中心线的方位角 α_0 和最远圆心的坐标 x，以此作为推算其他曲线点坐标的起算数据。其中，α_0 一般应量取中心线上两点的坐标进行反算求得。

（2）根据最远圆心对应的半径与其他圆心对应的半径之差，以及中心线的方位角计算出其他圆心的坐际，即

$$x_i = x_0 + (R_0 - R_i)\cos\alpha_0$$

$$y_i = y_0 + (R_0 - R_i)\sin\alpha_0$$

（3）将每层拱圈两端对应的圆心角从中心线向两边分成若干个相同的等分（图 6－16），每等分的大小视具体要求而定（如分块大小、放样精度等；两端可能不足一等分）。根据各

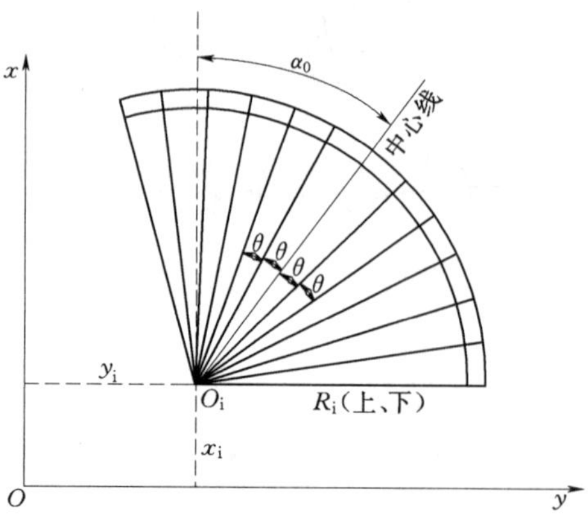

图 6－16　双曲拱坝细部点放样

等分角边（半径）与中心线的夹角计算出各角边的方位角。

（4）根据各圆心坐标、相应设计半径和方位角计算曲线各等分点（包括拱顶）上游面及下游面的坐标。

（5）根据坐标反算出各曲线点与相邻控制点间的方位角和边长，在有关控制点上安置经纬仪，按方位角进行前方交会（或采用极坐标法）放出曲线点，标定拱圈的位置。

6.2.2.3 混凝土浇筑高度的放样

模板立好后，还要在模板上标出浇筑高度。其步骤一般在立模前先由最近的作业水准点（或邻近已浇好坝块上所设的临时水准点）在仓内测设两个临时水准点，待模板立好后由临时水准点按设计高度在模板上标出若干点，并以规定的符号标明，以控制浇筑高度。

6.3 水闸施工测量

水闸一般由闸室段和上、下游连接段3部分组成（图6-17）。闸室是水闸的主体，这一部分包括底板、闸墩、闸门、工作桥和交通桥等。上、下游连接段有防冲槽、消力池、翼墙、护坦（海漫）、护坡等防冲设施。由于水闸一般建筑在土质地基甚至软土质地基上，因此通常以较厚的钢筋混凝土底板作为整体基础，闸墩和翼墙就浇筑在底板上，与底板结成一个整体。放样时，应先放出整体基础开挖线：在基础浇筑时，为了在底板上预留闸墩和翼墙的连接钢筋，应放出闸墩和翼墙的位置。具体放样步骤和方法如下。

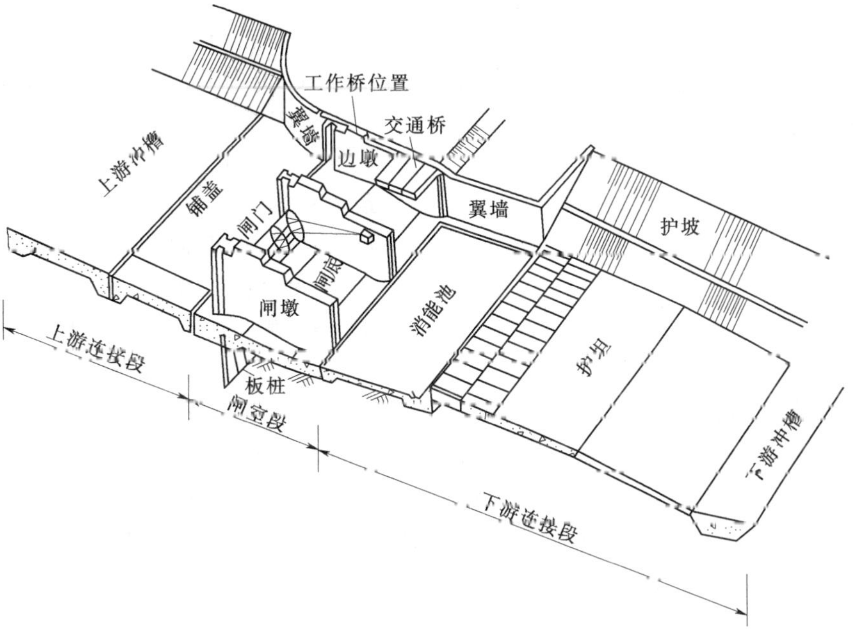

图6-17 水闸的结构

6.3.1 主轴线的测设和高程控制网的建立

水闸主轴线由闸室中心线（横轴）和河道中心线（纵轴）两条互相垂直的直线组成。

从水闸设计图上可以量出两轴交点和各端点的坐标，根据坐标反算出它们与邻近测图控制点的方位角，用前方交会法定出它们的实地位置。主轴线定出后，应在交点检测它们是否相互垂直：若误差超过 10″，应以闸室中心线为基准，重新测设一条与它垂直的直线作为纵向主轴线，其测设误差应小于 10″。主轴线测定后，应向两端延长至施工影响范围之外，每端各埋设两个固定标志以表示方向（图 6－18）。

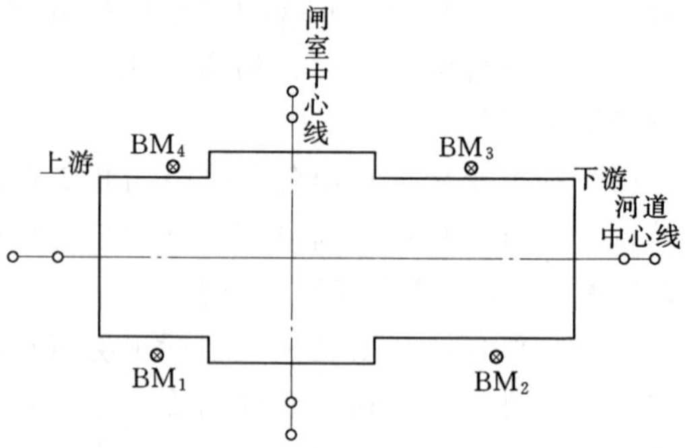

图 6－18　主轴线的测设和高程控制网的建立

高程控制采用三等或四等水准测量方法测定。水准基点布设在河流两岸不受施工干扰的地方，临时水准点尽量靠近水闸位置，可以布设在河滩上。

6.3.2　基础开挖线的放样

水闸基坑开挖线是由水闸底板的周界以及翼墙、护坡等与地面的交线决定的。为了定出开挖线，可以采用 6.1 节介绍的套绘断面法。首先，从水闸设计图上查取底板形状变换点至闸室中心线的平距，在实地沿纵向主轴线标出这些点的位置，并测定其高程和测绘相应的河床横断面图。然后根据设计数据（即相应的底板高程和宽度，翼墙和护坡的坡度）在河床横断面图上套绘相应的水闸断面（图 6－19），量取两断面线交点到测站点（纵轴）的距离，即可在实地放出这些交点，连成开挖边线。

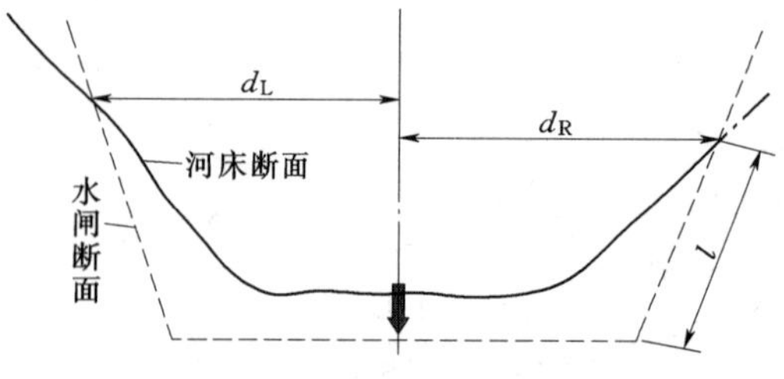

图 6－19　基础开挖线的放样

为了控制开挖高程，可将斜高 l 注在开挖边桩上。当挖到接近底板高程时，一般应预留 0.3m 左右的保护层，待底板浇筑时再挖去，以免间隙时间过长，清理后的地基受雨水冲刷而变化。在挖去保护层时，要用水准测定底面高程，测定误差不能大于 10mm。

6.3.3　水闸底板的放样

底板是闸室和上、下游翼墙的基础。闸孔较多的大、中型水闸底板是分块浇筑的。底板放样的目的首先是放出每块底板立模线的位置，以便装置模板进行浇筑。底板浇筑完后，要在底板上定出主轴线、各闸孔中心线和门槽控制线，并弹墨标明。然后以这些轴线为基准标出闸墩和翼墙的立模线，以便安装模板。

1. 底板立模线的标定和装模高度的控制

为了定出立模线，先应在清基后的地面上恢复主轴线及其交点的位置，于是必须在原轴线两端的标桩上安置经纬仪进行投测。轴线恢复后，从设计图上量取底板四角的施工坐标（即至主轴线的距离），便可在实地上标出立模线的位置。

模板装完后，用水准测量在模板内侧标出底板浇筑高程的位置，并弹出墨线表示。

2. 翼墙和闸墩位置及其立模线的标定

由于翼墙与闸墩是和底板结成一个整体，因此它们的主筋必须一道结扎。于是在标定底板立模线时，还应标定翼墙和闸墩的位置，以便竖立连接钢筋。翼墙、闸墩的中心位置及其轮廓线，也是根据它们的施工坐标进行放样，并在地基上打桩标明。

底板浇筑完后，应在底板上再恢复主轴线，然后以主轴线为依据，根据其他轴线对主轴线的距离定出这些轴线（包括闸孔和闸墩中心线及门槽控制线等），且弹墨标明。因为墨线容易脱落，故必须每隔 2～3m 用红漆画一圈点表示轴线位置。各轴线应按不同的方式进行编号。根据墩、墙的尺寸和已标明的轴线，再放出立模线的位置。圆弧形翼墙的立模线可采用弦线支距法进行放样。

6.4 隧 洞 施 工 测 量

6.4.1 隧洞施工测量

在水利工程建设中常常需要修建隧洞，根据隧洞的性质和用途，可分为公路隧洞、铁路隧洞、水工隧洞、过江（河）隧洞等多种工程隧洞。本节介绍隧洞施工测量的基本方法。

隧洞属于地下工程，一般情况下隧洞进行相向开挖，有时为了加快施工进度，需要增加工作面，在隧洞中心线上增开竖井，或者在适当的地方向中心线开挖平洞或斜洞，有几个洞口同时相向或相背开挖（图 6－20）。开挖时互相不通视，要求在洞轴线的某一点贯通，这样需要严格控制开挖的方向和高程。因此，隧洞施工测量的基本任务是：建立平面和高程施工控制网，标定隧洞中心线，指示开挖方向，确定坡度，保证按规定的精度贯通，使隧洞断面几何形状符合设计要求。

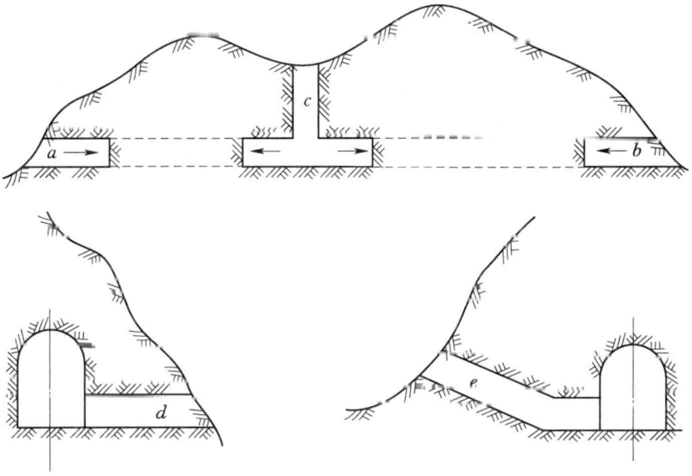

图 6－20　隧洞开挖方法

a，b，d—平洞；c—竖井；e—斜井

6.4.1.1 隧洞施工测量程序

1. 洞外控制测量

搜集有关资料；进行设计；建立控制点；进行测量，计算整理。

2. 施工测量

隧洞内开挖工作不断推进，洞内施工测量紧跟工作面。洞内施工测量的一般工作程序如下：

（1）由隧洞外控制点放样到洞内点。

（2）标定开挖方向。

（3）洞内水准测量及高程放样。

（4）贯通后，洞中线调整。

（5）土方量计算。

（6）竣工测量。

以上工作程序，在施工过程中应根据具体情况灵活运用。

6.4.1.2 贯通误差

地下工程测量最主要的任务在于保证地下工程在预定误差范围内贯通，由于测量误差积累，使两个相向开挖的施工中线不能理想地衔接，产生的错开现象称为贯通误差（图 6-21）。贯通误差在中线方向上的投影长度称纵向贯通误差，允许值一般为±20cm；在垂直于中线方向的水平投影长度称为横向贯通误差，其允许值一般为±10cm；在垂线上的投影长度称为竖向贯通误差，也称高程贯通误差，其允许值一般为±5cm。一般来说，纵向贯通误差只影响隧洞的长度，高程贯通误差影响隧洞的坡度。横向贯通误差会影响隧洞断面的大小。如果横向贯通误差太大，会对施工产生很大的影响，应该严格控制横向贯通误差。

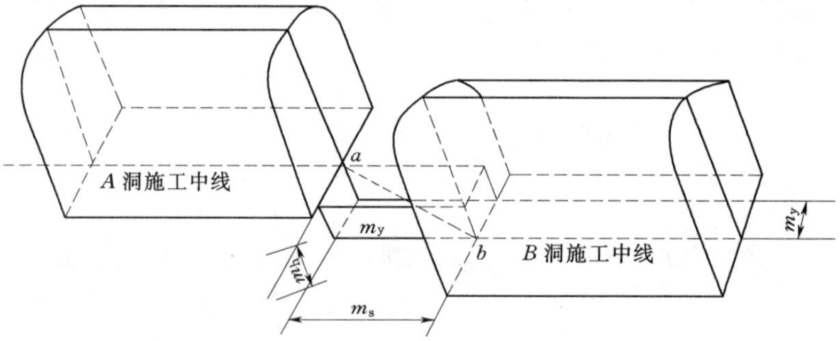

图 6-21　贯通误差示意图

6.4.2 洞外控制测量

隧洞外的控制测量，应在隧洞衬砌以前完成，它用于确定洞口的位置，把方向和高程传递进洞内。

6.4.2.1 控制网布设步骤

1. 收集资料

需要收集的资料很多，包括在该区的大比例尺地形图、路线的平面图，以前的地面控制资料，以及气象、水文、交通资料等。

2. 现场踏勘

对所搜集到的资料研究之后，必须对隧洞穿越地区进行详细踏勘；观察和了解隧洞两侧的地物、地貌等。注意隧洞走向，隧洞与其他设施的位置关系。

3. 选点布网

结合现场踏勘选点，来选定网的布设方案，布设哪一种控制网为宜，应根据拥有的仪器情况、横向贯通误差大小、隧洞通过地形情况等方面进行综合考虑。

6.4.2.2 洞外控制测量

洞外控制测量一般布设成独立网。进行地面控制测量的目的，是为了确定隧洞洞口位置，并为确定中线掘进方向和高程放样提供依据，它包括平面控制测量和高程控制测量。

1. 平面控制测量

隧洞平面控制测量一般采用三角测量、导线测量和 GPS 测量。

(1) 三角测量。

对于隧道较长、地形复杂的山岭地区，地面平面控制网一般布置成三角网形式，如图 6-22 所示。测定三角网的全部角度和若干条边长，或全部边长，使之成为边角网。三角网的点位精度比导线高，有利于控制隧道贯通的横向误差。

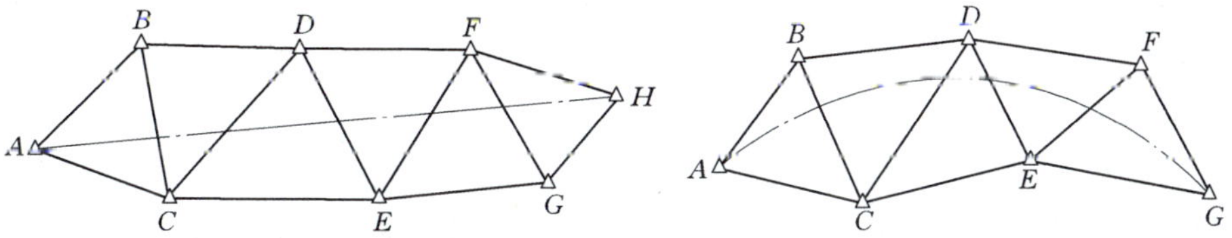

图 6-22 三角网控制测量

三角测量一般布设为线形三角锁，且测量一条或两条基线，布网时三角点应尽量靠近轴线（表 6-2）。洞口附近应布设至少两个控制点，洞口应尽可能地避免施工干扰，而且点位稳定、安全。三角网的等级可按式（6-2）来计算，此时取三角网中最靠近洞轴线的一条路线当作一条支导线来估算，即

$$M_y = \pm \left(\frac{M_\beta}{\rho}\right)^2 + \sum R_y^2 + \left(\frac{M_s}{S}\right) \sum d_y^2 \qquad (6-2)$$

式中 M_y——横向贯通中误差；

M_β——测角中误差；

$\sum R_y^2$——所有路线三角点至贯通面垂直距离平方总和，m^2；

$\sum d_y^2$——所有路线所有边长在贯通面上的投影长度平方总和，m^2；

M_s/S——三角网中最弱边相对中误差。

表 6-2 **洞外三角网（锁）测量精度**

等级	测角精度（″）	开挖长度（km）	最弱边相对中误差
二	±1.0	6～8	1/30000
三	±1.8	4～6	1/25000
四	±2.5	1.5～4	1/15000
五	±4.0	<1.5	1/10000

（2）导线测量。

采用导线测量作为平面控制，导线点应尽量靠近洞轴线布设，导线点个数不宜过多，而且相邻导线边的长度大致相等。表 6－3 是导线测量精度。

表 6－3　　洞外导线测量精度

等　级	测量精度（″）	开挖长度（km）	相对中误差
二	±1.0	6～8	1/10000
三	±1.8	4～6	1/10000
四	±2.5	2～4	1/10000
五	±4.0	＜2	1/10000

（3）GPS 测量。

用全球定位系统 GPS 技术作为地面平面控制时，只需要布设洞口控制点和定向点，而且相互通视，以便施工定向之用。不同洞口之间的点不需要通视，与国家控制点或城市控制点之间的联测也不需要通视。因此，地面控制点的布设灵活方便，且定位精度目前已优于常规控制方法。

2. 高程控制测量

隧洞的高程控制一般采用水准测量。高程控制测量的任务是按规定的精度测量隧道洞口（包括隧道的进出口、竖井口、斜井口和平洞口）附近水准点的高程，作为高程引测进洞的依据。高程控制通常采用三、四等水准测量的方法施测，就可以达到高程贯通误差的允许值要求。

6.4.2.3　洞外定向测量

在地面上确定洞口的位置及中线掘进方向的测量工作，称为洞外定向测量。它是在控制测量的基础上，根据控制点与图上设计的隧洞中线转折点、进出口等的坐标，计算出隧洞中线的放样数据，在实地将洞口的位置和中线方向标定出来，这种方法称解析定线测量。当隧洞很短，没有布设控制网时，在实地直接选定洞口位置，并标定中线掘进方向，这种方法称直接定线测量。

1. 解析法定线测量

（1）洞口位置的标定。在实地布设三角网，应将图纸上设计的洞口位置在实地标定出来。如图 6－23 所示，ABC 为隧洞中线，A、B 为洞口位置，C 为转折点，A 正好位于三角点上，而 C 不在三角点上，这样，可根据 5、6、7 3 个控制点用角度交会法将 B 点在实

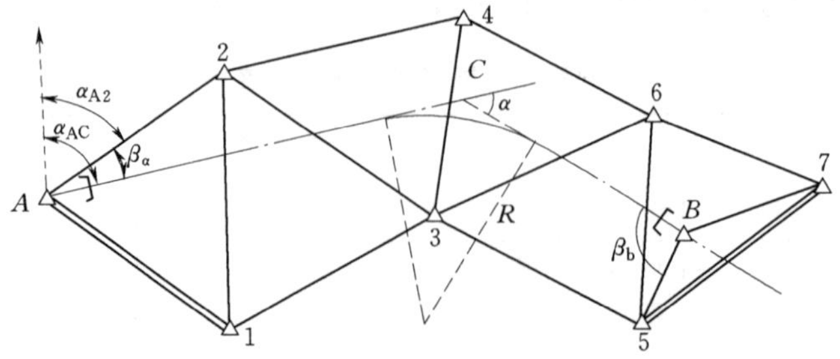

图 6－23　隧洞三角网布置

地测绘出来。需要根据各控制点坐标和 B 点的设计坐标，用坐标反算算出方位角，再计算出交会角。

放样时，在 5、6、7 安置经纬仪，分别测设交会角，用盘左、盘右测设平均位置，得 3 条方向线，若 3 条方向相交所形成的误差三角形在允许范围内，则取其内切圆圆心为洞口 B 的位置。

(2) 开挖方向的标定。隧道贯通的横向误差主要由隧道中线方向的测设精度所决定，而进洞时的初始方向尤其重要。因此，在隧道洞口，要埋设若干个固定点，将中线方向标定于地面，作为开始掘进及以后与洞内控制点联测的依据。如图 6-24 所示，用 1、2、3、4 标定掘进方向，再在洞口点 A 与中线垂直方向上埋设 5、6、7、8 桩。所有固定点应埋设在不易受施工影响的地方，并测定入点至 2、3、6、7 点的平距。这样，在施工过程中可以随时检查或恢复洞口控制点的位置和进洞中线的方向及里程。

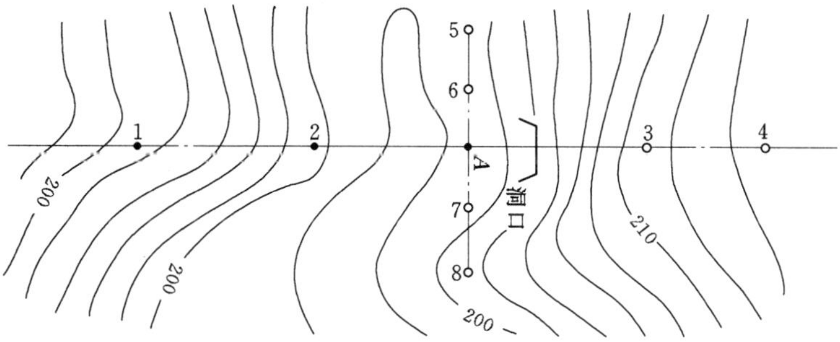

图 6-24 掘进方向的标定

2. 直接定线测量

对于较短的隧洞，可在现场直接选定洞口位置，然后用经纬仪按正倒镜定直线的方法标定隧洞中心线掘进方向，并求出隧洞的长度。如图 6-25 所示，A、B 两点为现场选定的洞口位置，且两点互不通视，欲标定隧洞中心线，首先约在 AB 的连线上初选一点 C'，将经纬仪安置在 C' 点上，瞄准 A 点，倒转望远镜，在 AC' 的延长线上定出 D' 点，为了提高定线精度，可用盘左、盘右观测取平均，作为 D' 点的位置；然后搬仪器至 D' 点，同法在洞口定出 B' 点。通常 B' 与 B 不相重合，此时量取 $B'B$ 的距离，并用视距法测得 AD' 和 $D'B'$ 的水平长度，求出 D' 点的改正距离 $D'D$，即

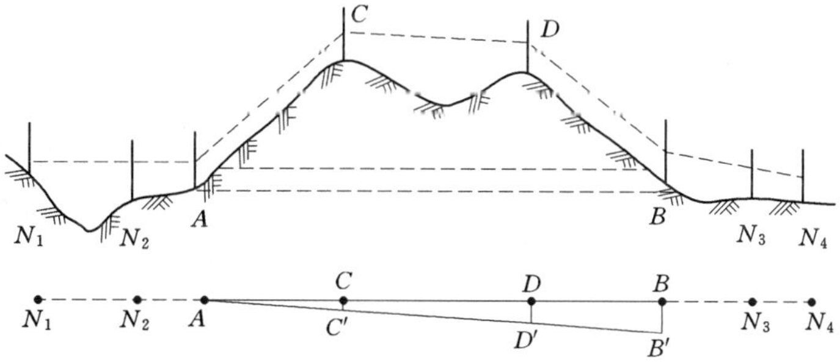

图 6-25 隧洞直接定线示意图

$$D'D=\frac{AD'}{AB'}\cdot B'B$$

在地面上从 D' 点沿垂直于 AB 方向量取距离 $D'D$ 得到 D 点，再将仪器安置于 D 点，依上述方法再次定线，由 B 点标定至 A 洞口，如此重复定线，直至 C 、D 位于 AB 直线为止。最后在 AB 的延长线上各埋设两个方向桩 N_1、N_2 和 N_3、N_4，以指示开挖方向。

6.4.3　洞内施工测量

隧洞的地下测量主要工作是洞内施工测量，它包括洞中线的定向、导线的测量、水准测量及开挖段的放样等。

1. 洞中线的标定

当洞口劈坡完成后，要在劈坡面上给出隧洞中心线，来指示掘进方向。如图 6－26 所示，在洞口 A 点处放置仪器，瞄准方向桩 1、2。倒转望远镜即为隧洞中线方向；采用盘左、盘右观测取平均的方法，在劈坡面上给出隧洞开挖方向。

随着隧洞的掘进，需要继续把中心线向前延伸，一般当隧洞每掘进 20m 要埋设一个中线里程桩，中线里程桩可以埋设在隧洞的底部或顶部，如图 6－27 所示。

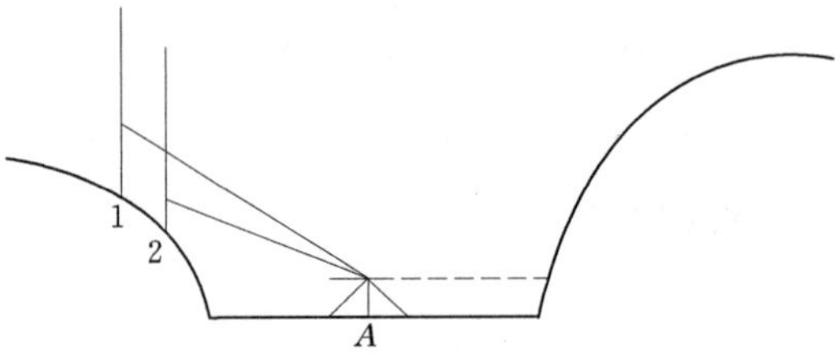

图 6－26　洞口开挖方向标定

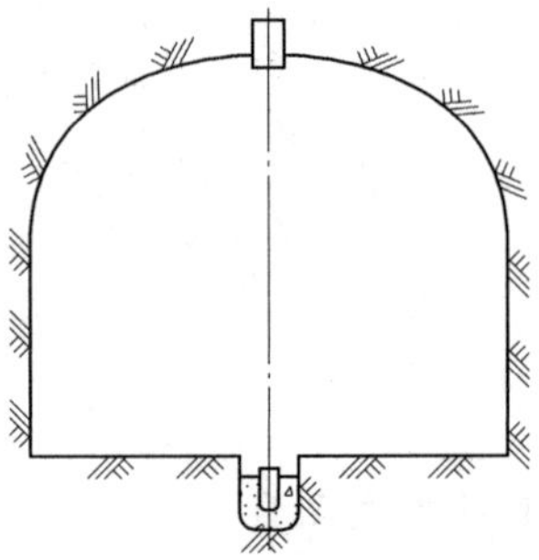
图 6－27　隧道中线桩

对于不设置曲线的折线隧洞（图 6－28 ）中线标定，在掘进至转折点 A 时，在该点上安置经纬仪，瞄准后面中线桩 B，右转角度 $180°-\alpha$ 作出方向标志 1、2，用 1、2、A 3 点指导向前开挖。

对于设置曲线的隧洞（图 6－29），可采用偏角法测设曲线隧洞的中线。Z、Y 分别为圆曲线的起点和终点，J 为转折点，L 为曲线全长，现将其 n 等分，则由以下方法可求得每段曲线长所对的圆心角 φ、偏角 $\varphi/2$ 和对应的弦长 d。

测设时，当隧洞沿直线掘进至曲线的起点 Z 点，并略过 Z 点一小部分，准确标出 Z 点。在 Z 点上安置经纬仪，后视中线桩 A，置角度 $0°00'00''$；再拨角 $180°-\varphi/2$，即得 $Z-1$ 弦线方向，倒转望远镜，作出方向标志 Z_1、Z_2 点，根据 Z_1、Z_2、Z 3 点的连线方向指导隧洞的开挖。当掘进到略大于弦长 d 后，按上述方法定 $Z-1$ 方向。沿该方向用钢尺自 Z 点丈量弦长 d，即得曲线上的点 1。点 1 标定后，后视 Z 点，拨转角 $180°-\varphi$，

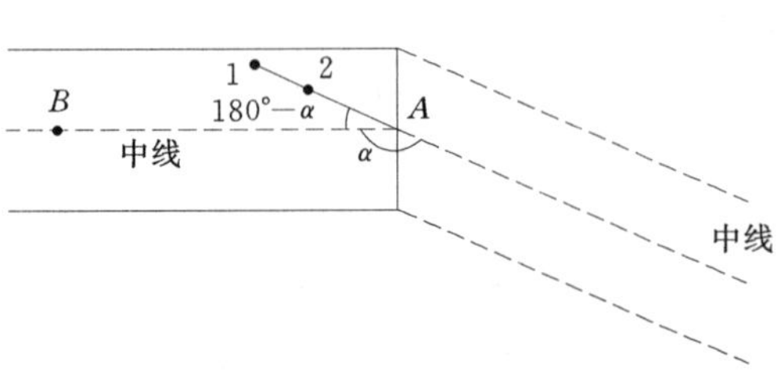

图 6－28　隧洞折线段测设

即得 1—2 方向。

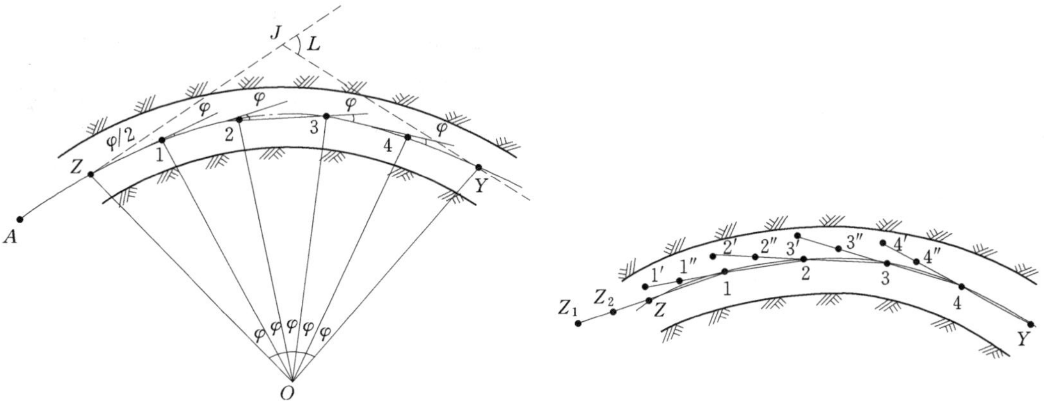

(a)　　　　(b)

图 6-29　隧洞曲线测设

按上述方法掘进，沿视线方向量弦长 d，得曲线上的点 2。用同样的方法定出各点，直至曲线终点 Y。

2. 洞内导线测量

洞内导线测量与地面控制建立统一的坐标系统，根据导线坐标，可以放样隧洞中线，指示开挖方向，保证相向开挖的隧道在要求精度范围内贯通。

洞内导线测量方法及要求。洞内导线点通常设在隧道的洞口，每隔一定的距离（50～100m）选一中线桩作为导线点。导线点应尽量布设在干扰小、通视良好且稳固安全的地段。洞内导线一般采用支导线布设形式，尽量沿线路中线布设，或与线路中线平移一适当的距离，边长接近相等。

为保证测量成果的正确性，最好由两组分别进行观测和计算。洞内导线的边长及角度的观测精度应按贯通误差计算准确，它的技术要求如表 6-4 所示。

表 6-4　　　　洞内导线技术要求

等级	测角精度（″）	导线边长（m）	边长相对中误差
一	±1.8	250	1/20000
二	±2.5	200	1/15000
二	±5.0	150	1/10000

6.4.4 洞内水准测量

为了保证隧洞的开挖符合设计的高程和坡度，应由洞外水准点向洞内引测高程。洞内水准测量与洞外水准测量基本相同。由于光线不好、灰粉较多及受施工干扰等因素影响，与洞外水准测量相比较，洞内水准测量具有以下特点：

（1）洞内水准路线和洞内导线相同，在贯通之前水准路线是支水准路线，因而，只有用多次测量的方法检核水准点的高程。

（2）一般利用导线点兼作水准点。点的标志可根据洞内的具体情况埋设在洞的底部、洞顶或两边侧墙上。

(3) 洞内水准路线是随开挖工作面的推进而延伸。为了满足施工放样的要求，一般先布设精度较低的临时水准路线，然后再布设精度较高的水准路线（埋设永久水准点）。

洞内水准测量的精度应根据竖向贯通误差和隧洞的长度来确定，也可参照施工规范的规定来进行观测。由于洞内观测条件差，洞内水准路线又是随着开挖工作面的推进而延伸，需进行往返测量。洞内每隔 20～30m 设一临时水准点，200m 左右设一固定水准点。

第7章 渠 道 测 量

7.1 渠道测量基本知识

渠道是常见的水利工程，在渠道勘测、设计和施工所进行的测量工作，称为渠道测量，渠道测量的内容和方法与一般道路测量基本相同。

渠道测量是根据规划和初步设计的要求，在地面上选定中心线，并测定纵、横断面，绘制成图。然后，计算工作量，编制概算和预算，作为方案比较和施工放样的依据。渠道测量，一般分为选线测量和定线测量。选线一般在规划阶段进行。当设计部门已初步确定路线的最佳方案后，再进行定线测量。渠道施工前应进行施工放样。工程竣工后，应提交竣工测量资料。由此可见，测量工作始终贯穿于渠道工程建设的始末。

渠道测量主要内容包括踏勘选线、中线测量、纵横断面测量、土方计算和施工测量等。本章只介绍渠道测量一般测量方法。

渠道选线的任务是要在地面上选定合理路线，标定渠道中心位置。中线尽量短而直，尽量少占耕地，要避免修建过多的渠系和过水建筑物，沿线应有较好的地质条件。选线时尽可能确定一条既经济又合理的渠道中线。在渠道选线时，应沿渠线附近布设一些水准点，以便满足渠道纵、横断面测量的需要。水准点点位既要便于日后用来测定渠道高程，又要能够长期保存，点位间隔在1～2km。路线组成附合或闭合水准路线，一般用4等水准测量的方法施测。

7.2 中 线 测 量

渠道中线测量的任务主要是把渠道中心线在地面上标定出来，测定渠线长度，用一系列里程桩标定渠线经过的位置。

7.2.1 中线的测设

中线测设的方法很多，穿线放样法是一种常用的方法，具体做法如下：

(1) 准备数据。如图7-1所示，在带状地形图上，从初测时的导线点 C_2、C_3、…出发作导线边的垂线，它们与设计中线交于 D_2、D_3、…点，图上量取垂线的长度，直角和垂线的长度就是放样数据，有时为了通视需要，在中线通过高地的地方放样点（如 D_1），这时可以从图上量取极坐标法放样所需的角度 β 与距离 s。

(2) 实地放样。实地在相应的导线点上设置直角，并量距，定出一系列 D_2、D_3、…点。如果距离较短，可以用直角镜或方向架设置直角，如果距离较长，宜用经纬仪设置直角。

(3) 穿线。中线某一直线上几个点由于图解量取放样数据误差等原因，放样到实地后

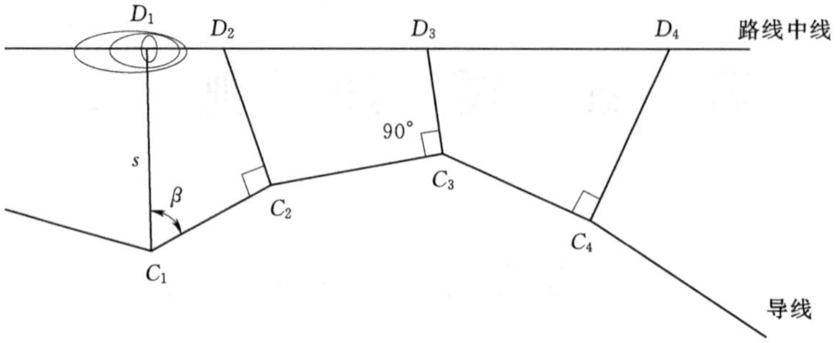

图 7-1 中线测设

不会正好在一条直线上；为此要在实地决定出一条离这些点最近的直线——中线，然后在经纬仪的帮助下，设置一系列标桩把中线表示出来。

(4) 定出交点。定出相邻两中线段的交点，并测量路线的转向角。当用一台经纬仪工作时，先延长一中线，并在估计交点位置前后各设一骑马桩 A、B（图 7-2），然后延长另一直线与 A、B 桩连线相交即得交点 JD。得交点后，测量转向角 α。

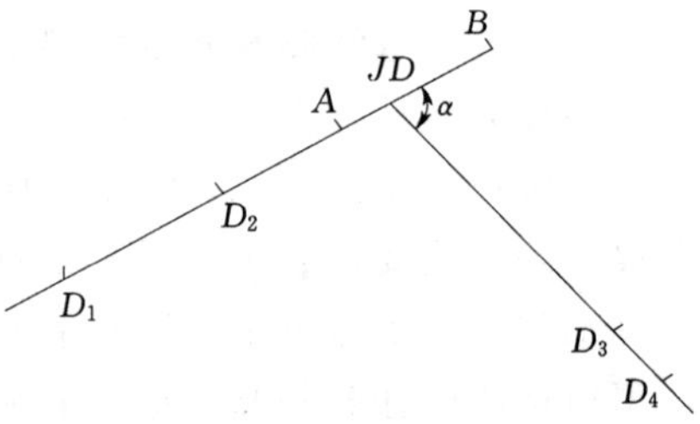

图 7-2 定交点

这种方法简单，外业工作不复杂，也不易出错，即使出错了也容易察觉，在工程测量中往往采用此方法。

7.2.2 里程桩和加桩的测设

当渠道路线选定后，就要在实地标定其中心线的位置，并实地打桩。中心线的标定是利用花秆或全站仪进行定线的。在定线过程中，一边定线一边沿着所标定的方向进行丈量。为了便于计算渠道线路长度和绘制纵、横断面图，沿中线每隔 50m 或 100m 打一木桩标定中线位置，这一木桩称为里程桩。里程桩的桩号一般以起点到该桩的水平距离进行编号。起点桩的桩号为 0＋000，若每隔 100m 打一里程桩，称为整桩，根据不同的线路，整桩之间的距离也不同，一般为 20m、30m、50m、100m 等。如起点以后的桩号依次为 0＋100、0＋200、0＋300、0＋400、… “＋”号前面的数字是公里数，“＋”号后面的是米数，如 3＋500 表示该桩至渠道起点的距离为 3500m。如果在相邻两里程桩之间遇有重要地物（桥梁、公路等）或地形坡度突变的地方，都要增打木桩，由于该桩至起点的距离不是规定间隔距离的整数倍，故称为加桩。加桩亦按对起点的水平距离进行编号，如在距起点 352.1m 处遇有道路，其加桩编号为 0＋352.1。无论是整里程桩还是加桩均用直径 5cm、长 30cm 左右的木桩打入地下，应注意露出地面 5～10cm。桩头一侧削平，并朝向起点，以便注记桩号，桩号可用红漆注记在木桩上。注记形式见图 7-3。

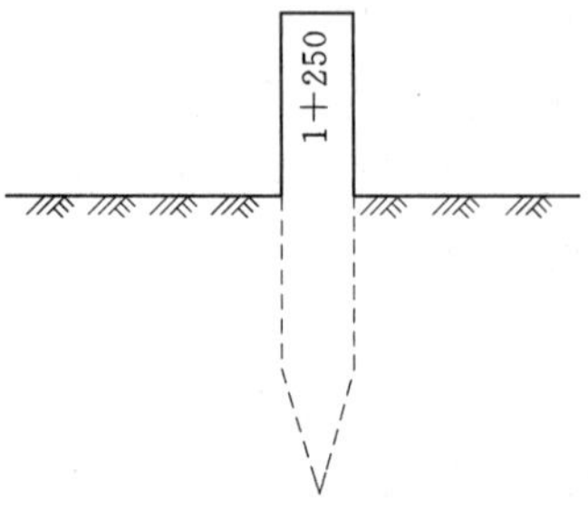

图 7-3 里程桩注记

在中线测量过程中，如遇局部改线、计算错误或分段测量，均会造成里程桩号的不连续，这种现象称为断链。桩号重叠称长链，桩号间断称断链。发生断链时，应在测量成果和有关文件中注明，并在实地打断链桩，断链桩不宜设在圆曲线上，桩上应注明路线来向和去向的里程及应增减的长度。一般在等号前后分别注明来自、去向里程，如 3＋870.42＝3＋900，断链 29.58m。

所测渠道较长时，应绘出草图，作为设计时参考。草图的绘制方法：用一条直线表示中线，在中线上用小黑点表示里程桩的位置，点旁写桩号。转弯处用箭头指出转角方向，注明转角度数。沿线的地形、建筑物、村庄等用目测勾绘下来并注记地质、水位、植被等情况（图 7－4），以便为绘制断面图和设计、施工提供参考。

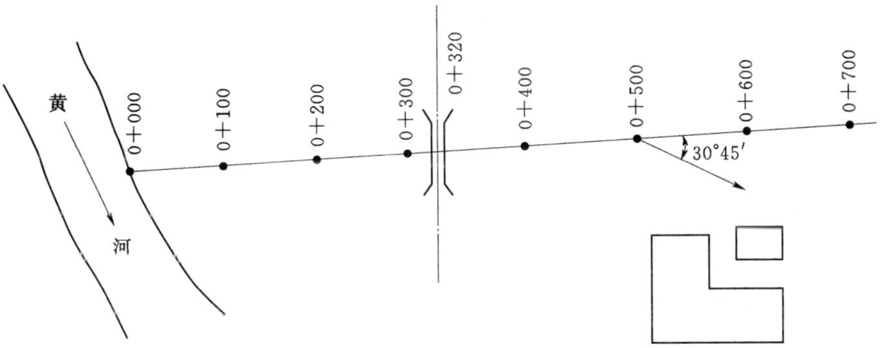

图 7－4　渠道中线草图示意图

山丘地区的中线测量除用上述方法确定外，还应概略确定中线的高程位置。具体作业方法是：从渠道的起点开始，用皮尺或绳尺大致沿山坡等高线向前量距，按设计要求规定的里程间隔打一木桩，在打木桩时用水准仪测量其高程，看中线是否偏高或偏低。例如，设 0＋000 桩的设计高程为 60.0m，水准点 BM_1 的高程为 59.684m，要确定 0＋000 桩的概略位置，应在水准点与 0＋000 桩之间架设水准仪，后视水准点 BM_1，读得后视尺读数为 1.964m，则视线高为 59.684＋1.964＝61.648（m），然后将前视尺沿山坡上、下移动，使前视尺读数为 61.684－60＝1.684（m），此时该立尺点的高程即为 60.0m。打一木桩，该木桩即为 0＋000 桩。

起点桩 0＋000 确定后，用同样的方法测设出其他各里程桩的位置。

7.3　纵、横断面测量

7.3.1　纵断面测量

纵断面测量又称路线水准测量，它的任务是测定中线上各里程桩的地面高程，绘制路线断面图，供渠道纵坡设计之用。

进行纵断面测量时，利用渠道沿线布设的水准点，每段从一个水准点出发，将渠线分成许多段，逐个测定该段渠上各中桩的地面高程，再附合到另一个水准点上，其闭合差不得超过 $\pm 40\sqrt{l}$mm（l 为附合路线长度，以 km 为单位），或者 $\pm 10\sqrt{n}$mm（n 为测站数），闭合差不用调整，但超限必返工。纵断面高程测量要求如下：

（1）观测时，以成像清晰、读数可靠为原则，前、后视距不等差不加限制。

（2）一般由两台水准仪同时施测，其中一台仪器测定标石点及临时水准点高程；另一台仪器观测里程桩及沿线主要地物点高程。这样做法较为灵活，不会因一台仪器观测超限而全部重测。

（3）穿过河沟时的加桩，应连测高程。穿过铁路时，应测出轨面高程；穿过公路时，应测路面高程，还要测出路面宽度。

（4）与地面高差小于 2cm 时，可以用桩顶高代替地面高；否则，应另测桩旁地面高程。

纵断面高程测量是利用间视法测量中心线上里程桩的地面高程，如图 7－5 所示，每一测站首先读取后前两转点的标尺的计数，再读取两转点间所有地面点（间视点）的标尺读数。0＋000 桩、0＋200 桩、0＋400 桩为转点，0＋100 桩、0＋265.6 桩、0＋300 桩……为间视点。首先从 BM_1（高程为 76.605m）引测高程，得 0＋000（TP_1）高程，再将水准仪置于测站 2，后视转点 TP_1，前视转点 TP_2，将观测结果记入表 7－1 中“后视读数”和“前视读数”栏内；然后观测中间视点，0＋100 桩，将观测结果记入表 7－1 中，搬站至测站 3，后视转点 TP_2，前视 TP_3，然后观测间视点 0＋265.5 桩、0＋300 桩、0＋361 桩，观测结果记录表 7－1 中。

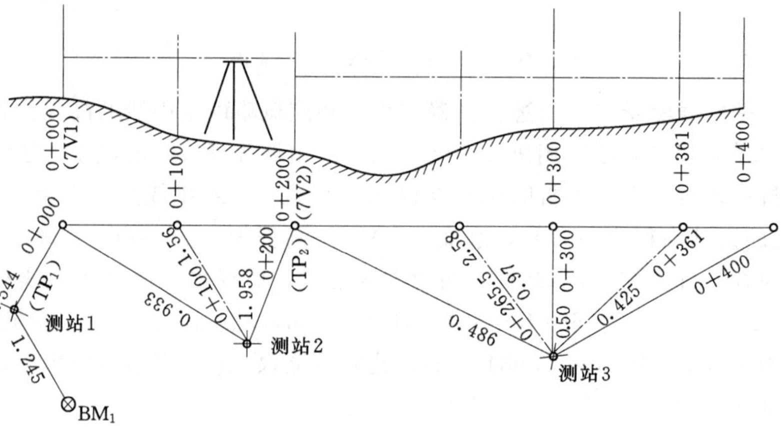

图 7－5　纵断面测量示意图

计算各里程桩的高程：

视线高程＝后视点高程＋后视读数

例如，在测站 2，后视 TP_1（77.306），后视读数为 0.933m，则视线高程：77.306m＋0.933m＝78.239m。

转点高程＝视线高程－前视读数

例如，在测站 2，前视 TP_2，前视读数为 1.958m，则转点 TP_2 高程：78.239m－1.958m＝76.281m。

间视点高程＝视线高程－间视读数

例如，在测站 2，间视 0＋000 桩，读数为 1.56m，则间视点高程：78.239m－1.56m＝76.679m。

表 7-1 　　纵断面水准测量记录

测站	测　点	后视读数（m）	视线高（m）	前视读数		高程（m）	备　注
				中间点	转点		
1	BM_1	1.245	77.850			76.605	已知高程
	0+000（TP_1）	0.933	78.239		0.544	77.306	
2	0+100			1.56		76.68	
	0+200（TP_2）	0.486	76.767		1.958	76.281	
3	0+265.5			2.58		74.19	
	0+300			0.97		75.80	
	0+361			0.50		76.27	
	0+400（TP_3）				0.425	76.342	
⋮	…	…	…	…	…	…	…
7	0+800（TP_6）	0.848	75.790		1.121	74.942	
	BM_2				1.324	74.466	已知高程为 74.451

7.3.2 纵断面图的绘制

纵断面是以中线桩的里程为横坐标，以高程为纵坐标的直角坐标系中绘制，为了明显地表示地面起伏，一般取高程比例尺比里程比例尺大 10 倍或 20 倍。纵断面图一般自左至右绘制在毫米方格纸上。为了节省纸张和便于阅读，图上的高程，可以不从零开始，而从某一合适的数值起绘。根据各桩点的里程和高程在图上标出相应地面点位置，依次连接各点绘出地面线；再绘出渠底设计线。根据起点（0+000）的渠底设计高程、渠道比降和离起点的距离，均可以求得相应点处的“渠底高程”。然后，再根据各桩点的地面高程和渠底高程，即可算出各点的挖深或填高数，分别填在图中相应位置，如图 7-6 所示。

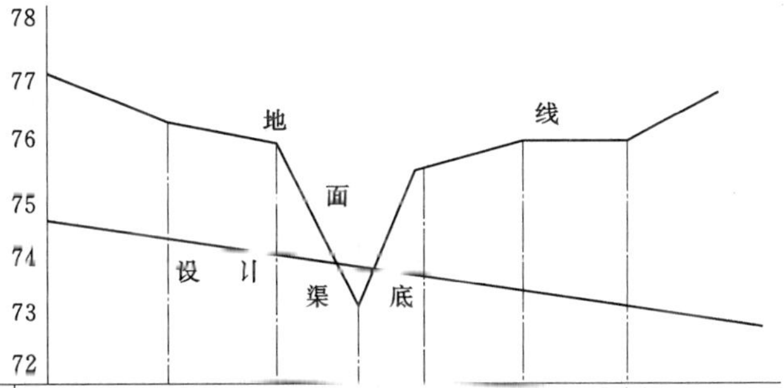

桩号	0+000	0+100	0+200	0+265.5	0+300	0+361	0+400
渠底比降	1：2000						
地面高程	77.31	76.68	76.28	74.19	75.80	76.27	76.34
渠底高程	74.81	74.71	74.71	74.68	74.66	74.63	74.61
挖渠	2.50	1.92	1.57		1.14	1.64	1.73
填高				0.49			

图 7-6　渠道纵断面图

7.3.3　横断面测量

垂直于线路中线方向的断面称横断面，路线所有里程桩一般都应测量其横断面。横断面测量的主要任务是测量横断面地面高低起伏情况，并绘制出横断面图。横断面图是确定横向施工范围、计算土石方数量的必要资料。

横断面测量的宽度，根据实际工程要求和地形情况而定。横断面上中线桩的地面高程已在纵断面测量时测出，只要测出各地形特征点相对于中线桩的平距和高差，就可以确定其点位和高程。平距和高差均用下列方法测定。

1. 水准仪皮尺法

此法适用于施测横断面较宽的平坦地区。如图 7－7 所示，安置水准仪后，以中线桩地面高程点为后视，以中线桩两侧横断面地形特征点为前视，标尺读数至 cm。用皮尺分别量出各特征点到中线桩的水平距离，量至 dm，记录格式见表 7－2。表 7－2 中按路前进方向分左右侧记录。以分式表示前视读数和水平距离。高差由后视读数与前视读数求差得到。

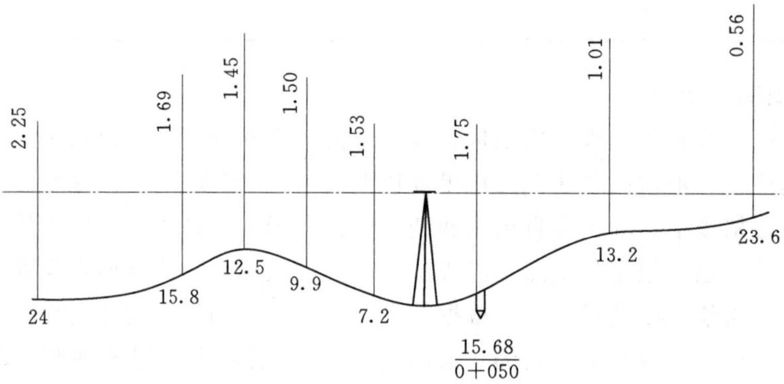

图 7－7　水准仪皮尺法测量横断面

表 7－2　　横断面测量记录格式

前视读数（左侧）/水平距离	后视读数/桩号	（右侧）前视读数/水平距离
22.5/24　1.69/15.8　1.45/12.5　1.50/9.9　1.53/7.2	1.75/0+050	1.01/13.2　0.56/23.6

2. 经纬仪视距法

安置经纬仪于中线桩上，可直接用经纬仪测定横断面方向，量出仪器高，用视距法测出各特征点与中线桩之间的平距和高差，此法适用于任何地形。利用全站仪测量速度更快，效率更高。

7.3.4　横断面图绘制

横断面也是根据断面测量成果绘制而成的（图 7－8）。为了计算方便，纵、横比例尺应一致，一般取 1∶100 或 1∶200，小渠道也可采用 1∶50。绘图时，以中线地面高程为准，以水平距离为横坐标，以高程为纵坐标。将地面特征点绘在毫米方格纸上，依次连接各点即成横断面的地面线。

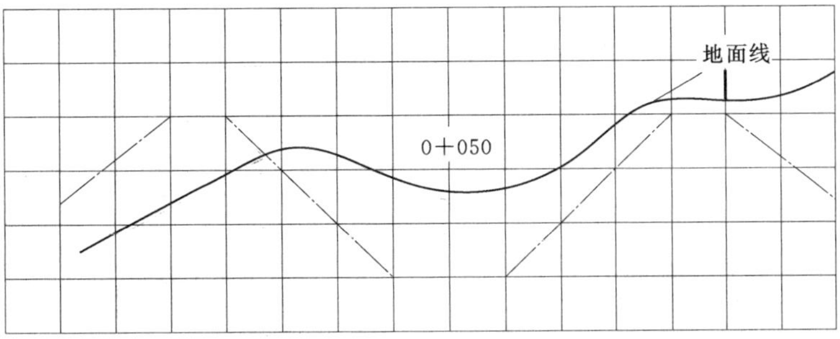

图 7-8 渠道横断面图

7.4 土 方 计 算

渠道工程必须在地面上挖深或填高，使渠道断面符合设计要求。所填挖的体积以 m^3 为单位，称为土方。土方计算方法虽然简单，但是计算工作量大。土方的多少，往往是总工作量的重要指标。为了编制渠道工程的经济预算及安排劳动力，制定合理的施工方案，必须认真做好土方的计算。土方计算的方法常采用平均断面法，如图 7-9 所示，先算出相邻两中心桩应挖（或填）的横断面面积，取其平均值，再乘以两横断面间的距离，即得两中心桩之间的土方量，以公式表示，即

$$V=D(A_1+A_2)/2 \qquad (7-1)$$

式中 V——两中心桩间的土方量，m^3；

A_1，A_2——两中心桩应挖或填的横断面的面积，m^2；

D——两中心桩间的距离，m。

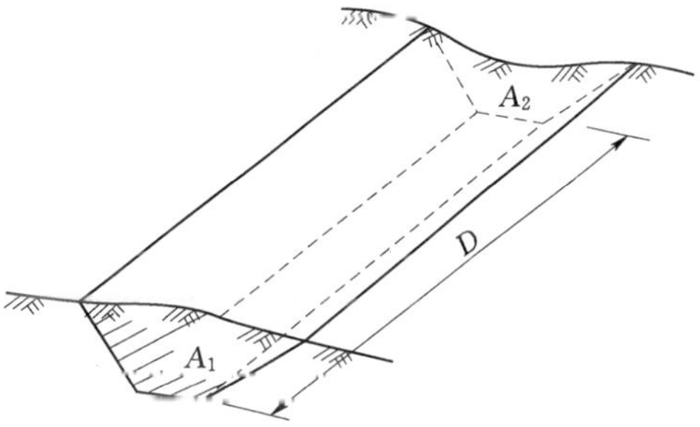

图 7-9 平均断面法

7.4.1 确定挖方或填方的面积范围

如图 7-10（a）所示，在土质渠段的设计断面采用等腰梯形。组成梯形断面的要素有内边坡、外边坡、渠底宽、渠顶宽、水深、超高和内、外肩宽及坡脚宽等。在岩石地带，设计断面采用矩形，此时内边坡垂直于渠底，如图 7-10（b）所示。

确定挖方或填方面积时，可以根据设计断面的要素，绘在相应桩号的地形横断面图上，这样做，既费工，精度上也不必要。因此，在实际工作中，可按地形横断面图的比例尺，制成设计断面模片，先将模片按照渠底设计高程套绘在地形横断面图上，然后用铅笔沿模片边缘，绘出设计横断面的轮廓。按照设计断面与地形的关系，渠道土方可分为挖方、填方、半挖半填方，如图 7-11 所示。

7.4.2 计算土方体积

计算填方、挖方面积的方法很多，在渠道土方计算中，常用的方法是均值法，即相邻两断面的挖面积或填面积的平均值，按下式计算，即

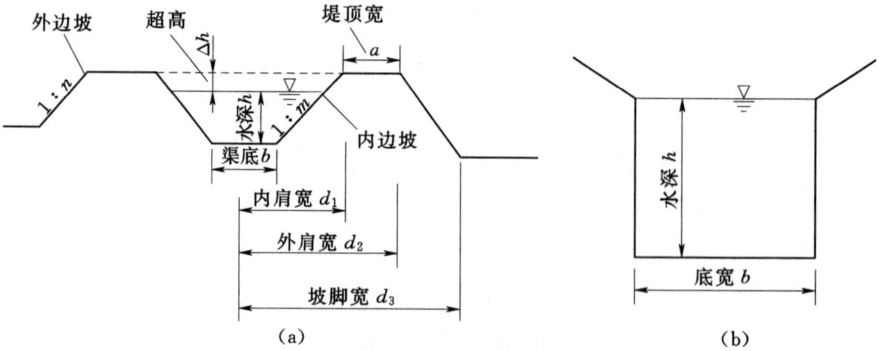

图 7-10 渠道设计横断面图

(a) 土质梯形断面；(b) 岩石矩形断面

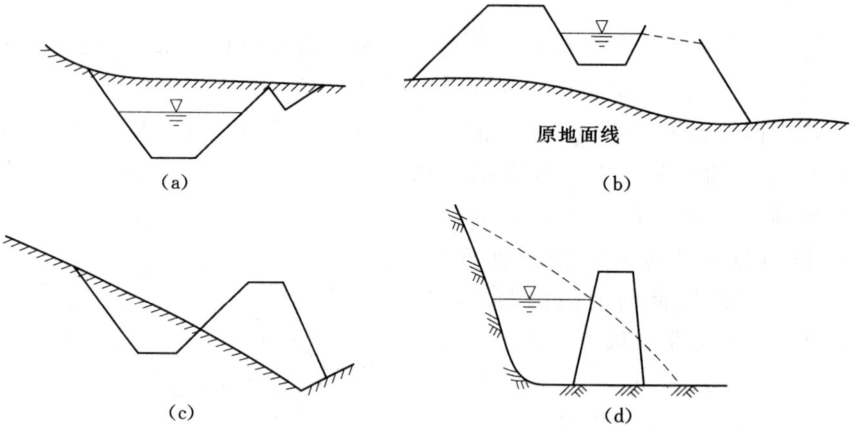

图 7-11 设计断面与地形断面的关系

(a) 土基上梯形挖方断面；(b) 土基上梯形填方断面；

(c) 梯形半挖半填断面；(d) 岩石上矩形半挖半填断面

$$A=\frac{A_1+A_2}{2}$$

式中 A_1，A_2——相邻两断面挖方或填方的面积；

A——平均值。

两断面间的挖（填）土方量为

$$V=Ad$$

式中 d——相邻两断面之间的水平距离，m。

计算土方时，是将纵断面图上各里程桩的地面高程、设计高程、填（挖）量及各断面的填（挖）方面积分别填入表 7-3 内，然后求取相邻两断面挖方或填方面积的平均值，填入表 7-3 的相应表格内，平均断面面积乘以两断面间的水平距离即为挖方或填方量，分别填入表 7-3 相应栏内。

表 7-3　　　　　　　　　土方计算表

桩号	地面高程(m)	渠底设计高程(m)	填(m)	挖(m)	断面面积(m^2) 填	断面面积(m^2) 挖	平均断面面积(m^2) 填	平均断面面积(m^2) 挖	距离(m)	体积(m^3) 填	体积(m^3) 挖
0+000	72.05	72.50	0.45		13.82	0					
							8.32	1.01	70	582.4	70.7
0+070	73.18	72.43		0.75	2.81	2.01					
							3.48	1.80	30	104.4	54
0+100	72.91	72.40		0.51	4.15	1.58					
							8.63	0.79	100	863	79
0+200	72.17	72.30	0.13		13.11	0					
							13.08	0	50	654	0
0+250	72.13	72.25	0.12		13.05	0					
							12.23	0	50	611.5	0
0+300	72.11	72.20	0.09		11.38	0					
							8.32	0.63	50	416	31.5
0+350	73.97	72.15		1.82	5.25	1.25					
							5.18	1.18	50	259	59
0+400	73.14	72.10		1.04	5.10	1.10					
							6.08	1.21	100	608	121
0+500	72.12	72.00		0.12	7.06	1.32					
							总计			4098.3	415.2

如果相邻两断面的中心桩，其中一个为挖，另一个为填，则应先找出不填不挖的位置，该位置称为“零点”。如图 7-12 所示，设零点 O 到前一里程桩的距离为 x，相邻两断面间的距离为 d，挖土深度或填土高度分别为 a、b，则

$$\frac{x}{d-x}=\frac{a}{b}$$

即

$$x=\frac{ab}{a+b}$$

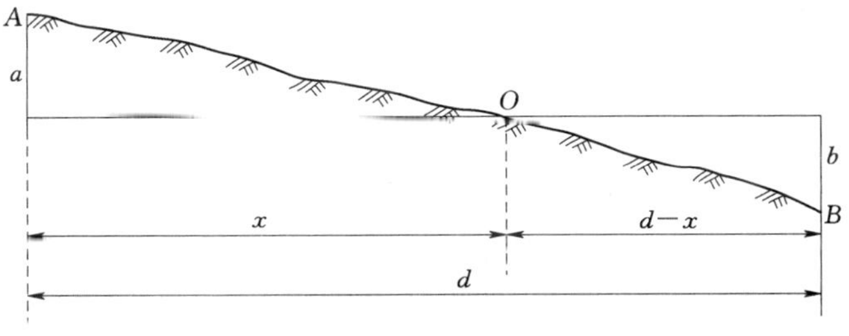

图 7-12　确定零点桩位置的方法

例如，设 0+000 桩至 0+100 桩有一“零点”，“该零点”至 0+000 桩的距离为 x，0+000桩挖深 0.5m，0+100 桩填高 0.3m，则 $x=0.5\times100/(0.5+0.3)=62.5$(m)。那么“零点”的桩号为 0+062.5，该桩号求得后，应到实地补设该桩，并补测断面，以便将两桩之间的土方分成两部分计算，使计算结果更准确、可靠。

7.5 渠道施工测量

渠道施工测量主要包括恢复中线测量、施工控制桩的测设及渠道边坡桩的测设等

工作。

7.5.1　恢复中线测量

从工程勘测开始，经过工程设计到开始施工这段时间里，往往会有一部分中线桩被碰动或丢失。为了保证线路中线位置的正确、可靠，施工前应进行一次复核测量，并将已经碰动或丢失过的交点桩、里程桩恢复和校正好，其方法与中线测量相同。

7.5.2　施工控制桩的测设

中线桩在施工过程中要被锯掉或填埋。为了施工中及时、方便、可靠地控制中线位置，需要在不易受施工破坏，便于引测，易于保存桩位的地方测设施工控制桩。控制桩有以下两种测设方法。

1. 平行线法

平行线法是在设计渠道宽度以外测设两排平行于中线的施工控制桩，如图 7-13 所示，控制桩的间距一般取 10～20m。此法多用于地势较平坦、直线段较长的路段。

2. 延长线法

延长线法是渠道转折处的中线延长线上，以及曲线中点至交点的延长线上打下施工控制桩，如图 7-14 所示，延长线法多用于地形起伏较大、直线段较短的山区。

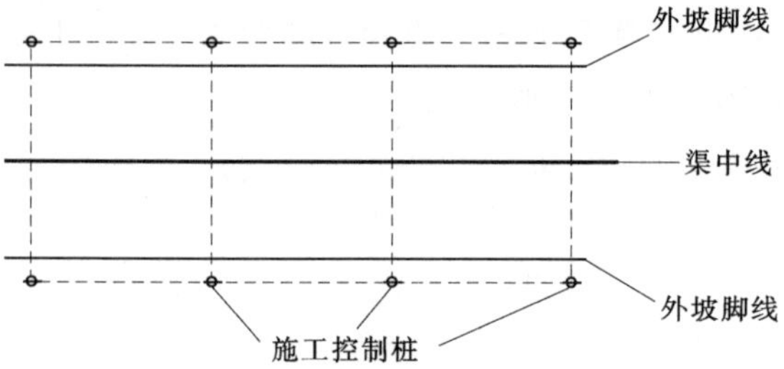

图 7-13　测设控制桩——平行线法

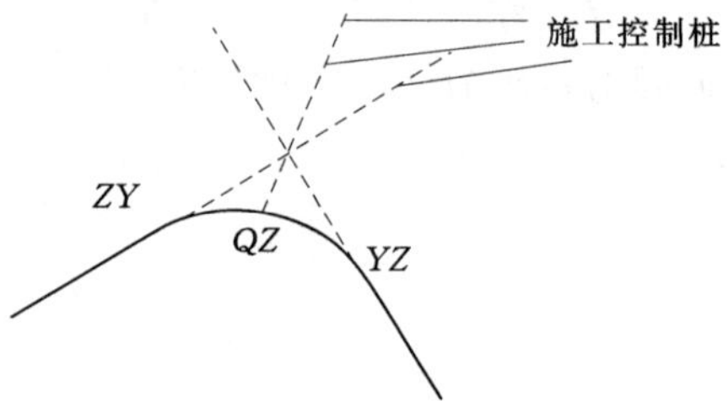

图 7-14　测设控制桩——延长线法

7.5.3　渠道边坡桩的测设

为了指导渠道的开挖和填土，需要在实地标明开挖线和填土线，这些挖、填线在每个断面处是用边坡桩标定的。边坡桩就是设计横断面线与原地面线交点的桩。标定边坡桩的放样数据与中心桩的水平距离，通常直接从横断面图上量取。放样时，先在实地用“十”字直角器定出横断面方向，然后根据放样数据，在横断面方向将边坡桩标定在地面上。如图 7-15 所示，从中心桩 O 向左侧方向量取 L_1 的左内边坡桩 e，量 L_3 得左外边坡桩 d。

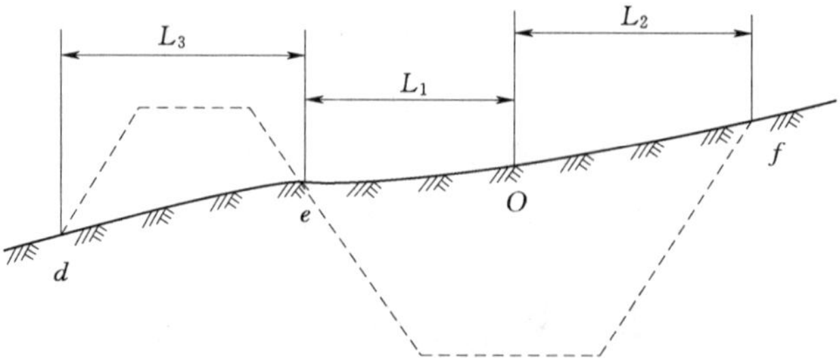

图 7-15　边坡桩放样示意图

同样，从中心桩向右侧量取的内边坡桩 f，分别打下木桩，即为开挖、填筑界线的标志，连接各断面相应的边坡桩，洒以石灰，即为开挖线和填土线。

最后，为了保证渠道的修建质量，还要进行验收测量。验收测量一般是用水准测量的方法检测渠底高程，有时还需检测渠堤顶的高程、边坡坡度等，以保证渠道按设计要求完工。

第8章　河　道　测　量

8.1　河道测量基本知识

河道测量是江、河、湖泊等水域测量的总称。在兴建各种水利工程勘测设计中，除了需要陆地上地形图外，还需要了解水下地形情况，测绘水下地形图，绘示有关水位资料等。河道测量是以河道为测量对象，总的来说，采用的测量方法与陆地相同，最大的区别是陆地上的特征点是可见的，而河道上水下地形特征点是看不见的。

在水利工程的规划设计阶段，为了制定方案、选择坝址和水头高度、推算回水曲线等，都应编绘河道纵断面图。在桥梁勘测设计中，为了研究河床的情况，决定桥墩的类型和基础深度等，以及研究河床变化和确定清淤方案时，都需要施测河道横断面图。河道纵断面图是河道纵向各个最深点组成的剖面图，图上包括河床深泓线、归算至某一时刻的同时水位线、某一年代的洪水位线、左右堤岸线及近岸重要建筑物等要素。河道横断面图是垂直于河道主流方向的河床剖面图，图上包括河谷横断面、施测时的工作水位线和规定年代的洪水位线等要素。河道横断面图及其观测成果同时是绘制河道纵断面图和水下地形图的直接依据。

河道测量主要任务和目的就是进行河道纵、横断面测量和水下地形测量，为工程规划和设计提供必要的河道纵、横断面图和水下地形图。

在河道测量中，由于不能直接观察到水下地形情况，因此不能依靠直接测定的地形特征点来绘制河道纵、横断面图和水下地形图，必须采用均匀测点法来进行绘制。水下地形点平面位置和高程也不像陆地上地面点那样可以直接测量，而必须通过水上定位和水深测量进行测定，测量困难时，需要采用特殊的设备和观测方法。因此，本章在介绍纵、横断面和水下地形测量前，必须了解水位测量、水深测量等。

8.2　水　位　测　量

水面在某一基准面上的高度称为水位。江河、湖泊的水位一般随季节变化。为了测量水下地形点的高程，在河道纵、横断面图上，绘出并注明时间的同时水位线或工作水位线，因此需要进行水位观测。

8.2.1　水位的基本知识

在水下地形测量中，测点的高程等于水位减去水深，因此，水位观测一般与测量水深同时进行。如图8-1所示，水位为水尺零点高程与水尺读数之和，水尺零点高程是通过联测水准基点得到的，观测设在水边木桩上的水尺可得到水尺读数，因为水面涨落是不断变化的，所以水尺读数也随时间变化。

在河道测量中水下地形点的高程是根据测深时的水位减去水深求得的，因此，测深时必须进行水位观测，这种测深时的水值称为工作水位。由于河流水位受各种因素的影响而时刻变化，为了准确反映一个河段上的水面坡降，需要测定该河段上各处同一时刻水位，这种水位称为同时水位或瞬时水位。由于大量降雨或融雪影响，河水超出滩地或漫出两岸地面时的水位，称为洪水位。

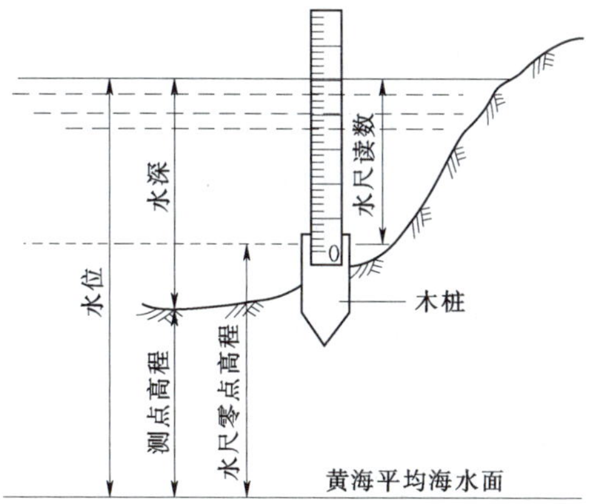

图 8-1　水位与测点高程的关系

8.2.2　工作水位的测定

在进行河道横断面或水下地形测量时，如果作业时间很短，河流水位又比较稳定，可以直接测量水边线的高程作为计算水下地形点高程的起算依据。如果作业时间较长，河流变化不定时，则应设置水尺随时进行观测，以保证提供测深时准确水面高程，如图 8-1 所示。

水尺一般用搪瓷制成，一般为 1m，尺面刻划一般与水准标尺相同。冒水尺时，先在岸边水中打一个长木桩，桩侧钉上水尺，使水尺零点侵入水面以下 0.3～0.5m，尺面侧向岸边，以便观测。然后根据邻近水准点，用 4 等水准测量测定水尺零点高程。水位观测时，将水面所截的水尺读数加上水尺零点高程即为水位。

8.2.3　同时水位测定

为了在河道纵、横断面上绘出同时水位，或提供各河段水面落差等资料，一般均需要测定同时水位。

对于较短河段，为了测定其上、中、下游各处的同时水位，可有几个人约定同时分别在这些地方，打下与水面齐平的木桩。再用 4 等水准测量的方法，从就近的已知水准点引测确定各个桩顶的高程，即得各处的同时水位。对于较长的河段，各处的同时水位通常由水文站或水位站提供，不需要另行测定。

8.2.4　水位观测注意事项

（1）每一河段从水位联测开始前一天起到结束后一天止，应对该河段两端水位站按规定时间，每天观测水位 2～4 次。在水位涨落变化较大的季节或潮汐影响的河段，应根据具体情况，适当增加观测水位的次数，并将观测结果及时刻记录下来。

（2）为了保证观测精度，观测员应蹲下身体，使视线尽量平行于水面，每次均应读出相邻波峰与波谷的水位各两次，取平均值作为最后结果。水位读至 mm。两次波峰与波谷中数的较差应小于 1cm。山地河流或水急的河段可适当放宽。

（3）利用原有水文站时，观测水位的时间应尽量与水文站相一致，或请水文站人员按规定时间代为观测。

8.3　水　深　测　量

水深即水面至水底的距离。为了求得地形点的高程，必须进行水深测量。水深测量常用的测深工具有测深杆、测深锤和回声测深仪等。

8.3.1 测深杆测深

测深杆简称测杆，如图 8-2 所示，一般由长度为 6～8m、直径为 3～4cm 的竹竿、木杆或铝杆制成，从杆低端起每分米涂以不同颜色相间的油漆并标以深度数字。它适用于流速小于 1m/s 且水深小于 5m 的测区，其测深读数误差不大于 0.1m。

若河底为淤泥，为了防止杆端陷入淤泥中，影响测深精度，可在杆底装一直径约 2cm、重约 1kg 带孔的铁盘。测深时，应将测杆斜向测点上游插入水中，当测杆到达与测点位置成垂直状态时，读出深度。

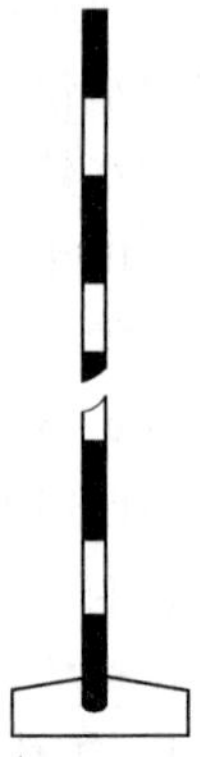

图 8-2 测深杆

8.3.2 测深锤测深

测深锤又称水铊，如图 8-3 所示，是一种塔形或截锥体的铅垂或铸铁锤，质量为 4～8kg，顶端有环，环上拴一多股麻或棉制的测绳，绳长依测区水深而定。测绳分划从锤底开始，一般在每隔 2～5cm 处，用不同颜色布条或其他方法作深度标志。测深锤适用于水深 10m 以内、流速小于 1m/s 的河道测深。

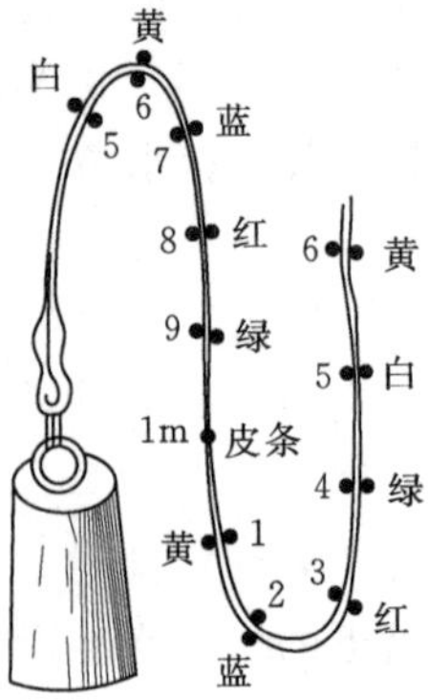

图 8-3 测深锤

测深时，应将测深锤向测点上游投掷，测绳成垂直状态的一瞬间立即进行读数。读数前，应将测绳松弛部分拉近并稍向上提后迅速落下，当证实测锤确实抵达水底时，读数方为有效。有浪河段测量时，应将波浪影响记入读数内。在堆积岩石河段测深时，为了避免测锤被岩石卡住，读数后应立即提锤。若在羊皮筏或小船上测深时，可在平水处抓住测绳，提锤后再读数。

8.3.3 回声测深仪测量水深

1. 单通道回声测深仪测量水深

当水域面积较大、水深较深、流速较大时，用前面介绍的传统的测深杆、测深绳测量才深，不仅精度较低、费工费时，有时甚至是不可能的，这时可选用单通道回声测深仪测量水深。

单通道回声测深仪适用范围较广，最小测深为 0.5m，最大测深可达 300m。当流速为 7m/s 时，仍能照常工作。单通道回声测深仪的优点是精度高，且能迅速、连续不断地测量水深。

回声测深仪主要由发射机、接收机、发射换能器、接收换能器、显示设备、电源等部分组成。

发射机的主要作用是周期性地产生电振荡脉冲并向海水中发射；接收机能将换能器接收的微弱回波信号进行检测放大，经处理后送入显示设备；发射换能器是一个将电能转换为机械能，再由机械能通过弹性介质转换成声能的电—声转换装置；显示设备的作用是将所测得的水深值显示出来。

为了保证测深成果可靠，在测前、测后，甚至作业中间，可用比测法对回声测深仪进行检查。该法是把船行驶到水流平稳、河床平坦、底质较硬的水深为 5m 左右的地方，用测深仪与测深杆同时分别测量水深，当两者之差不超过 0.1m 时，即认为测深成果可靠，回声测深仪的技术性能正常。

2. 多通道回声测深仪测量水深

多通道测深仪主要是用于海底的全覆盖扫测，特别适用在航道测量和疏浚、铺排等水下工程应用工作中。在沿岸浅水区域的港口工程测量中，如港口、航道及疏浚区域的通航扫测工作，需要进行海底全覆盖的扫测，如果使用单波束测深仪就无法实现真正意义上的准确、高效和低成本的全覆盖扫测，而使用多通道扫测仪就可以轻松达到上述工程要求，因此多通道扫测仪是大面积水下工程施工的理想选择。

多通道测深仪系统最多可扩展为 16 个通道，主机配有通用的 RS-232 数据通信接口（可扩展为多个）、USB 接口、LPT 并行打印机接口、PS/2 接口，可外接 GPS 和其他的勘探设备；测深仪集成全防水带触摸屏工业级嵌入式 PC 系统，Windows 操作平台，可将导航测量软件（或者施工定位软件）装载于测深仪一体机内。其可实测多达 16 个断面点，水深数据精确（测量精度优于±2cm+0.1.0/0），并能随时将所测数据保存在测深仪内或实时通过串口输出，也可通过外挂 U 盘导出。

HD—30 多通道测深仪应用广泛，如用于耙吸挖泥船或抓斗式挖泥船上作为工程用户的实时监测作业设备，能实时监测所挖水底状况，并将水深数据同步传递给作业人员，作业人员从而可有的放矢作业，改变了传统作业中需反复的事后测图才能得知填（挖）方量，在实际使用工作中大幅度地节约了作业成本和提高了工作效率，完全能满足诸如抛石护岸监测、港口及疏浚工程测量、工程监理监测。同时，在河道断面测量、汛期监测等工作中，其能大幅度扩大作业面，节约时间和成本。HD—30 还可用于精确的扫海测量，弥补了旁侧声纳扫海仪以及多波束的浅水弱势。

8.3.4 测深断面和测深点的布设

河道上的测量与陆地上的测量最大的区别在于陆地上的地形特征点是可见到的，而河道上水下地形特征点是看不见的。为了能使测点分布均匀、不漏测、不重复，在实践上常采用散点法或测深断面布设测深点。观测时，同时测定测深点的平面位置和水深。测量人员根据待测水域情况，事先在室内设计好待测断面，然后利用前面介绍的放样方法，在实地标定好测深断面和测深点。测深断面也称测深线。

测深线的方向，可与河流主流或岸线垂直［见图 8-4（a）、（b）］，可以相互平行，平行线间距一般为图上的 10～20mm。在河道转弯处，也可将测深线布设成扇形［见图 8-4（c）］。测深线还可以呈辐射状布设［见图 8-4（d）］。测深点的间距应根据测图比例

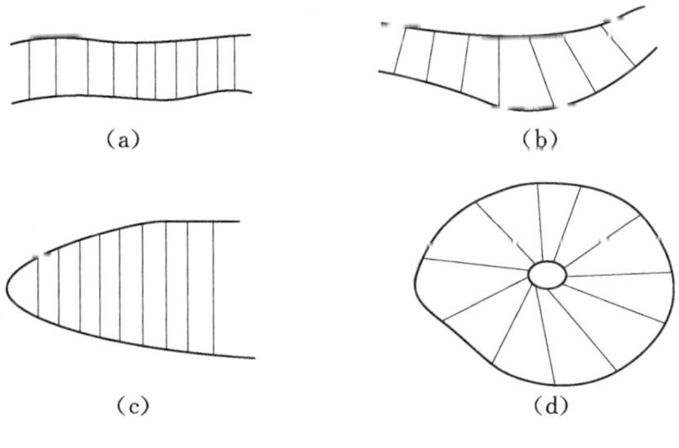

图 8-4 测深线的方向

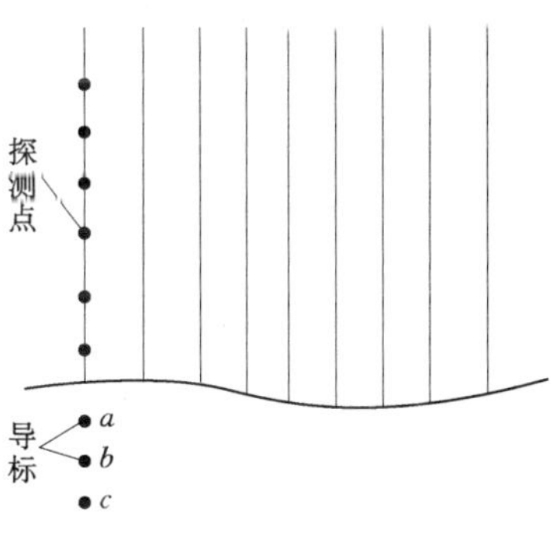

图 8-5 导标的安放

尺确定，通常为图上的6～8mm，也可根据水下地形的复杂程度适当地加密或放宽测深点和测深线。

观测时利用船只来测定每个测点的水深。为使船沿测深线航行，在实地上要安放导标。导标常用花秆或大旗做成。两个导标相距应尽可能远些，以供测船瞄准之用。

导标的安放，要按设计的测深线的位置，在测深前安置好。每条测深线上应安置两个导标（见图8-5中的*a*、*b*）为了便于标准，每条测线上应安放3个桩位，如图8-5中的*c*所示。实际测量时，也可以采用散点法测量水深，测线方向和测深点间距完全由船上的测量人员控制。

8.4 河道纵、横断面测量

河道纵、横断面测量中，主要工作是横断面测绘。垂直于河道主流方向的河床剖面图，称为河道横断面图。横断面图一般包括：横断面的编号或名称，及其在河道纵断面图上的里程；水平、竖直比例尺和高程系统；注明施工日期的工作水位线；地表性质、植被；横断面通过的建筑物和重要地物；两个断面基点的坐标、资料说明及图签。河道纵向各最深点（又称深泓点）组成的剖面图，称为河道纵断面图。

8.4.1 横断面图的测绘

8.4.1.1 断面基点法

代表河道横断面位置，并用作测定断面点平距和高程的测站点，称为断面基点。在进行河道横断面测量之前，首先必须沿河布设一些断面基点，并测定它的平面位置和高程。

1. 断面基点平面位置的确定

专为水利、水能计算所进行的纵、横断面测量，通常利用已有的地形图上明显的地物作为断面基点，对照实物打桩标走，并按顺序编号。对于一些无明显地物可作断面基点的横断面，它们的基点必须实地另行选定，再在相邻两明显地物点之间用视距导线测量测定这些基点的平面位置，并按量角器展点法在地形图上展绘这些基点。根据这些断面基点可以在地形图上绘出与河道主流方向垂直的横断面方向线。

在无地形图可利用的河流上，须沿河流的一岸每隔50～100m布设一个断面接点。这些基点的排列尽量与河道主流方向平行，并从起点开始按里程编号，如图8-6所示。

2. 高程的确定

断面基点和水边点的高程，应用等外水准测量从邻近的水准基点进行引测确定。

8.4.1.2 横断面方向的确定

在断面基点上安置经纬仪，照准与河道主流垂直的方向，倒转望远镜，在本岸标定一点，作为横断面后视点，如图8-7所示。为使测深船在航行时有定向的依据，应在断面基点和后视点插上花秆。

8.4.1.3 陆地部分横断面测量

在断面基点上安置经纬仪，照准断面方向，用视距法依次测定水边点、地形变换点和地物点至测站点的平距和高差，并算出高程。每个断面都要测至最高洪水位以上。对于不可到达处的断面点，可利用相邻断面基点按前方交会法进行测定。

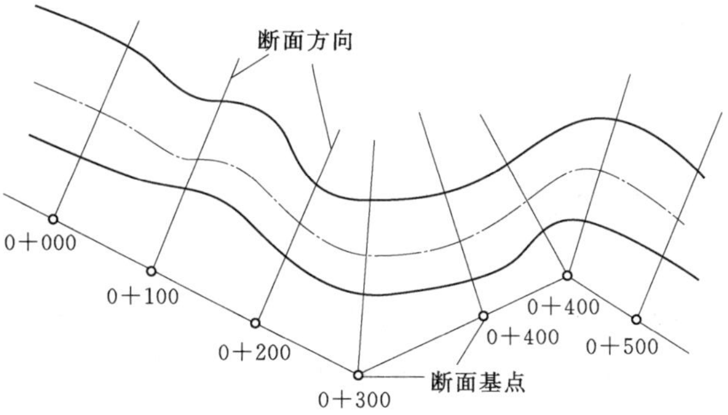

图 8-6　河道横断面基点的布设

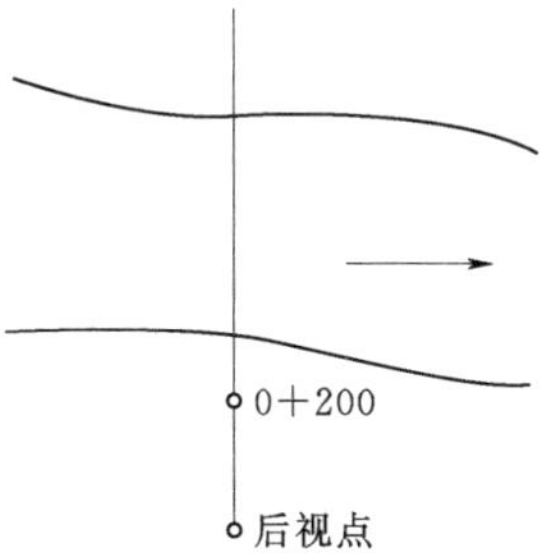

图 8-7　横断面方向的标定

8.4.1.4　水下部分横断面测量

横断面的水下部分，需要进行水深测量，根据水深和水面高程计算断面点的高程。水下断面点（水深点）的密度视河面宽带和设计要求而定。这些点的平面位置（对断面基点的距离）可用下述方法测定。

1. 视距法

当测船沿断面方向驶到一定位置，需要测水深时，即将船稳住，竖立标尺，向基点测站发出信号，双方同时进行有关测量和记录（包括视距、截尺、天顶距、水深等）。

2. 角度交会法

如图 8-8 所示，由断面基点量出一条基线 b，测定基线与断面方向的夹角 α。将经纬仪安置在另一端点 B 上，以断面基点为后视点，当测船沿断面方向驶到测深点位置 P 时，发出测量信号，经纬仪照准测深位置，读取水平角 β，然后按正弦定理结算至测深点到断面基点的距离。

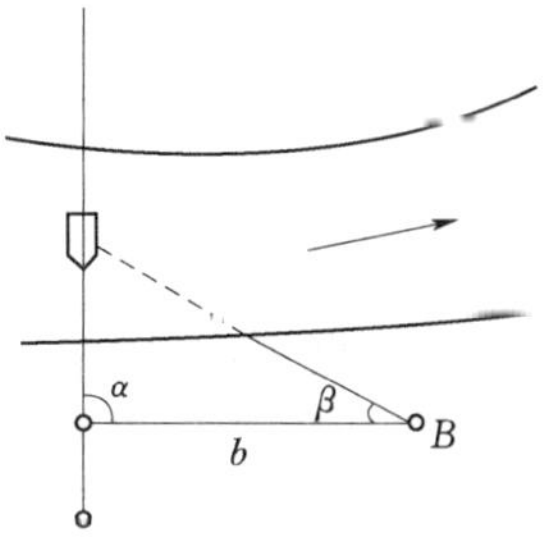

图 8-8　角度交会法

3. 断面索法

先在断面方向靠两岸水边打下定位桩，在两桩间水平地拉一条断面索，以一个定位桩为断面索的零点从零点起每隔一定距离（如 2m）系一布条，布条上注明到零点的距离。测深船沿断面索测深，根据索上的距离加上定位桩至断面基点的距离，即得水深点到基点的距离，如图 8-9 所示。河道横断面测量记录表，记录时要分清断面点的左、右位置，以面向下游为准，位于基点左侧的断面点按左 1、左 2、……编号，位于基点右侧的断面点按右 1、右 2、……编号。

8.4.1.5　横断面图的绘制

河道横断面图的绘制方法与渠道横断面图绘制的方法基本相同。横向表示平距，比例尺一般为 1∶1000 或 1∶2000，纵向表示高程，比例尺一般为 1∶100 或 1∶200。绘图时

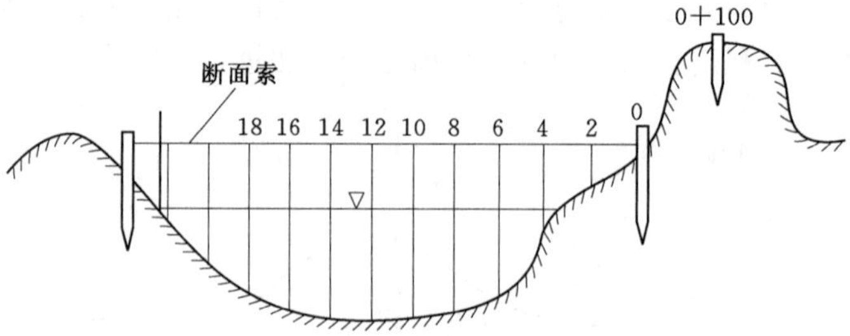

图 8-9　断面索法

应注意，左岸应绘在左边，右岸应绘在右边。因此，绘图时通常以左岸最末端的一个断面点作为平距的起算点，标绘在最左边，将其他各点对断面基点的平距换算成对左岸断面断点的平距，再去展绘各点。在横断面图上应绘出工作水位（即实测水位）线，调查了洪水位的地方应绘出洪水位线，如图 8-10 所示。

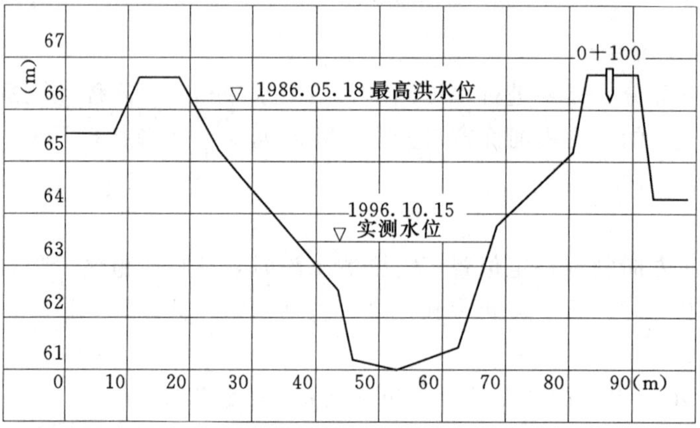

图 8-10　河道横断面图

8.4.2　纵断面图绘制

河道纵断面图是根据各个横断面的里程桩号（或从地形图上量得的横断面间距）及河道深泓点、岸边点、堤顶点等高程绘制而成。在坐标纸上以横向表示平距，比例尺为 1∶1000～1∶10000；纵向表示高程，比例尺为 1∶100～1∶1000。为了绘图方便，事先应该编制横断面成果表，表中除列出里程号和深泓点、左右岸边点、左右堤顶的高程等外，还应根据设计需要，列出同时水位线和最高洪水位。绘图时，从河道的上游断面起，依次向下游取每一断面中最深点展绘到图上，连成折线即为河道纵断面图，按类似的方法绘出左、右堤岸线或岸边线、同时水位线、最高洪水线，如图 8-11 所示。

河道纵、横断面测量结束后，一般应提交：绘有纵、横断面平面位置的河道平面图或者地形图；河道纵、横断面图和成果表；水位点、临时水准点、高程联测手簿、水尺观测手簿；同时水位计算资料；利用已有的资料、成果表；技术总结和检查验收报告等。

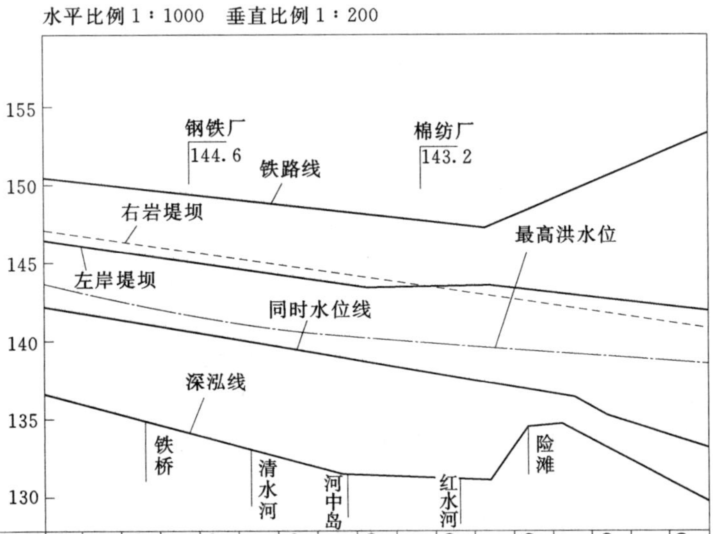

深泓线里程(m)	断面及水位点编号	洪水位高程	同时水位高程	深泓点高程	左堤顶高程	右堤顶高程	所在图幅编号
0+000	横8	143.39	142.17	136.2	146.81	147.01	1
0+200	横7		141.75	135.1	145.65	146.15	1
0+400	横6	141.90	140.81	133.8	144.55	145.12	1
	水5		139.53				1
0+600							1
	横5	140.22	139.03	131.3	143.55	143.87	2
0+800							2
	水4		138.43				2
	水3		138.13	131.0	142.15	142.25	2
1+000	横4		137.93				2
	横3		137.33	130.5	142.15	142.25	2
1+200							2
	水2		136.56	133.5			3
	水1		136.43	133.7			3
1+400	横2		134.83		141.95	141.75	3
1+600	横1	138.51	133.33	130.1	140.85	140.36	3

图 8-11 河道纵断面图

8.5 水下地形测量

反映水下地物、地貌的地形图称为水下地形图。供研究河床演变、整治河道、设计水工建筑物与施工用的，可用等高线勾绘水下地形起伏；在航运系统，为了了解通航情况，可用等深线表示水下地形。经过外业资料的整理和绘图的准备工作，即可展绘水下地形图。其中水深点平面位置可以在测深的同时展绘于图板，也可在外业后于室内进行展绘。而测点的深度，则必须化算到同一深度基准面上，才能描绘水下地形，因此，等高线或等深线的描绘，一定在室内进行。水下地形一般与陆地地形绘于同一幅图内。

8.5.1 水下地形点平面位置

确定水下地形点的平面位置方法有很多，随着数字技术的发展，常用的方法就是极坐标法和 GPS 法，极坐标法即全站仪架设在测站点上，对中、整平、定向，当测船到达测点位置时，竖一棱镜，进行坐标测量、数据采集。测完之后，把数据展绘到绘图软件上，就可以确定测点平面位置。此种方法比较快捷、方便。

8.5.1.1 全站仪定位

传统的光学仪器定位，以行驶的测船上与测深点在同一铅直线的标志为观测目标，由岸上的两台经纬仪同时照准目标，实施前方交会法定位，并且做到与水深测量工作同步。为了达到上述要求，通常用对讲机报点号，记录测深点的交会角和水深值。

近年来，随着全站仪的普遍使用，用传统的光学经纬仪前方交会法定位已很少采用。新的方法是直接利用全站仪，按极坐标法进行定位。观测值通过无线通信可以立即传输到测船上的便携机中，立即计算出测点的平面坐标，与对应点的测深数据合并在一起；也可存储在岸上测站与电子测速仪在线连接的电子手簿中或全站仪的内存中。到内业时由数字测图系统软件自动生成水下地形图。这种定位及水下地形图自动化绘制方法，目前在港口及近岸水下地形测量中用得越来越多。它不仅可以满足测绘大比例尺（如 1∶500）水下数字地（形）图的精度要求，而且方便灵活，自动化程度高、精度高。

8.5.1.2 差分 GPS 定位

GPS 定位技术的应用，可以快速地测定测深仪的位置。GPS 单点定位精度为几十米，这对于远海小比例尺水下地形测量来说，可以满足精度要求，但对于大比例尺近海（或江河湖泊）水下地形测量的定位工作就显得不够，必须用差分 GPS 技术进行相对定位。

测量时将 GPS 接收机与测深仪器组合，前者进行定位测量，后者同时进行水深测量。利用便携机（或电子手簿）记录观测数据，并配备一系列软件和绘图仪硬件，便可组成水下地形测量自动化系统。近 10 年来，国内外研制开发成了多种商品化的此类系统。如美国的 IMC 公司生产的 Hydro I 型自动定位系统，野外有两人便可完成岸上和船上的全部操作。当天所测数据只用 1～2h 就可处理完毕，并可及时绘出水下地形图、测线断面图、水下地形立体图等。

该系统是在 GPS 接收机的基础上，配套差分基准台、无线电传输设备和一系列软件组成。基准台的作用是向船台发送一系列差分定位改正数。船台上启动微机工作软件后依据不同的定位方式，对 GPS 接收机的各种状态自动进行设定，不断收集 GPS 接收机中的测量数据，对来自基准台的差分数据，可自动收集并更新数据。船台软件还可按计划测线进行导航，比单点定位精度提高约 10 倍，可以满足海上较大比例尺水下地形测量、海上工程勘察、海洋石油开采及海洋矿藏开发等方面的需要。

8.5.1.3 无线电定测深点的平面位置

在水域宽广的江河、湖泊、港湾及海洋上进行定位时，可用无线电定位仪。无线电定位系统具有全天候连续实时定位的特点，定位精度基本能满足水下地形测量的要求，作用距离远、覆盖范围广，已成为河道测量的主要定位手段之一。

无线电定位根据距离或者距离差来确定测船的位置，前者称为圆系统定位，后者称为双曲线系统定位。

1. 圆系统定位

如图 8－12 所示，在测量船 P 上设置主电台，主电台包括发射机、接收机、天线和显示设备。在岸上两已知点上设置副台，副台上设有接收机、发射机和定向天线。

定位时，船上主电台发射一定频率的电磁能脉冲，设测得主台至副台 1、副台 2 的距离分别为 D_1、D_2，分别以副台 1、副台 2 为圆心，以 D_1、D_2 为半径，所画圆弧的交点即为所测船定位。

为了使岸上电台都能回答预先规定的脉冲，船上电台的发射机应发射两种不同频的脉冲，而岸上电台接收机也应各自调谐到相应的频率。目前，我国使用的这类仪器有国产的HLCJ-1、DW-2；国外引进如Ⅱ Trisponder、Falcan-LII 等。

此种方法适用的最大测图比例尺为 1∶20000。缺点是用户有限，一般来说，同样的岸台，海上能同时利用的用户只有 1 个。

2. 双曲线系统定位

双曲线定位又称测距离差定位。它是根据到两个定点的距离差为常数的动点轨迹为双曲线的几何原理设计的。如图 8－13 所示，在陆地的 3 个控制点 A、B、C 上设立无线电发射台。其中 A 为主台，B、C 为副台，P 为测船位置，船上设有无线电定位仪。由测船 P 至岸台的距离分别为 D_1、D_2 和 D_0，若将岸台视为双曲线的焦点，则船位 P 就是距离差（D_0-D_1）的双曲线和距离差（D_1-D_2）的双曲线的交点。距离差是由测船接收 3 个岸台无线电信号，分别测量它们的相位差求得的。这种无线电定位系统的仪器型号较多，定位速度也快，但由于定位精度一般只能达到 3～5m，所以在大比例尺水下地形测量中较少采用。此外，还有导线法（极坐标法）、GPS 定位法。总之，前面介绍的控制测量定位的方法都可用在河道测量上。

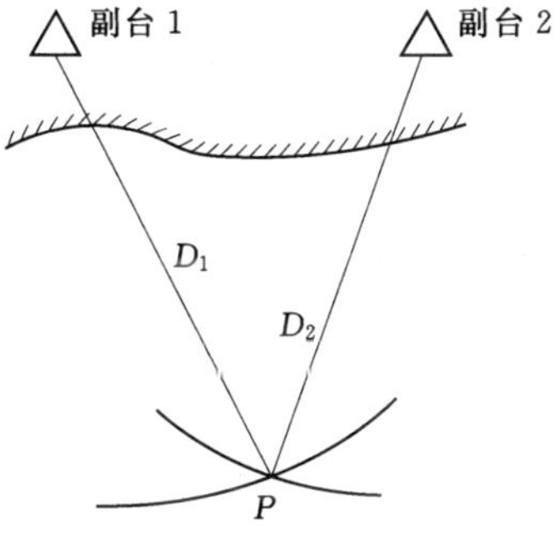

图 8－12　圆系统定位

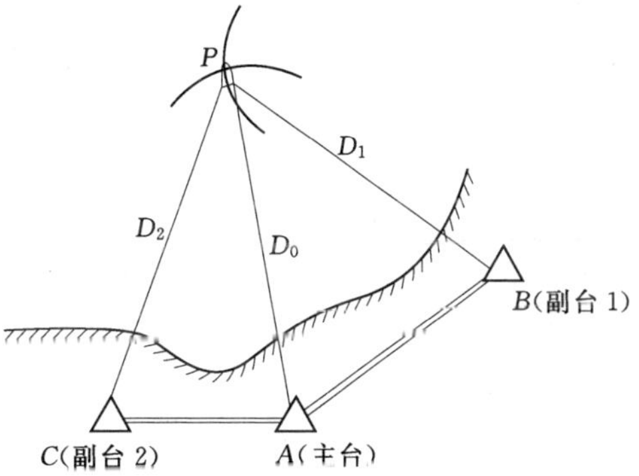

图 8－13　双曲线系统定位

8.5.2 水下地形数字化测图

根据外业测量整理出的成果，通过展绘测深点的平面位置，并注记上相应的高程，勾绘出等高线或等深线，从而绘制出水下地形图。

1. 水下地形数字化测量技术要求

水下地形数字化测图应选用无线电测距定位或 GPS 动态差分定位，并配合量化数字测深仪由流动站计算机控制自动采集数据，经数据处理后，再数字化编绘成图。

平面及水深数据采集可选用自动化或半自动化（测深仪由人工定标）方式进行，数据采集时应符合下列要求：

（1）平面定位与水深数据采集应严格同步。应用非数字测深仪，由人工手动操作方式定标进行半自动化数字测图，只适用于局部小面积水下地形测量。大面积水域必须使用数字量化测深仪进行测深。

(2) 自动化测图宜采用计算机屏幕导航系统进行施测。测图前应对全测区预置计划断面线，计划断面线应与水流大致垂直。测图时测船按计划航迹进行测量作业。

(3) 水深数据应采用计算机数字模拟和回声测深仪同步记录，每天测前应进行回声仪比测，与数字水深进行检校。检校误差应不大于 0.2m，否则应进行调校。

(4) 每一测站当日采集数据，应当天进行数据备份。

(5) 模拟水深数据应与测深记录进行校对后，才能作为成图数据文件。

2. 水下地形图绘制技术要求

水下地形观测成果及成图应进行严格的校对和复校，控制计算成果应装订成册，成果及成图数据应存入磁盘备份。

地形图的拼接和检查应符合下列要求：

(1) 图幅最大接边误差应小于地物、地貌允许中误差的 $2\sqrt{2}$倍，小于限差时应将误差平均配赋，并保证地物、地貌的相对位置和正确走向，地物、地貌拼接不得产生变形。

(2) 图廓格网边长绘制和控制点展点误差应不超过±0.2mm，图廓格网的对角线、图根点间的长度误差应不超过±0.3mm。

(3) 水下地形点器械展点误差不得大于 0.3mm。

(4) 地物、地貌各要素测绘应正确，取舍得当。地形图符号应按国家现行标准图式执行，图式符号运用应正确，各种注记应齐全。

岸上地形点点位应以小实圆点表示，高程注记应在其右方，字头朝北；水下地形点点位表示时字头朝向江左，字列注记垂直于断面方向。地形图水边线应以水深测量所测水边线为准，岸上地形所测水边线可作地形散点用。每幅图两端水边点应注记水位及施测日期。水下地形图采用单色成图时，岸上等高线必须采用实线。水下等高线应采用线长 1cm、间隔 1mm 的虚线表示，水边线以线长 3mm、间隔 1mm 的虚线表示。

水下地形图成果资料经作业人员和作业小组严格自检和互查后，应提交下列测绘果：

(1) 技术设计书和技术总结。

(2) 控制点展点图、水准路线图（或高程导线）。

(3) 埋石点点之记及托管书。

(4) 各项原始记录手簿及目录索引表。

(5) 各种计算成果或磁盘及精度统计。

(6) 岸上、水下地形原图（包括水下地形点计算机辅助自动采集数据）。

(7) 水位推算图表及回声纸。

第9章　水利工程变形观测

9.1　变形观测简介

各种大型水工建筑物及其地基，在水工建筑物自身荷重和外力作用下，都可能产生变形。如果变形在一定限度内，则认为是正常现象；如果超过了规定限度，就会影响水工建筑物的正常使用，甚至危及水工建筑物的安全。在水工建筑物的施工和运营期间，必须对它进行监测，即变形观测。

变形观测的任务是周期性地对布设在水工建筑物各部位的测点进行重复观测，从历次观测结果的比较中，了解变形随时间发展的情况。变形观测的周期根据具体情况确定；竣工初期或变形较大时，观测周期宜短；变形量较小，水工建筑物趋向稳定时，观测周期则宜适当放长。通过变形数据的分析研究，不但可以判断重要水工建筑物在各种应力作用下是否安全，而且可以验证设计理论和检验施工质量，为以后的工程设计和施工提供可靠的资料。

变形观测的方法，应根据水工建筑物的性质、使用情况、周围环境以及对观测精度的要求来选定。一般来说，垂直位移须采用精密水准测量或液体静力水准测量；水平位移观测可以根据水工建筑物的不同形式分别选用基准线法或前方交会法；倾斜观测可以采用倾斜仪或通过测定高差和水平位移量来计算倾斜角；裂缝（或伸缩缝）观测可用测缝计或根据其他观测结果进行计算。随着科学技术的进步，变形观测的手段和方法也不断改进，目前正朝着自动化的方向发展。

变形观测的方案，通常是在工程水工建筑物的设计阶段，在水工建筑物地基负载性能试验和研究自然因素对水工建筑物变形影响的同时，将其作为水工建筑物的一项设计内容予以制定的。在施工时就将其观测标志和设备埋置在设计位置上，从水工建筑物施工时即开始观测，一直持续到水工建筑物完全稳定不再变形为止。

变形观测的结果用变形量来表示，变形观测的内容由变形观测对象的性质、测量的目的等因素决定。

建筑物变形观测是一项长期而又细致的工作，其技术性强、观测时间性强、测量精度要求高。因此，在进行观测时应做到：一“稳定”四“固定”。一稳定是指变形观测依据的基准点工作点和被观测点其点位要稳定；四固定是指所用仪器设备要固定、测量人员要固定、观测的外界条件环境要基本固定、观测路线程序方法要固定。

9.1.1　变形测量的基本要求

1. 变形测量的基本要求

（1）反映建、构筑物及场地的变形程度、变形趋势。

（2）由变形类型、测量目的、任务要求以及测区条件进行施测方案设计。

2. 变形测量实施的程序与要求

(1) 按测定沉降或位移的要求，分别选定测量点。

1) 埋设相应的变形观测标志。

2) 建立高程控制网或平面控制网或三维控制网。

(2) 按确定的观测周期与总次数，对监测网进行观测。

对新建的大型和重要建筑，应从其施工开始进行系统的观测，直至变形达到规定的稳定程度为止。对老水工建筑物应根据实际情况确定观测周期与总次数。

(3) 对各周期的观测成果应及时处理。

选取与实际变形情况接近或一致的参考系统，进行严密平差计算和精度评定。对重要监测成果，要进行变形分析，预报变形趋势。

3. 变形观测等级与精度要求

(1) 水利施工变形观测等级与精度要求见表 9-1。

表 9-1　施工期变形监测位移量中误差

观测项目	位移量中误差 (mm)		备注
	平面	高程	
滑坡监测	±5	±5	相对于工作基点
高边坡稳定监测	±(3～5)	±5	相对于工作基点
临时围堰观测	±5	±10	相对于围堰轴线
基础沉陷回弹		±3	相对于工作基点
裂缝	±3		相对于观测线

注　对于施工区外的大滑坡和高边坡监测的精度标准可另行确定。

(2) 建筑变形观测等级与精度要求见表 9-2。

表 9-2　建筑变形测量的等级及其精度要求

变形测量等级	沉降观测	位移观测	适用范围
	观测点测站高差中误差 (mm)	观测点坐标中误差 (mm)	
特级	≤0.05	≤0.3	特高精度要求的特种精密工程和重要科研项目变形观测
一级	≤0.15	≤1.0	高精度要求的大型建筑物和科研项目变形观测
二级	≤0.50	≤3.0	中等精度要求的建筑物和科研项目变形观测；重要建筑物主体倾斜观测、场地滑坡观测
三级	≤1.50	≤13.0	低精度要求的建筑物变形观测；一般建筑物主体倾斜观测、场地滑坡观测

注　1. 观测点测站高差中误差，系指几何水准测量测站高差中误差或静力水准测量测相邻观测点相对高差中误差。
2. 观测点坐标中误差，系指观测点相对测站点（如工作基点等）的坐标中误差、坐标差中误差，以及等价的观测点相对基准线的偏差值中误差，建筑物（或构件）相对底部定点的水平位移分量中误差。

(3) 建筑变形观测对沉降量和位移量观测中误差的要求见表 9-3、表 9-4。

表 9-3 最终沉降量观测中误差的要求

序号	观测项目或观测目的	观测中误差的要求
1	绝对沉降（如沉降量、平均沉降量等）	(1) 对于一般精度要求的工程，可按低、中、高压缩性地基土的类别，分别选择±0.5mm、±1.0mm、±2.5mm (2) 对于特高精度要求的工程可按地基条件，结合经验与分析具体确定
2	(1) 相对沉降（如沉降差、基础倾斜、局部倾斜等） (2) 局部地基沉降（如基坑回弹、地基土分层沉降），以及膨胀土地基变形	不应超过其变形允许值的 1/20
3	建筑物整体性变形（如工程设施的整体垂直挠曲等）	不应超过允许垂直偏差的 1/10
4	结构段变形（如平置构件挠度等）	不应超过变形允许值的 1/6
5	科研项目变形量的观测	可视所需提高观测精度的程度，将上列各项观测中误差乘以 1/5～1/2 系数后采用

表 9-4 最终位移量观测中误差要求

序号	观测项目或观测目的	观测中误差的要求
1	绝对位移（如建筑物基础水平位移、滑坡位移等）	通常难以给定位移允许值，可直接由表 9-2 选取精度等级
2	(1) 相对位移（如基础的位移差、转动挠曲等） (2) 局部地基位移（如受基础施工影响的位移、挡土设施位移等）	不应超过其变形允许值分量的 1/20（分量值按变形允许值的 $1/\sqrt{2}$ 倍采用）
3	建筑物整体性变形（如建筑物的顶部水平位移、全高垂直度偏差、工程设施水平轴线偏差等）	不应超过其变形允许值分量的 1/10
4	结构段变形（如高层建筑层间相对位移、竖直构件的挠度、垂直偏差等）	不应超过其变形允许值分量的 1/6
5	科研项目变形量的观测	可视所需提高观测精度的程度，将上列各项观测中误差乘以 1/5～1/2 系数后采用

9.1.2 表达变形量的指标

表达变形量的常用数据指标有：移动指标，如下沉或上升、水平移动；变形指标，如倾斜、曲率、水平变形。

9.1.2.1 移动指标

1. 下沉或上升

$$W_i = H_i - H_{0i} \tag{9-1}$$

式中 W_i——第 i 点的下沉或上升量；

H_i——第 i 点计算时刻的高程；

H_{0i}——第 i 点初始时刻的高程。

2. 水平移动

如图 9-1 所示，第 i 点的水平移动量

$$U_i = L_i - L_{0i} \tag{9-2}$$

式中　U_i——第 i 点的水平移动量；

L_i——第 i 点到控制点的计算时刻的长度；

L_{0i}——第 i 点到控制点的初始时刻的长度。

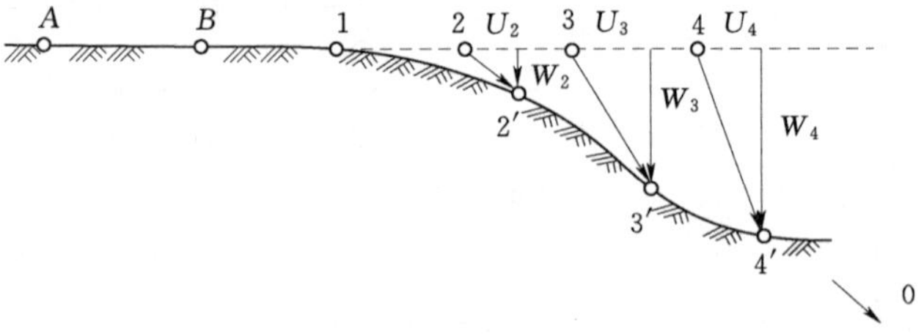

图 9-1　点位移动示意图

9.1.2.2　变形指标

1. 倾斜

可用相邻两工作点的垂直变形量除以两点之间的水平距离求得。

$$i=\frac{W_3-W_2}{s_{23}} \tag{9-3}$$

2. 曲率

根据两线段的倾斜 i_{12} 和 i_{23} 求得两曲线段终点的切线，用切线的倾斜差即两切线的交角 Δ_i 除以两曲线段中点的间距，即可求得此段距离内的平均倾斜变化——地表弯曲的平均曲率值 K，即

$$K_{234}=\frac{i_{34}-i_{23}}{\frac{1}{2}(s_{23}+s_{34})}\quad \text{mm/m}^2\ 或\ 10^{-3}/\text{m} \tag{9-4}$$

地表曲率有“+”、“-”曲率之分，正号表示地表呈现上凸形弯曲，负号表示地表呈现下凹形弯曲，如图 9-2 所示。

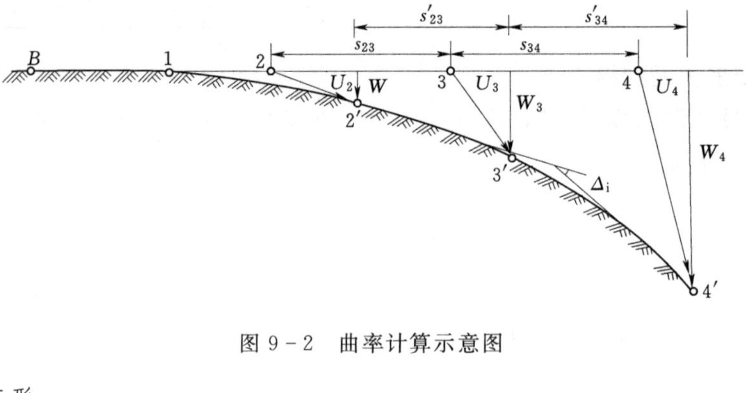

图 9-2　曲率计算示意图

3. 水平变形

地标水平变形是由于相邻两点的水平移动量不等而引起的变形，即

$$\pm\varepsilon=\frac{U_3-U_2}{s_{23}}\quad \text{mm/m} \tag{9-5}$$

水平变形实际上是两测点间距内每米长度的伸长或压缩变形。正值表示拉伸变形，负

值表示压缩变形。

9.1.3 观测内容

变形观测的内容，应根据水工建筑物的性质和地基情况来定，要求有明确的针对性。对于一般地面水工建筑物来说，主要内容是垂直位移（升降）观测，以及由于垂直位移不均匀而引起的倾斜和裂缝观测；对于水工建筑物来说，除了上述观测内容之外，还有水平位移观测和坝体挠度观测。这里所说的挠度，实际上就是坝体垂直面内，不同高程的各点相对于底点的水平位移。用测量方法求出水工建筑物的垂直位移量和水平位移量，即测定水工建筑物外形在空间位置方面的变化，称为外部变形观测。此外，对水工建筑物内部的应力和温度变化等也应进行观测，称为内部观测。

1. 倾斜观测

测定水工建筑物顶部由于地基存在差异沉降或受外力作用而产生的垂直偏差。通常在顶部和墙基设置观测点，定期观测其相对位移值，也可以直接观测顶部中心相对于底部中心的位移值，然后计算水工建筑物的倾斜度。

2. 位移观测

观测水工建筑物因受侧向荷载作用的影响而产生的水平位移量。

3. 裂缝观测

测定水工建筑物因基础有局部不均匀沉降或其他约束和荷载作用而使建筑物外部出现裂缝，一般在水工建筑物两侧设置标志，定期观测其位置的变化，以取得裂缝大小和走向等资料。

4. 挠度观测

观测水工建筑物中，特别是梁、板构件产生的挠度。其方法是测定设置在水工建筑物垂直平面内不同高度观测点相对于某一水平基准点的位移值。

5. 摆动和转动观测

测定高层水工建筑物顶部和高耸水工建筑物在风振、地震、日照以及其他外力作用下的摆动和扭曲程度。

9.1.4 变形监测步骤

（1）接收委托。

（2）现场踏勘，收集资料。

（3）制定检测方案。

（4）监测点设置与验收，设备、仪器校验和元器件的标定。

（5）现场监测。

（6）监测数据处理、分析及信息反馈。

（7）提交阶段性的成果与报告。

（8）现场监测工作结束后，提交完整的监测资料。

9.2 垂直位移的观测

水工建筑物及其基础在垂直方向上的位移包括上升和沉陷。一般情况下，在水工建筑物的上升时，水工建筑物的上升是受外界因素（如地壳构造运动和地下水位增高）影响所致，出现的机会相对较少；水工建筑物的沉陷主要是由于自身重量而引起的，是垂直位移中最常见的现象。因此，垂直位移往往称为沉陷观测。

为了测定水工建筑物的沉陷，必须在最能反映水工建筑物沉陷的位置埋设观测点，定期从邻近的水准点引测观测点的高程。邻近水工建筑物的水准点称为工作基点；若这些工作基点因水工建筑物压力扩散的影响而产生变动，可用远离水工建筑物的水准基点来进行检测。

9.2.1　水工建筑物沉降观测的要求

其包括水准基点和沉降观测点的布设。

1. 水准基点的布设

水准基点作为测定工作基点的依据，必须远离水工建筑物，布设在沉陷影响范围之外。对于水利枢纽，水准基点应埋设在河流下游两岸离坝址较远的完整、新鲜的基岩上。当覆盖层很厚时，应采用钻孔穿过土层和风化层达到基岩，埋设钢管标志，如图 9－3 所示。

水准基点是沉降观测的基准，因此水准基点的布设应满足以下要求：

（1）要有足够的稳定性。水准基点必须设置在沉降影响范围以外，冰冻地区水准基点应埋设在冰冻线以下 0.5m。

（2）要具备检核条件。为了保证水准基点高程的正确性，水准基点最少应布设 3 个，以便相互检核。

（3）要满足一定的观测精度。水准基点和观测点之间的距离应适中，相距太远会影响观测精度，一般应在 100m 范围内。

2. 沉降观测点的布设

水工建筑物的沉陷观测点，通常是由设计部门提出要求，由施工主持者提出方案，在施工期间进行埋设。观测点应有足够的数量和代表性，并牢固地与水工建筑物结合在一起；要便于观测，并尽量使之在整个变形观测期不受损坏。

沉降观测点的布设应满足以下要求：

（1）沉降观测点的位置。沉降观测点应布设在能全面反映建（构）筑物沉降情况的部位，如水工建筑物四角、沉降缝两侧、荷载有变化的部位、大型设备基础、柱子基础和地质条件变化处。

（2）沉降观测点的数量。一般沉降观测点是均匀布置的，它们之间的距离一般为10～20m。沉降观测点的数量可根据变形场地的大小和水工建筑物的多少而定。

（3）沉降观测点的设置形式，如图 9－4 所示。水工建筑物沉陷观测点的布设，通常在建筑物的顶部或底部四周 10～20m 布设一边。另外，在最易变形的地方，如设备基础、伸缩缝两旁、基础形式改变处、地质条件改变处等，都要布设观测点。测点标志有两种形式：一种埋设在墙上，用角钢制定，与墙成 50°～60°，埋设 100mm 左右；另一种埋设在基础上，用柳钉制成，埋设 60mm 左右，上加护盖。进行沉降观测的建（构）筑物，应埋设沉降观测点。沉降变形观测工作点必须数量足够、点位适当。观测点的设置要求，一是便于预测出水工建筑物的沉降量、倾斜、曲率，并绘出下沉量；二是便于现场观测；三是便于保存，并不受破坏。

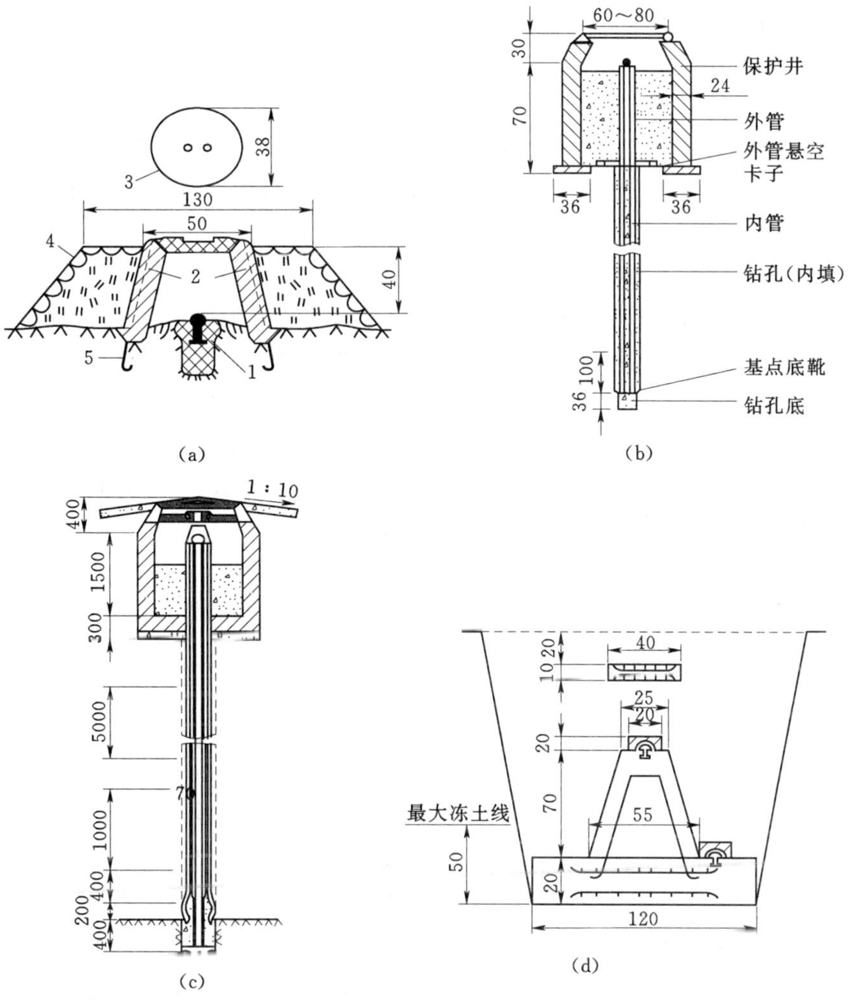

图 9-3 水准基点标志

(a) 基岩水准基点标石（单位：cm）；(b) 深埋钢管水准基点标石（单位：cm）；(c) 深埋双金属管水准基点标石（单位：mm）；(d) 混凝土基本水准标石（单位：cm）

1—抗蚀的金属标志；2—钢筋混凝土井圈；3—井盖；4—砌石十斤；5—井圈保护层

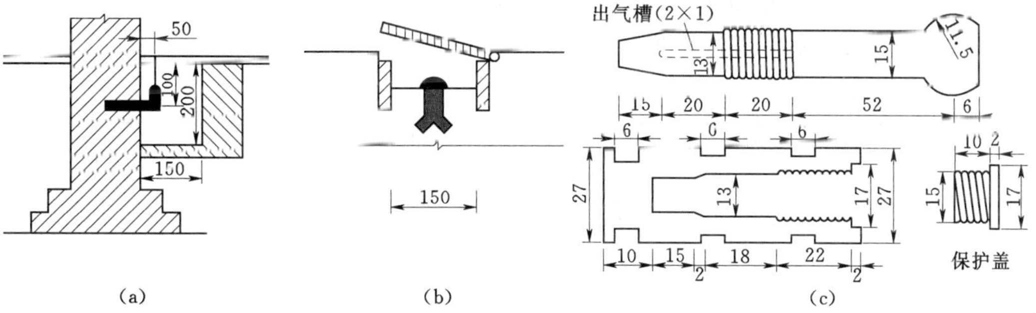

图 9-4 墙体沉陷观测点埋设

(a) 窨井式标志（适用于建筑物内部埋设，单位：mm）；(b) 盒式标志（适用于设备基础上埋设，单位：mm）；(c) 螺栓式标志（适用于墙体上埋设，单位：mm）

9.2.2　观测时间、观测方法和精密要求

9.2.2.1　观测时间

1. 水工建筑物

水工建筑物尤其是水工建筑物的观测周期，在施工和运转初期应当缩短，观测次数加多；运转后期，当已掌握了变形规律以后，次数可适当减少；特殊情况下，如暴雨、洪峰、地震期，需增加观测次数。

2. 工业与民用水工建筑物

变形观测的周期以能系统反映所测变化过程而又不遗漏为原则，根据单位时间的变化量的大小及外界因素的影响来确定。当观测中发现异常时应增加观测次数。

具体来说，在水工建筑物施工期间，当增加较大荷载（如浇筑基础、安装柱子、屋架、吊车梁等之后）时要进行沉陷观测；一般情况下，在荷载增荷25%、50%、75%、100%时各增加一次。竣工后要根据沉陷量的大小定期进行观测，最初可每隔1～2个月观测一次，每次沉陷量超过5mm时，要增加观测次数。随着沉陷量的减小，可逐渐延长观测周期，直至稳定为止。

基坑的沉降观测应在基坑周围的水工建筑物和基坑周边设置观测点，并观测1～2次作为基础数据，随着基坑开挖（卸载）逐渐增加观测次数。

3. 桥梁的沉降观测

桥梁的沉降观测，在桥墩、台完工后即行第一次观测；承重结构安装完毕进行第二次观测，以后的观测时间和次数视变形速率的情况决定。但遇洪水、船只碰撞时，应及时观测。

桥梁的沉降观测，一般按二等水准测量的精度，采用“跨墩水准测量”的方法施测。同样由工作基点出发，测定各观测点的高程，再附合到另一工作基点上。跨墩水准测量，即把仪器设站于一墩上，而观测前、后两个相邻的桥墩。

9.2.2.2　观测方法和精密要求

沉降观测主要采用精密水准测量的方法进行观测，观测时前视和后视最好用一支水准尺；仪器离前、后视水准尺的距离必须相等，每次观测都要使用同一水准仪和水准尺，按固定测站位置和尺垫位置进行观测。读完各测点后要回测后视点，以检查观测过程中仪器是否发生变动；对同一后视的始、末两次读数之差不应大于1mm。由于观测工作重复进行故可将仪器位置和立尺点做出标记，每次将仪器和标尺置于相同位置，这样既便于测量，又可削弱部分系统误差的影响。精密要求见表9-5、表9-6。

表9-5　水准测量限差

等级		基辅分划（黑红面）读数之差	基辅分划（黑红面）所测高差之差	往返校差及附合或环线闭合差	单程双测站所测高差校差	检测已测段高差之差
特级		0.15	0.2	$\leqslant 0.1\sqrt{n}$	$\leqslant 0.07\sqrt{n}$	$\leqslant 0.15\sqrt{n}$
一级		0.3	0.5	$\leqslant 0.3\sqrt{n}$	$\leqslant 0.2\sqrt{n}$	$\leqslant 0.45\sqrt{n}$
二级		0.5	0.7	$\leqslant 1.0\sqrt{n}$	$\leqslant 0.7\sqrt{n}$	$\leqslant 1.5\sqrt{n}$
三级	光学测微器法	1.0	1.5	$\leqslant 3.0\sqrt{n}$	$\leqslant 2.0\sqrt{n}$	$\leqslant 4.5\sqrt{n}$
	中丝读数法	2.0	3.0			

表 9-6　水准观测的视线长度、前后视距差、视线高度　单位：m

等级	视线长度	前、后视距差	前、后视距累积差	视线高度	观测仪器
特级	≤10	≤0.3	≤0.5	≥0.5	DSZ05 或 DS05
一级	≤30	≤0.7	≤1.0	≥0.3	
二级	≤50	≤2.0	≤3.0	≥0.2	DS1 或 DS5
三级	≤75	≤5.0	≤8.0	三丝能读数	DS3 或 DS1，DS05

若沉降点在底下廊道内，且各点大致同高时，可采用固定连通管进行液体静力水准测量。即在每测点（包括工作基点）下安装一个水槽，并采用水管将各水槽连通起来；在各测点上安装一支有毫米分划的水位测针，借助齿轮可使测针沿铅垂方向上下移动，如图 9-5 所示。水管充水后，任意两测针触及水面的读数之差，即为两点间的高差，加上工作基点的已知高程，即可求得各测点的高程。

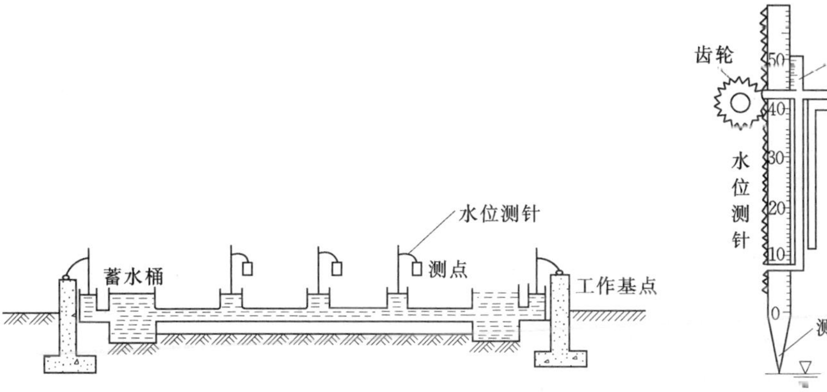

图 9-5　固定式连通管水准测量

9.2.3 沉降观测的成果处理

1. 资料分析

每周期观测后应及时对观测资料进行整理，计算观测点的沉降量、沉降差以及本周期平均沉降量的沉降速度。

2. 原始资料整理

每次观测结束后，应检查记录中原始数据和计算数据的正确性，发现问题及时纠正。计算各观测点的高程，列入观测成果表中。

计算沉降量根据名称将观测点，本次所测点高程与上次所测点高程之差，计算个观测点此次沉降量累计沉降量，并将观测荷载情况记录观测表中。

3. 绘制沉降曲线

根据沉降观测结果，绘制各观测点的沉降、荷重与时间关系曲线。

以沉降量 s 为纵轴，时间为横轴，如图 9-6 所示。

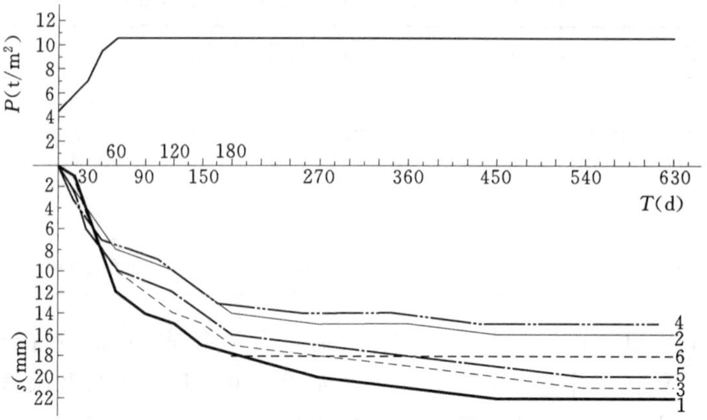

图 9-6　沉降曲线

9.3　水平位移观测

水平位移观测是水工建筑物变形观测的主要内容之一。根据水工建筑物的形式不同，可分别采用基准线法或前方交会法。

9.3.1　基准线法

基准线适用于直线型水工建筑物，如混凝土重力坝和土石坝等。此法的原理是以坝轴线或平行于坝轴线的固定直线作为基准线，并沿着基准线布设一些位移观测点，周期性地观测这些点偏离基准线的情况，将每次观测结果进行比较，以确定水平位移的大小。

基准线可用光学的或机械的方法建立。用光学方法建立基准线的有视准线法和激光准直法；用机械方法建立基准线的有引张线法。下面介绍视准线法和引张线法。

9.3.1.1　视准线法

视准线法按其所使用的工具和作业方法的不同，又可分为测小角法和活动觇牌法。测小角法是利用精密经纬仪精确地测出基准线方向与置镜点到观测点的视线方向之间所夹的小角，从而计算观测点相对于基准线的偏离值，两次测量的偏离值之差即为观测点的位移。视准线法所用设备普通，操作简便，费用少，曾经是土工建筑普遍采用的变形监测方法之一。但是，该方法受多种因素的影响，如照准精度、大气折光等，操作不当时，误差不容易控制，精度会受到影响。

如图 9-7 所示，在坝轴两端山坡的基岩设置基点 A、B，并建造具有经纬仪强制对中圆盘的钢筋混凝土观测墩；沿 AB 方向的各坝段上埋设位移观测点 1、2、3、…。在一个基点观测墩上安置经纬仪，照准另一个基点观测墩的中心标志，即可获得一条视准线，它的方向可认为是固定不变的。定期测量位移观测点偏离视准线的距离（简称偏距），即可求得水工建筑物的水平位移值。

设某点第一次测得的偏距为 l_1，…，第 i 次测得的偏距为 l_i，则水平位移值为

$$\delta y_i = l_i - l_1 \tag{9-6}$$

当测点向下游位移时，δy_i 为正；向上游位移时，δy_i 为负。

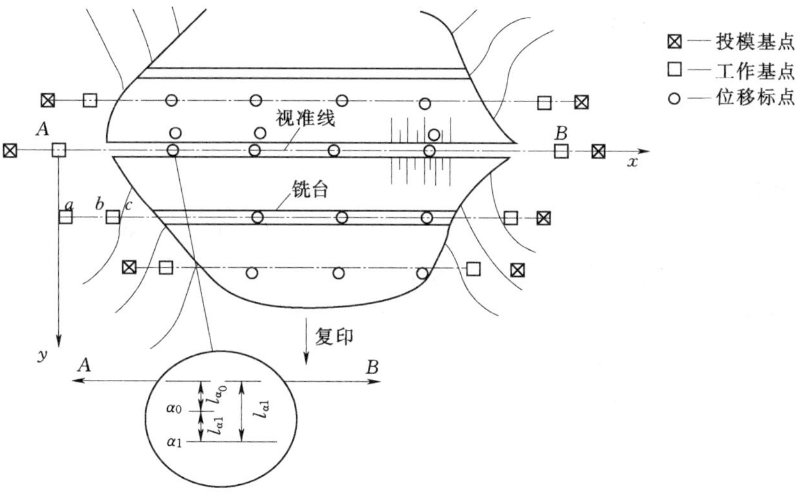

图 9-7 视准线法

视准线法按其测定偏距的方法不同又分为活动觇标法和小角度法。

1. 活动觇标法

如图 9-8 所示，一块刻有“+”字形照准线的觇标能够左右移动，其移动量可以在下面的标尺上根据指标线或游标来读取，估读至 0.1mm。观测时，在位移观测点安置活动觇标牌，使觇标牌标尺的零刻线对准测点的中心标志，然后听基点上的观测员指挥，旋转觇标的微动螺旋，使觇标牌上的照准线与望远镜十字丝重合为止，读取觇标牌标尺上的读数，并记入手簿；正、倒镜各观测一次为一个测回。在 A 点和 B 点分别安置经纬仪各观测一个测回，称为往、返测；取往、返测的平均值作为一次观测的结果。

2. 小角度法

如图 9-9 所示，在基点 B 和位移观测 i 分别安置固定觇标，由安置在基点 A 的经纬仪测出视准线 AB 与位移观测点方向 A_i 之间的小角度 α_i，按式（9-7）计算偏距，即

$$l_i = \frac{\alpha_i}{\rho} s_i \qquad (9-7)$$

式中 s_i——基点 A 至观测点 i 之间的距离。

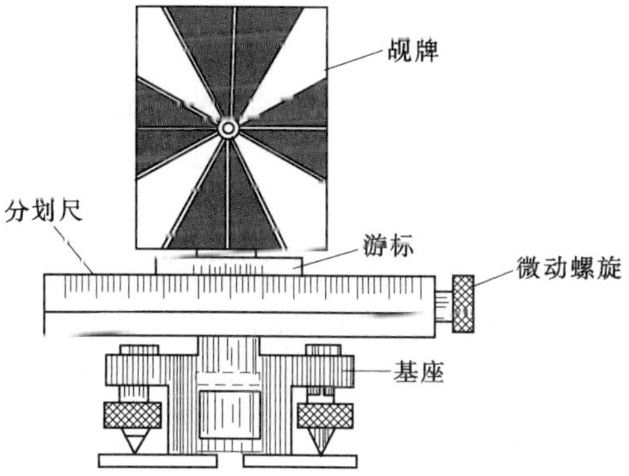

图 9-8 活动觇标法

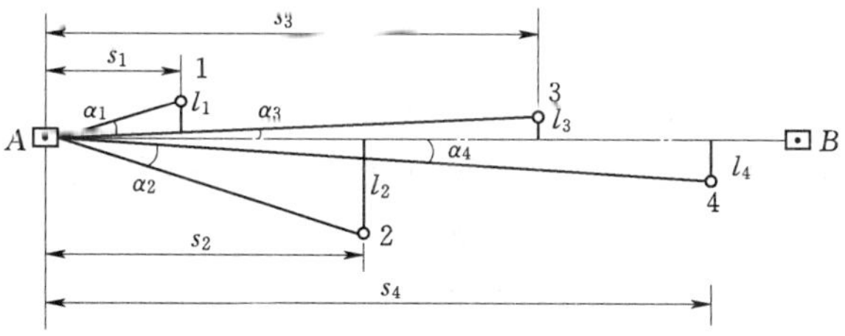

图 9-9 小角度法

小角度法必须采用精密经纬仪（D_{J_2}型以上）观测 4 个测回，各测回之差不能超过 3″（半测回差应不于 4.5″）；并应在 A 点和 B 点分别设站进行对向观测。

9.3.1.2 引张线法

在两个基点间，水平地拉紧一条不锈钢丝代替视准线来测定水工建筑物各点的水平位移，称为引张线法。

如图 9－10 所示，设在水工建筑物廊道内的各位移观测点与基点 A、B 位于同一高度的水平线上。各观测点预埋一支具有毫米分划的不锈钢标尺（长度 15cm）；再通过滑轮用重锤在两基点间牵引一条不锈钢丝作为测线。钢丝外面套有 10cm 直径的塑料保护管，钢丝在管内能自由活动不受风力影响。为了减少钢丝自然下垂的弛度，每个观测点上设有浮托装置（图 9－11）。浮托装置由水箱和浮托组成，与标尺一起安置在保护箱内。

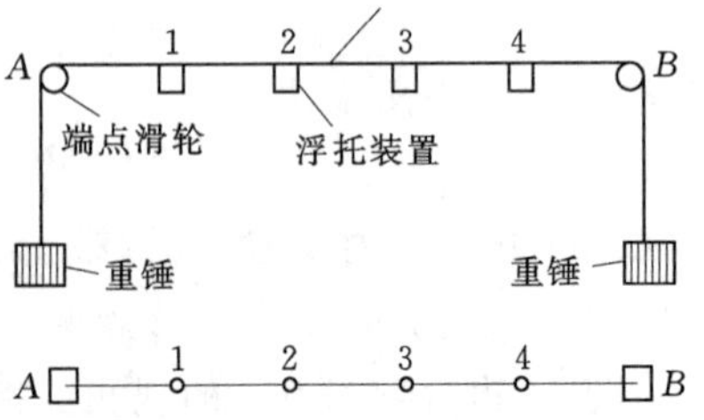

图 9－10 引张线法

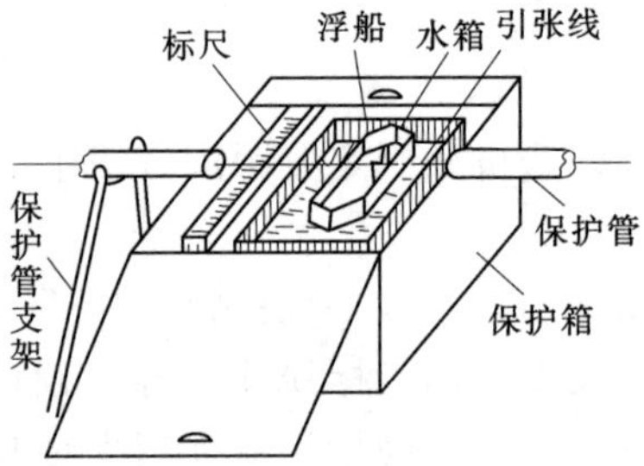

图 9－11 浮托装置

观测时，先检查钢丝在保护管内是否受到阻碍，注意使钢丝两端永远固定在同一位子上，并将浮托箱内充水使钢丝浮离尺面 0.5mm 左右，然后用具有测微尺的显微镜读取钢丝所指的标尺读数。

显微镜内的测数尺长为 6mm，最小刻划为 0.1mm，可以估读至 0.01mm。由于通过显微镜后标尺分划线和钢丝都变得很粗大，所以采用测微尺先量取标尺分划线左边缘与钢丝左边缘的距离 a，再量取标尺分划线右边缘与钢丝右边缘的距离 b，此两距离的平均值即为标尺分划线中心与钢丝中心的距离，将它加到相应的标尺分划线读数上，即得钢丝在标尺上应有的读数。

9.3.1.3 激光准直法

激光准直法根据其测量偏离值的方法不同，可分为激光经纬仪准直法和波带板激光准直法，现分别简述如下。

1. 激光经纬仪准直法

采用激光经纬仪准直时，活动觇牌法中的觇牌是由中心装有两个半圆的硅光电池组成的光电探测器。两个硅光电池各连接在检流表上，如激光束通过觇牌中心时，硅光电池左、右两半圆上接收相同的激光能量，检流表指针在零位；反之，检流表指针就偏离零位。这时，移动光电探测器使检流表指针指零，即可在读数尺上读取读数。为了提高读数精度，通常利用游标卡尺，可读到 0.1mm。当采用测微器时，可直接读到 0.01mm。

激光经纬仪准直法的操作要点如下：

（1）将激光经纬仪安置在端点 A 上，在另一端 B 上安置光电探测器。将光电探测器的读数安置在零上，调整经纬仪水平度盘微动螺旋，移动激光束的方向，使在 B 点的光电探测器的检流表指针指零。这时，基准面即已确定，经纬仪水平度盘就不能再动。

（2）依次在每个观测点处安置光电探测器，将望远镜的激光束投射到光电探测器上，移动光束探测器，使检流表指针指零，就可以读取每个观测点相对于基准面的偏离值。

为了提高观测精度，在每一观测点上，探测器的探测需进行多次。

2. 波带板激光准直法

波带板激光准直系统由 3 个部件组成：激光器点光源、波带板装置和光电探测器。用波带板激光准直系统进行准直测量如图 9－12 所示。

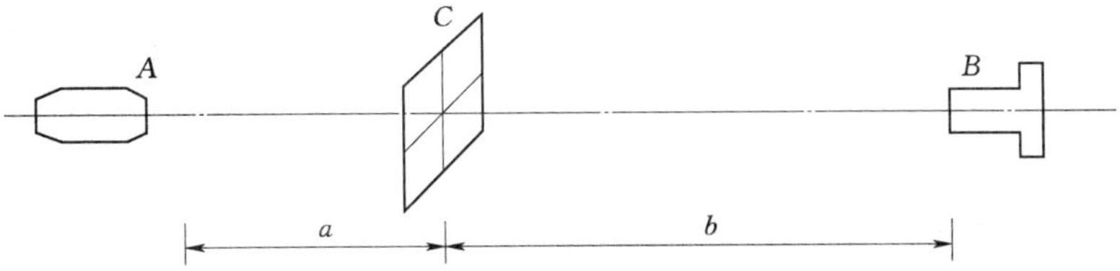

图 9－12　波带板激光准直系统

在基准线两端点 A、B 分别安置激光器点光源和探测器。在需要测定偏离值的观测点 C 上安置波带板。当激光管点燃后，激光器点光源就会发射出一束激光，照满波带板，通过波带板上不同透光孔的绕射光波之间的相互干涉，就会在光源和波带板连线的延伸方向线上的某一位置形成一个亮点（采用图 9－13 所示的圆形波带板）或十字线（采用图 9－14 所示的方形波带板）。

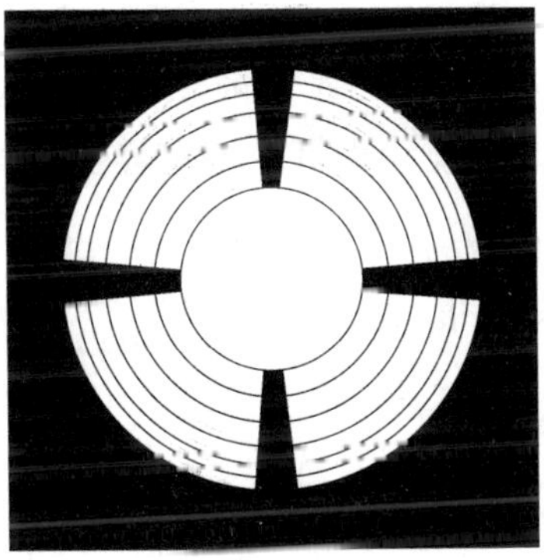

图 9－13　圆形波带板

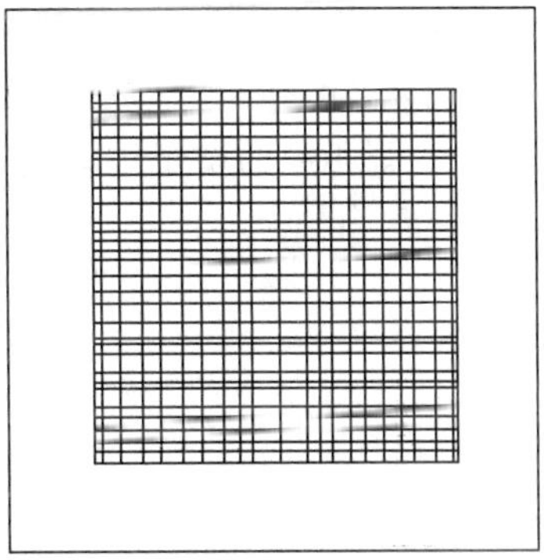

图 9－14　方形波带板

根据观测点的具体位置，对每一观测点可以设计专用的波带板，使所成的像正好落在接收端点 B 的位置上。利用安置在 B 点的探测器，可以测出 AC 连线在 B 点处相对于基准面的偏离值 $\overline{BC'}$，则 C 点对基准面的偏离值为（参看图 9－15）

$$l_c = \frac{S_c}{L}\overline{BC'}$$

波带板激光准直系统中，在激光器点光源的小孔光栅后安置一个机械斩波器，使激光束成为交流调制光，这样即可大大削弱太阳光的干涉，可以在白天成功地进行观测。

尽管一些实验表明，激光经纬仪准直法在照准精度上可以比直接用经纬仪时提高5倍，但对于很长的基准线观测，外界影响（旁折射影响）已经成为精度提高的障碍，因而有的研究者建议将激光束包在真空管中以克服大气折光的影响。

9.3.2 前方交会法

拱坝的水平位移观测不能采用基准线法，而必须采用前方交会法，如图9-16所示。

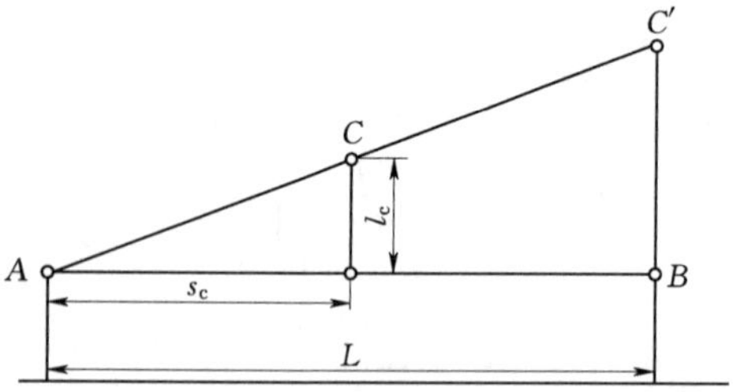

图9-15　偏离值计算

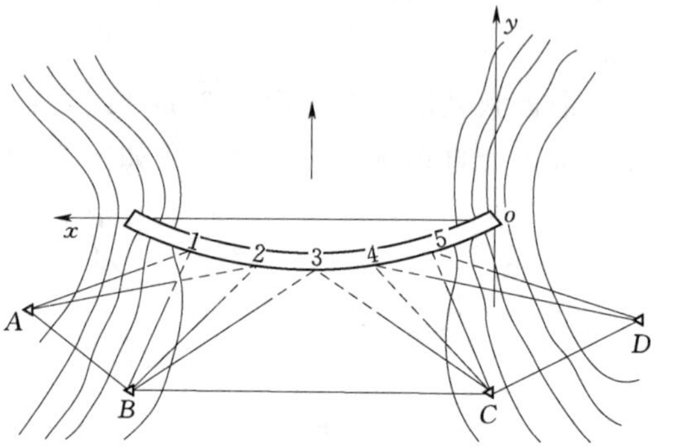

图9-16　前方交会法测水平位移

为了观测和计算拱坝各观测点的纵、横位移值，取拱坝两端点的连线为x轴，并以右岸端点为原点；x值由原点向左岸递增为正，y值由原点向下游递增为正。控制点（观测墩）布设好后，按逆时针方向编号，以一般观测精度测出各控制边的长度b及对x轴的方位角θ，但不必计算坐标。位移观测点可选择交会角较好的两个方向，用精度在DJ_2型以上的经纬仪定期进行交会测量，每次至少观测两个测回，测回差不应超过3″。设在测站A和B交会1号位移观测点：最初一次所测角度为α和β；第n次观测时，1点位移到了1′，测得的角度为α'和β'。如果分别计算出1点和1′点对A点的坐标增量Δx_{A1}、Δy_{A1}和$\Delta x_{A1'}$、$\Delta y_{A1'}$，则相应的增量之差就是纵、横位移值。由图9-16可导出坐标增量计算公式为

$$\Delta x=\frac{b\sin\beta}{\sin(\alpha+\beta)}\cos(\theta-\alpha)$$

$$\Delta y=\frac{b\sin\beta}{\sin(\alpha+\beta)}\sin(\theta-\alpha) \qquad (9-8)$$

9.4 倾斜观测和裂缝观测

9.4.1 倾斜观测

测定水工建筑物的倾斜有两类方法：一类是直接测定水工建筑物的倾斜，该方法多用于超高水工建筑物，如大坝、挡土墙、渡槽、铁塔；另一类是通过测量水工建筑物基础高程的变化，用公式计算水工建筑物的倾斜。

9.4.1.1 倾斜的观测方法

对于水工建筑物的倾斜观测，目前常采用以下方法。

1. 经纬仪投点法

如图 9－17（a）所示，根据水工建筑物的设计，A 点与 B 点位于同一铅垂线上。当水工建筑物因不均匀沉陷而倾斜时，A 点相对于 B 点移动了一段距离 d，即位于 A'。这时水工建筑物的倾斜度为

$$i=\frac{d}{h}\times\frac{180^{\circ}}{\pi} \tag{9-9}$$

式（9－9）中，h 为水工建筑物的高度，一般是已知的；如果 h 未知时，可在离水工建筑物较远的地方设置一条基线，采用独立交会高程测量的方法进行测定。为了求得 d 值，可用经纬仪在大致相互垂直的两个方向按投影交会的方法将 A' 投影到 B 点的水平面上，得 A'_0 点，如图 9－17（b）所示，然后量取平距 A'_0B 即为 d。投影时，须采用正倒镜观测。

2. 悬挂垂球法

此法是测量建筑物上部倾斜的最简单方法，适合于内部有垂直通道的建筑物。从上部挂下垂球，根据上、下应在同一位置上的点，直接测定倾斜位移值 Δ。再根据公式（9－9）计算倾斜度。

3. 气泡倾斜仪观测法

用气泡倾斜仪观测建筑物顶面倾斜来求建筑物的倾斜（原建筑物顶面为水平面）。气泡倾斜仪由一个高灵敏度的气泡水准管 e（图 9－18）和一套精密的测微器组成。测微器中包括测微杆 g，读数盘 h 和指标 k。气泡水准管 e 固定在支架 a 上，a 可绕 c 点转动，a 下装一弹簧片 d，在底板 b 下有置放装置 m。将倾斜仪安置在需要的位置上以后，转动读数盘，使测微杆向上或向下移动，直至水准管气泡居中为止。此时，在读数盘上读数，即可得出该处的倾斜度。

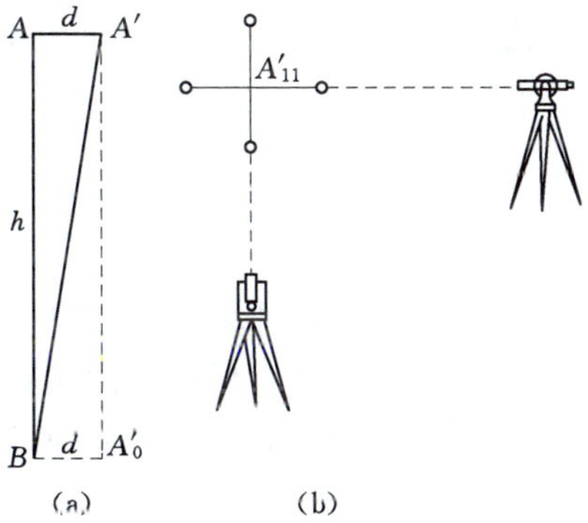

图 9－17 水工建筑物的倾斜观测

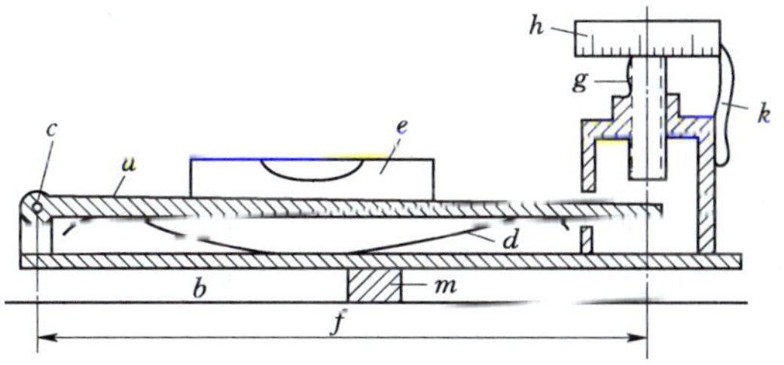

图 9－18 气泡倾斜仪

4. 激光铅直仪观测法

激光铅垂仪法是在顶部适当位置安置接收靶，在其垂线下的地面或地板上安置激光铅直仪或激光经纬仪，按一定周期观测，在接收靶上直接读取或量出顶部的水平位移量和位移方向，再根据公式（9－9）计算倾斜度。激光垂准仪进行倾斜监测，精度可达 20 万分之一。激光投点作业中，仪器应严格置平、对中。

5. 水准测量法

各类水工建筑物均在水工建筑物基础部位和重要部位设点。通过水准观测求得各点的高程，就可以求得各工作点的下沉值。

如图 9-19 所示，定期测出基础两端点的差异沉降量 Δh，可按公式（9-9）计算出基础的倾斜度 i；还可根据观测基础的差异沉降量 Δh、建筑物的宽度 L 和高度 H，按公式（9-9）推算推算建筑物的上部倾斜。

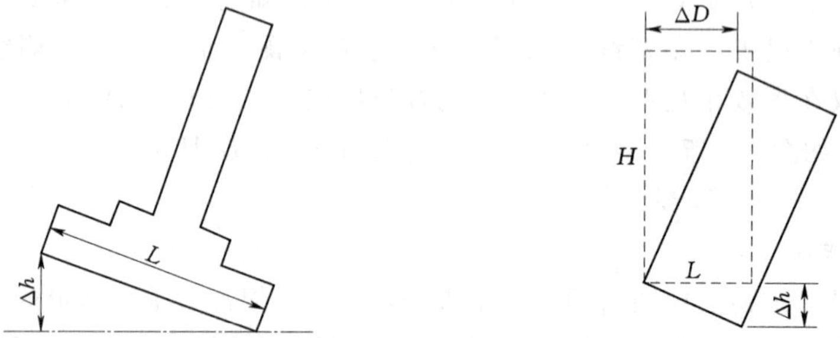

图 9-19　水准测量法测量建筑基础倾斜观测

6. 基础倾斜度计算

建筑物的基础倾斜观测，一般采用精密水准仪进行沉降观测的方法，定期测出基础两端点的差异沉降量 Δh，如图 9-19 所示，再根据两点的距离 L，即可按公式（9-10）计算出基础的倾斜度 δ，即

$$\delta=\frac{\Delta h}{L} \tag{9-10}$$

7. 根据观测基础的差异沉降量推算建筑物的上部倾斜

测得建筑物基础两端点的差异沉降量 Δh 后，如图 9-19 所示，根据建筑物的宽度 L 和高度 H，可按公式（9-11）推算出上部结构的倾斜值 h，即可按公式（9-9）计算出 s 水工建筑物的倾斜度 i。

$$h=\delta H=\frac{\Delta h}{L}H \tag{9-11}$$

9.4.1.2　观测周期

主体倾斜观测的周期，可视倾斜速度每 1～3 个月观测一次。如遇基础附近因大量堆载或卸载、水库首次蓄水、长期蓄水等而导致倾斜速度加快时，应及时增加观测次数。施工期间的观测周期，可根据要求参照沉降观测周期的规定确定。倾斜观测应避开强日照和风荷载影响大的时间段。

9.4.1.3　提交成果

（1）倾斜观测点位布置图。

（2）观测成果表、成果图。

（3）主体倾斜曲线图。

（4）观测成果分析资料。

9.4.2　裂缝观测

工程水工建筑物发生裂缝时，应立即进行全面检查，画出裂缝分布图，对各裂缝进行编号，然后分别观测裂缝的位置、走向、长度、宽度和深度。

图 9－20（a）所示为裂缝两侧绘两个平行标志，通过两个平行标志 d_1、d_2、d_3 的变化来描述裂缝宽度的变化情况。

如图 9－20（b）所示，将刻有十字标志的金属棒埋设于裂缝两侧，定期测定两个标志点的距离 d 的变化量来描述裂缝宽度的变化情况。

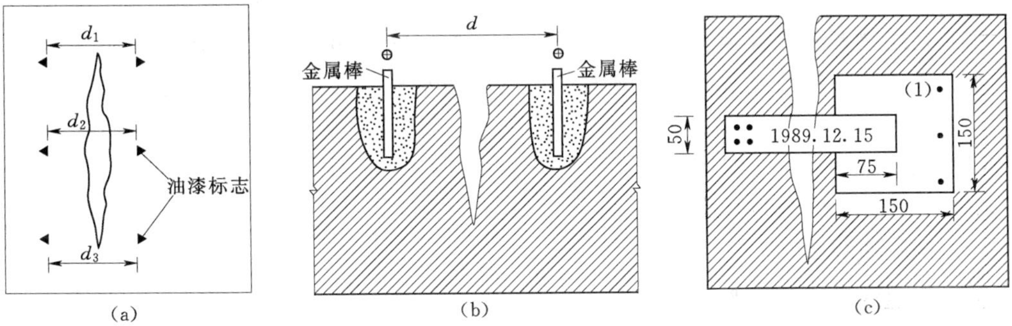

图 9－20 裂缝观测

如图 9－20（c）所示，为了观测裂缝的发展情况，须在裂缝处安置观测标志。标志用两块白铁皮制成，一片 150mm×150mm，另一片 50mm×200mm，分别固定在裂缝两侧，并使长铁片紧贴于正方形铁片上，两片边缘彼此平行。标志固定好后，将两片白铁皮外露部分涂上红油漆，并用黑油漆写上裂缝编号和标志设置日期。如果往后裂缝继续发展，则铁皮逐渐拉开，露出正方形铁片没有涂油漆的部分，用尺子量出这部分的宽度，就是裂缝加大的宽度。

1. 裂缝观测的周期

裂缝观测的周期应视裂缝变化速度而定。通常开始可半个月测一次，以后一个月左右测一次。当发现裂缝加大时，应增加观测次数，直至几天或逐日一次的连续观测。

2. 提交成果

（1）裂缝分布位置图。

（2）裂缝观测成果表。

（3）观测成果分析说明资料。

（4）当水工建筑物裂缝和基础沉降同时观测时，可选择典型剖面绘制两者的关系曲线。

9.5 挠 度 观 测

1. 挠度观测的内容

挠度观测包括建水工建筑物和独立构筑物（如独立墙、柱等）的挠度观测，应按一定周期分别测定其挠度值及挠曲程度。

水工建筑物基础挠度观测，可与水工建筑物沉降观测同时进行。观测点应沿基础的轴线或边线布设，每一基础不得少于 3 点。标志设置、观测方法与沉降观测相同。

水工建筑物主体挠度观测，除观测点应按水工建筑物结构类型在各不同高度或各层处沿一定垂直方向布设外，其标志设置、观测方法按倾斜观测的有关规定执行。挠度值由水工建筑物上不同高度点相对于底点的水平位移值确定。

2. 挠度观测的周期

挠度观测的周期应根据荷载情况并考虑设计、施工要求确定。

3. 挠度观测的精度

水工建筑物基础挠度观测，其观测的精度可按沉降观测的有关规定确定。

水工建筑物主体挠度观测，其观测的精度可按水平位移观测的有关规定确定。

4. 提交成果

（1）挠度观测点位布置图。

（2）观测成果表与计算资料。

（3）挠度曲线图。

（4）观测成果分析说明资料。

第10章 GPS测量技术在水利工程测量中的应用

我国国民经济近几年的迅速发展，中央政府和地方政府对水利工程建设高度重视，不断加大投资力度，每年都有大批水利工程需要建设。随着全球定位系统的发展，并具有连续性、全天候、经济性、导航定位等诸多优点，能为用户提供精密而准确的定位数据，广泛应用于水利工程测量中。

10.1 GPS测量技术概述

GPS测量具有高精度、测量速度快、选点灵活、全天候等特点，它广泛应用到控制测量和工程测量中。具有以下特点：

（1）选点灵活。在经典大地测量中，既要求点位之间有良好的通视条件，又要求点位形成良好的图形结构，这是长期困扰选点工作的难题，而GPS定位既不要求点位之间通视，又对点位图形结构没有过苛要求，使点位选择极为灵活，大大便利了点位的应用。

（2）精度提高。实践已经证明，在1000km的距离上，相对定位精度可以达到10^{-8}；在100～500km的距离上，相对定位精度可以达到10^{-6}～10^{-7}；在小于50km的距离上，相对定位精度可以达到10^{-6}。而另一方面，又无须建造测量觇标。它们的优越性是经典大地测量工作无法攀比的。

（3）操作简便。GPS定位的自动化程度很高，作业人员只限于安置仪器、开关仪器、量取仪器高和监视工作状态，其他如卫星捕获、跟踪观测、数据采集等均由仪器自动完成，加之仪器本身重量轻、体积小，携带又方便，大大降低了作业难度，提高了工效。其次，GPS定位的结果，可以直接提供点的三维坐标，不仅可以精确确定点的平面位置，也为研究大地水准面的形状和确定地面点高程开辟了新途径。

（4）全天候作业。GPS定位不受天气条件制约，可以在任何时间、任何地点从事作业，加之观测时间缩短、速度加快，便利了人们对测量工程的统筹安排，使工程计划具有较大的可行性，为准确、快速提供测绘成果提供了可能。

10.1.1 GPS系统组成

GPS系统包括地面监控部分、空间卫星部分和用户接收部分3大部分，如图10-1所示。3大部分之间还要用数字通信技术联络传达各种信号信息，靠各种计算软件处理繁复的数据，最后由用户接收部分来解决导航定位问题。

1. 地面监控部分

地面监控部分由一个主控站、3个注入站和5个监控站组成。其分布情况如下：

一个主控站：科罗罗拉·斯平士（Colorado Spings）。

3个注入站：阿松森（Ascencion）；狄哥·伽西亚（Diego Garcia）；卡瓦加兰（Kwa-

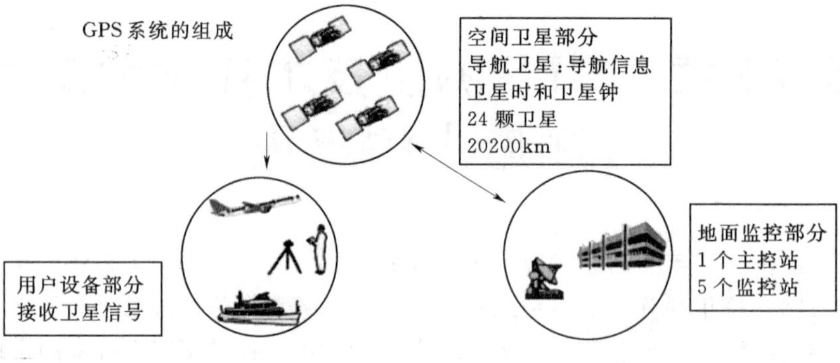

图 10-1　GPS 系统组成

jalein)。

5 个监测站：1 个主控站+3 个注入站+夏威夷（Hawaii）。

地面监控部分与卫星的联系如图 10-2 所示。监控站是将监测卫星取得观测资料，算出每颗卫星的有关数据，传送给主控站；主控站主要作用是根据监控站观测资料，计算每颗卫星的轨道参数和卫星钟改正数，推算一天以上的卫星星历和钟差，并转化为导航电文发给注入站；注入站是在每颗卫星运行到注入站上空时，把卫星星历、控制参数和指令注入到卫星存储器。

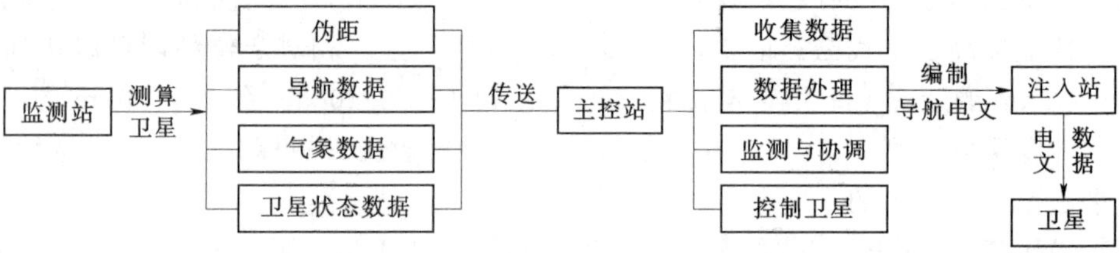

图 10-2　地面监控部分与空间卫星部分

2. 空间卫星部分

GPS 系统的空间部分由 21 颗工作卫星及 3 颗备用卫星组成，它们均匀分布在 6 个相对于赤道的倾角为 55°的近似圆形轨道上，每个轨道上有 4 颗卫星运行，它们距地面的平均高度为 20200km，运行周期为 12 恒星时，如图 10-3 所示。GPS 卫星星座均匀覆盖着地球，可以保证地球上所有地点在任何时刻都能看到至少 4 颗 GPS 卫星。

3. 用户接收部分

GPS 卫星所发送的导航定位信号主要包括载波、测距码（C/A 码）和导航电文（数据码或 D 码），是一种可供无数用户共享的信息资源。用户部分是能够接收、跟踪、变换和测量 GPS 导航定位信号的无线电接收设备，即 GPS 信号接收机，如图 10-4 所示。

GPS 信号接收机组成：由天线、控制显示器、电缆、电源等部分组成。天线安放在控制点的脚架上，接收卫星信号，在控制显示器上获得的是天线相位中心的三维坐标。其功能：是接收卫星发射的信号和导航电文，根据导航电文提供的卫星位置和钟差信息计算接收机的位置。种类有单频和双频、导航型和定位型、低动态和高动态、伪距型和相位测量型等。

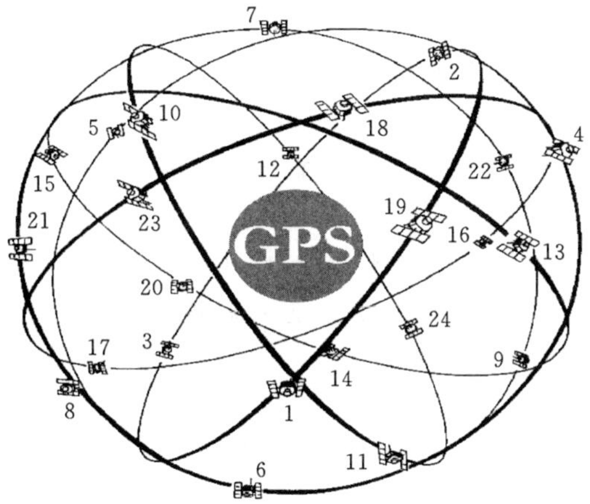

图 10-3 GPS 卫星星座

图 10-4 GPS 信号接收机

卫星不间断地发送自身的星历参数和时间信息，用户接收到这些信息后，经过计算求出接收机的三维位置、三维方向以及运动速度和时间信息。

10.1.2 GPS 定位测量原理

GPS 定位的实质就是将高速运动的卫星瞬间位置作为已知的起算数据，采用空间距离后方交会的方法，确定待定点的空间位置。

如图 10-5 所示，现在欲确定待定点 P 的位置，可以在该处安置一台 GPS 接收机。考虑到卫星上的原子钟和地面上接收机的钟不能严格同步而存在钟差，在某一时刻 t 同时测得了 4 颗 GPS 卫星 1、2、3、4 的 d_1、d_2、d_3、d_4，则可列出如图 10-5 所示的 4 个观测方程，其中 (x_1, y_1, z_1)、(x_2, y_2, z_2)、(x_3, y_3, z_3)、(x_4, y_4, z_4) 分别为卫星 1、2、3、4 在 t 时刻的空间直角坐标；$(t-t_{01})$、$(t-t_{02})$、$(t-t_{03})$、$(t-t_{04})$ 分别为 t 时刻 4 颗卫星的钟差，它们均由卫星所广播的卫星星历来提供。求解方程，即得待定点的空间直角坐标 (x, y, z)。

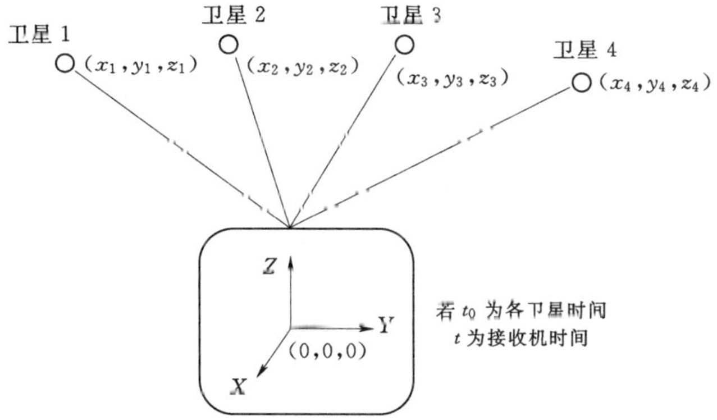

$$(x_1-x)^2+(y_1-y)^2+(z_1-z)^2+c^2\cdot(t-t_{01})=d_1^2$$
$$(x_2-x)^2+(y_2-y)^2+(z_2-z)^2+c^2\cdot(t-t_{02})=d_2^2$$
$$(x_3-x)^2+(y_3-y)^2+(z_3-z)^2+c^2\cdot(t-t_{03})=d_3^2$$
$$(x_4-x)^2+(y_4-y)^2+(z_4-z)^2+c^2\cdot(t-t_{04})=d_4^2$$

求解未知数 (x,y,z,t) 定位，定时

图 10-5 GPS 定位原理——空间距离后方交会

RTK（Real Time Kinematic）为实时动态测量。实时动态定位技术是以载波相位观测值为根据的实时差分 GPS（RTDGPS）技术，它是 GPS 测量技术发展的一个新突破。实时动态定位（RTK）系统由基准站和流动站组成，建立无线数据通信是实时动态测量的保证，其原理是取点位精度较高的首级控制点作为基准点，安置一台接收机作为参考站，对卫星进行连续观测，流动站上的接收机在接收卫星信号的同时，通过无线电传输设备接收基准站上的观测数据。随机计算机根据相对定位的原理实时计算显示出流动站的三维坐标和测量精度，这样用户就可以实时监测待测点的数据观测质量和基线解算结果的收敛情况。根据待测点的精度指标，确定观测时间，从而减少冗余观测，提高工作效率。

10.2 用 GPS 测量技术建立工程控制网

常规控制测量如三角测量、导线测量，要求点间通视，费工费时，而且精度不均匀，外业中不知道测量成果的精度。随着 GPS 静态、快速静态相对定位技术的发展，应用范围越来越广，特别是 GPS 静态、快速静态相对定位测量无需点间通视能够高精度地进行各种控制测量（测图、施工、监测控制网）。而用 RTK 技术进行控制测量既能实时知道定位结果，又能实时知道定位精度。这样可以大大提高作业效率。应用 RTK 技术进行实时定位可以达到厘米级的精度，RTK 技术即可用于地形测图中的控制测量图根点位的测量。

10.2.1 GPS 网的图形设计

在大、中型水利工程中布设 GPS 控制网时，控制点数目比较多，由于受接收机数量的限制，难以再选择同步网的测设方案。此时必须将多个同步网相互连接，构成统一整体的 GPS 控制网。这种由多个同步网相互连接的 GPS 网，称为异步网。

异步网的测设方案决定于投入作业的接收机数量和同步网之间的连接方式。不同数量的接收机决定了同步网的网形结构，而同步网的不同连接方式又会出现不同的异步网的网形结构。由于 GPS 网的平差及精度评定，主要是由不同时段观测的基线组成异步闭合环的多少及闭合差大小所决定的，而与基线边长度和其间所夹角度无关，所以异步网的网形结构与多余观测密切相关。同步网之间的连接方式有以下 3 种。

1. 点连式

同步网之间仅有一点相连接的异步网称为点连式异步网，如图 10－6 所示。

在图 10－6（a）中共有 10 个点，用 3 台接收机分别在 5 个 3 边同步网中依次作同步观测。同步网间用 1、3、5、7、9 各点相连接，连接点上设站二次，其余点只设站一次。该图形中有 5 个同步环和 1 个异步环，基线总数为 15，其中独立基线数为 9 条，非独立基线数为 6 条，没有重复基线。

在图 10－6（b）中共有 15 个点，用 4 台接收机分别在 5 个多边同步网中依次作同步观测，构成点连式异步网。该图形中有 5 个同步环和 1 个异步环，基线总数为 30，其中独立基线数为 14，非独立基线数为 16。由图 10－6 可以看出，在点连式异步网中均没有重复基线出现。

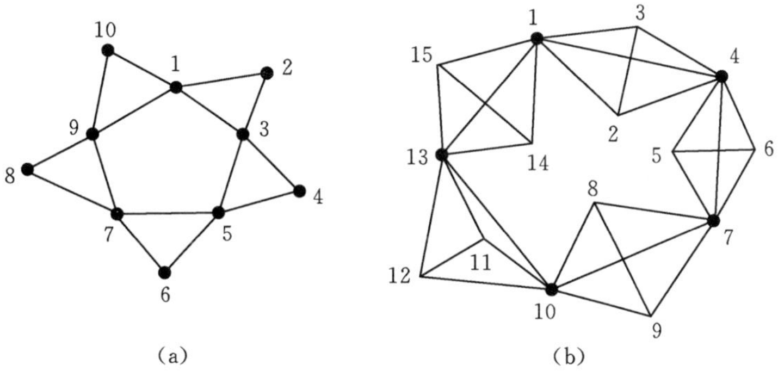

图 10－6 点连式异步网

2. 边连式

同步网之间由一条基线边相连接的异步网，称为边连式异步网，如图 10－7 所示。

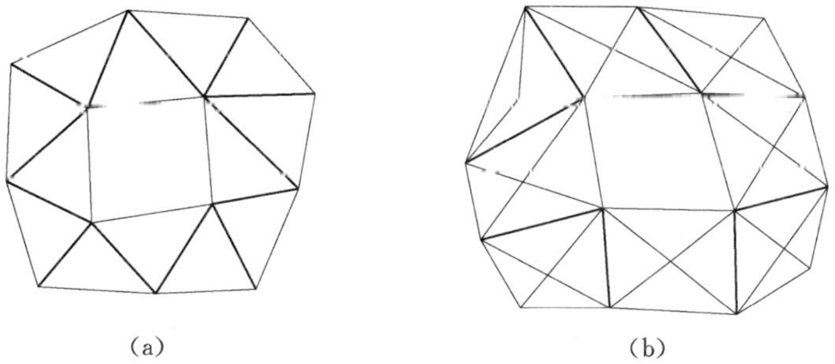

图 10－7 边连式异步网

图 10－7（a）表示用 3 台接收机分别在 13 个三角形同步网中先后做同步观测。同步网间有一条公共基线连接，公共基线在相连的同步环中分别测量两次。该网中有 13 个同步环和 1 个异步环，基线总数为 26，其中独立基线数为 13，重复基线数为 13。这样，就出现了 13 个同步环检核、1 个异步环检核、13 个重复基线的检核。

图 10－7（b）所示为 4 台接收机先后在 8 个观测时段进行同步观测所构成的边连式异步网。网中有 8 个同步环和 1 个异步环、8 个重复基线的检核。其中在同步环检核中，又可产生大量同步闭合环。

3. 混连式

混连式是点连式与边连式的一种混合连接方式，如图 10－8 所示。其中，图 10－8（a）所示为 3 台接收机作同步观测，由 9 个 3 边同步网所构成的混连式异步网；图 10－8（b）所示为 4 台接收机进行同步观测，由 5 个多边同步网构成的混连式异步网。

在上述 3 种连接方案中，第 1 种工作量最小，但无重复基线检核；第 2 种工作量最大，检核条件亦最多；第 3 种比较灵活，工作量与检核条件比较适中。在选择测设方案时，应从所具备的接收机数量和精度、工作量大小、卫星运行状态、测区条件等方面进行权衡。通常 GPS 相对定位精度较高，比较容易达到工程的期望精度，这时也就没有必要以高额投入换取更高的精度。

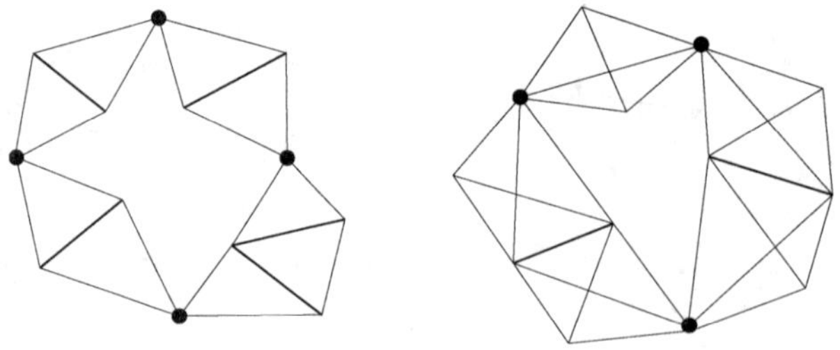

(a)　　　　　　(b)

图 10-8　混连式异步网

10.2.2　数据观测

1. 制定外业观测计划

制定观测计划主要包括以下内容：

(1) 确定测量模式。

(2) 选定最佳观测时段。

(3) 确定同步观测时段长度及起止时分。

(4) 编制观测调度表，填写并下达作业调度命令。

(5) 根据实际作业的进展情况，及时调整观测计划和调度命令。

2. 数据采集

目前，接收机的自动化程度比较高，操作人员只需做好以下工作即可：

(1) 各个测站的观测人员应按计划规定的时间作业，确保同步作业。

(2) 确保接收机有足够的电量和足够的存储空间。

(3) 开始观测后，每个作业小组正确设置相同的因素（站点号、天线高、采样间隔及采点次数等）。

(4) 观测过程中，应注意查看测站信息、接收到的卫星数量、卫星号及 PDOP 值等。必要时适当延长观测时间。

(5) 同一时段中，接收机不得关闭和重启，每时段的观测信息应如实填写于观测手簿中。

(6) 高等级的 GPS 测量应加入气象元素和空气湿度等因素，每 1～2h 记录一次。

10.2.3　数据处理

(1) 数据下载。将接收机的观测数据传输到计算机中。

(2) 基线向量的解算。利用载波相位观测量求解基线边的三维坐标增量。

(3) 三维自由网平差。取网中一点的单点定位结果作为网的必要起算数据，以基线向量解算结果为观测量，进行平差计算，可得到点的 W_{84} 坐标和基线向量。其主要目的是检验网的内部符合精度。

(4) 坐标转换或约束平差。经过自由网平差后，得到了点的 W_{84} 三维坐标。为了得到地方坐标，必须求定两个坐标系间的转换参数，参数有 3 个平移量、3 个旋转量和一个尺度因子。转换模型常用布尔沙－沃尔夫模型，即

$$\begin{bmatrix} x-x' \\ y-y' \\ z-z' \end{bmatrix} = \begin{bmatrix} dx_0 \\ dy_0 \\ dz_0 \end{bmatrix} + \begin{bmatrix} 0 & -z' & y' \\ z' & 0 & -x' \\ -y' & x' & 0 \end{bmatrix} \begin{bmatrix} \varepsilon_x \\ \varepsilon_y \\ \varepsilon_z \end{bmatrix} + \Delta m \begin{bmatrix} x' \\ y' \\ z' \end{bmatrix} \tag{10-1}$$

参数的求定方法：利用网中一定数量的已知地方坐标点，按布尔沙—沃尔夫模型建立误差方程式，按最小二乘法求解。

转换参数求定后，再将网中的其他点转换到地方坐标系中。

也可直接以基线向量为观测量，以地方已知坐标为起算数据，进行三维约束平差，直接解算出点的地方坐标和转换参数。

10.3 GPS 测量技术在其他水利工程中的应用

10.3.1 GPS 水库大坝变形监测

变形监测主要是监测水库大坝的地基沉降、位移以及整体的倾斜等状况。水工建筑物变形主要由两个方面原因引起：一是自然条件及其变化，即水工建筑物地基的工程地质、水文地质、土壤的物理性质、大气温度等，如地下水的升降、地下开采及地震等；二是与水工建筑物自身相联系的，即水工建筑物本身的荷重、水工建筑物的结构形式及动荷载（如风力、振动等）的作用；此外由于勘测、设计、施工以及运营管理工作做得不合理，也会引起建筑物的变形。因此为了避免大坝变形引发安全事故，必须对大坝进行连续而精密的监测。如果采用 GPS 精密定位技术，不仅可以实现大坝变形监测工作的精度达到 $(1.0\times10^{-6}\sim0.1\times10^{-6})$，而且还有助于实现监测工作的自动化。GPS 定位技术在精密高程测量中有些不足，因此大坝的变形点的高程测量，仍采用精密水准测量。故在此只介绍 GPS 测定平面位移。

GPS 技术在大坝变形监测中的应用，分以下步骤。

1. 设置变形观测点和观测基点

根据监测的目的和实地地形情况，在大坝设计时就将变形监测点和工作基点，在图上设计，施工时按设计要求做好监测点和工作基点。图 10-9 所示为某拱形混凝土大坝的变形观测点和观测基点的分布。基准点有两个（A 和 B），分别设置在大坝下游两岸基岩上。监测点有 6 个（1～6），分别位于大坝的不同部位的混凝土观测墩。

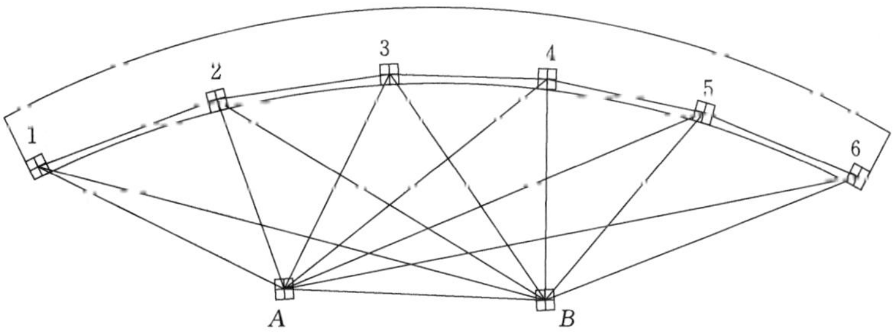

图 10-9 大坝的变形观测点和观测基点的分布

2. 数据采集

用 8 台 GPS 接收机在变形观测点和观测基点（同步网观测）同时进行数据采集。人工采集数据时，需 8 个人在同一时间段内进行数据采集。自动化采集时，将接收机固定在变形观测点和观测基点上，用数据线将接收机和计算机连接，观测数据实时自动传输，可实现全天候自动化监测。

也可以用 3 台 GPS 接收机在变形观测点和观测基点组成异步网人工采集数据。

3. 数据传输

根据现场条件，自动化采集时，数据实时自动传输。人工采集数据时，采集数据结束后，数据线将接收机和计算机连接，用传输软件，将观测数据传输到计算机中。

4. 数据处理、分析和管理

数据传输后，经软件传输解算求出各个观测点和观测基点的坐标，用新解算坐标和上一次解算的坐标比较分析各点的变形量。

5. 上交成果资料

每个变形测量项目的任务完成后，应提交下列成果资料：

（1）实测方案与技术设计书。

（2）控制点与观测点布置图。

（3）仪器检验与校正资料。

（4）观测记录，计算资料及测量成果。

（5）变性分析资料。

（6）技术报告。

10.3.2 动态 GPS 测量技术在河道测量中的应用

河道是一个带状地形，传统测量方法在网形布设、误差控制等多方面带来诸多问题。因作业时间较长，还影响工程建设的进度。自从将 GPS 技术引进该领域以来，测量效率和测量精度得到了很大的改善和提高。河道测量的外业工作有水上地形和水下地形测量两部分。需提交的成果有河道纵、横断面图。

10.3.2.1 水下地形测量

传统的水深测量多采用交会定位，测深仪测量水深，故测量工作受外界的影响较大，精度难以保证，外业测量工作难度大，且测量时间长。RTK 技术受外界条件限制小，只要满足工作条件，就能快速、高精度地完成定位作业，使用动态 GPS 技术后，这些困扰水上测量工作的问题就迎刃而解了。水深测量的作业系统主要由 GPS 接收机、数字化测深仪、数据通信链和便携式计算机及相关软件等组成。利用电子记录手簿、计算机和绘图仪便可组成水下地形测量自动化系统。野外有 2～3 人便可完成岸上和船上的全部操作。当天所测数据 1～2h 即可处理完毕，并可即时绘出水深图、断面图、水下地形模型等。测量作业的主要内容包括以下 3 个方面。

1. 求转换参数

将 GPS 基准站架设在已知点上，设置好参考坐标系、投影参数、差分电文数据格式、发射间隔及最大卫星使用数，关闭转换参数和七参数，输入基准站坐标（该点的单点 84 坐标）后设置为基准站；用同样的方法将 GPS 移动站架设在另一个已知点上，求得该点的固定解（84坐标）；通过两个点的84坐标及当地坐标，求得转换参数。

2. 外业的数据采集

架设基准站在求转换参数时架设的基准点上，且坐标不变；设置好记录设置、定位仪和测深仪接口、接收机数据格式、测深仪配置、天线偏差改正及延迟校正后，进行测量工作。

3. 数据的后处理

利用相应配套的数据处理软件对测量数据进行后期处理，形成所需要的测量成果——水深图、断面图、水下地形模型及其统计分析报告等。

10.3.2.2 水上地形测量

采用GPS-RTK技术，可不布设各级控制点，仅依据一定数量的基准控制点，不要求点间通视，仅需一人操作，在要测的碎部点上停留1～2s并同时输入特征编码，通过电子手簿，在点位精度合乎要求的情况下，把一个区域内的地形点、地物点的坐标采集后，可在室外或室内用专业测图软件一次测绘成电子地图。

测量作业的主要内容和水下地形测量基本相同，只是不再需要进行水深测量。

10.3.3 施工放样测量

利用RTK随机软件中放样的功能进行点、直线、曲线放样功能，进行施工放样测量。输入设计好的已知坐标作为参考点和目标点，流动站实地所在位置的坐标作为修正点，电子手簿屏幕上的图形显示出实地待定点相对于目标点所偏移的距离，按照指示移动流动站，直到满足所要求的精度。

10.3.4 渠道管线纵断面测量

渠道管线是水利水电工程中重要的组成部分，其特点是分散，呈线状放射性分布。采用GPS-RTK技术，可以利用少量的控制点进行数据采集，利用专用绘图软件绘制纵、横断面图，方便、快捷。

第 11 章　测量误差基本知识

11.1　测量误差的来源及其分类

11.1.1　测量误差及其来源

任何观测量，客观上总是存在一个能反映其真正大小的数值，这个数值称为观测量的真值或理论值。但在测量中，同一个量的各观测值之间，或在各观测值与其理论值之间普遍存在差异，这是由于观测值中包含观测误差的缘故。若用 L 表示观测值，X 表示真值，则观测误差 Δ 的定义为

$$\Delta = L - X$$

测量误差的产生，原因很多，概括起来有以下 3 个方面。

1. 观测者

由于观测者感觉器官鉴别能力有一定的局限性，所以在仪器安置、照准、整平、读数等方面都会产生误差。同时，观测者的技术水平、工作态度及状态都对测量成果的质量有直接影响。

2. 测量仪器

测量工作通常都是利用测量仪器进行的。由于每一种仪器只有一定的精密度，因而使观测值的精度受到一定的限制。例如，在用只刻有厘米分划的普通水准尺进行水准测量时，就难以保证在估读厘米以下的尾数时完全正确无误；同时仪器本身在设计、制造、安装、校正等方面也存在一定的误差，如水准仪的视准轴不平行于水准轴、水准尺的分划误差等。因此，使用这样的水准仪和水准尺进行观测，就会使得水准测量的结果产生误差。同样，经纬仪、测距仪等的仪器误差也使三角测量、距离测量的结果产生误差。

3. 外界条件

观测时所处的外界条件，如温度、湿度、大气折光等因素都会对观测结果产生一定的影响。外界条件发生变化，观测成果将随之变化。

上述 3 个方面的因素是引起观测误差的主要来源，因此把这 3 个方面因素综合起来称为观测条件。观测条件的好坏与观测成果的质量有着密切的联系，观测条件相同的各次观测，称为等精度观测；观测条件不同的各次观测，称为非等精度观测。

11.1.2　测量误差的分类

测量误差按其对观测成果的影响性质，可分为系统误差和偶然误差两种。

1. 系统误差

在相同的观测条件下，对某量作一系列的观测，若误差的大小及符号均相同或按一定的规律变化，这类误差称为系统误差。产生系统误差的主要原因是测量仪器和工具的构造不完善。例如，用一把名义为 50m 长、实际长度为 50.020m 的钢尺丈量距离，

每量一尺段就要少量 0.02m，该 0.02m 的误差在数值上和符号上都是固定的，该尺全长要比实际长度短 0.02m。总误差的大小与所量的距离的多少成正比，距离越长，误差积累越多。

系统误差的积累性对测量结果影响很大，但是系统误差符号和大小具有一定的规律，所以系统误差可采取一定的措施加以减弱或消除，其常用的措施如下：

(1) 精确检校仪器，把系统误差降低到最小程度。

(2) 采用加一改正数的计算方法，抵消测量结果中的系统误差，如尺长改正、温度改正等。

(3) 采用适当的观测方法，使系统误差相互抵消或减弱，如采用测回法观测水平角可以消除视准轴误差、度盘偏心差等。

2. 偶然误差

在相同的观测条件下，对某量作一系列的观测，若误差在符号和大小都没有表现出一致的倾向，即从单个或少数几个误差来看，该误差的大小及符号没有规律，但从大量误差的总体来看，具有一定的统计规律，这类误差称为偶然误差或随机误差。

例如，用经纬仪测角时，测角误差是由照准误差、读数误差、外界条件变化所引起的误差、仪器本身不完善而引起的误差等综合的结果。而其中每一项误差是由许多偶然（随机）因素所引起的小误差的代数和。例如，照准误差可能是由于脚架或测钎晃动或扭转、风力风向的变化、目标的背景、大气折光和大气透明度等偶然因素影响而产生的小误差代数和。因此，测角误差实际上是许多微小误差项的总和，而每项微小误差又随着偶然因素影响的不断变化，其数值忽大忽小，其符号或正或负，这样，由它们所构成的总和，就其个体而言，无论是数值的大小还是符号的正负都是不能事先预知的，因此，把这种性质的误差称为偶然误差。

除上述两类误差之外，还可能发生错误，也称粗差，如读错、记错等。这主要是由于粗心大意而引起。一般粗差值大大超过系统误差或偶然误差。粗差不属于误差范畴，粗差的存在不仅大大影响测量成果的可靠性，甚至造成返工。因此必须采取适当的方法和措施，杜绝错误发生。

11.1.3 偶然误差的特性

偶然误差是由多种因素综合影响产生的，观测结果中不可避免地存在偶然误差，因而偶然误差是误差理论主要研究的对象。由前面知，就单个偶然误差而言，其大小和符号都没有规律性，呈现出随机性，但就其总体而言却呈现出一定的统计规律性，并且是服从正态分布的随机变量。即在相同观测条件下，大量偶然误差分布表现出一定的统计规律性。

例如，在相同观测条件下，观测了 217 个三角形的全部内角，三角形内角观测值之和 l 不等于真值 180°，其差值 Δ 称为真误差，可由下式计算（式中 X 表示真值），即

$$\Delta = l - X$$

先取误差区间的间隔 $d_{\Delta}=0.3''$，将这一组误差按其正负号与误差值的大小排列。出现在某区间内误差的个数称为频数，用 K 表示，频数除以误差的总个数 n 得 K/n，称为误差在该区间的频率，统计结果列于表 11-1 中。

表 11-1 频率分布表

误差区间 d_{Δ} (″)	$+\Delta$		$-\Delta$	
	K	K/n	K	K/n
0～3	30	0.138	29	0.134
3～6	21	0.097	20	0.092
6～9	15	0.069	18	0.083
9～12	14	0.065	16	0.073
12～15	12	0.055	10	0.046
15～18	8	0.037	8	0.037
18～21	5	0.023	6	0.028
21～24	2	0.009	2	0.009
24～27	1	0.005	0	0
27 以上	0	0	0	0
总合	108	0.498	109	0.502

从表 11-1 中可以看出，小误差出现的百分比较大误差出现的百分比大；绝对值相等的正负误差出现的百分比相仿；绝对值最大的误差不超过某一个定值。在其他测量结果中也可显示出上述同样的规律。通过大量实验统计结果表明，特别是当观测次数较多时，可以总结出偶然误差具有以下特性：

（1）有限性。在一定的观测条件下，偶然误差的绝对值不会超过一定的限度。

（2）密集性。绝对值小的误差比绝对值大的误差出现的可能性大。

（3）对称性。绝对值相等的正误差与负误差出现的机会相等。

（4）抵偿性。当观测次数无限增多时，偶然误差的算术平均值趋近于零，即

$$\lim_{n\to\infty}=\frac{[\Delta]}{n}=0 \qquad (11-1)$$

式中，[Δ] 为误差总和的符号，换言之，偶然误差的理论平均值为零。

为了充分反映误差分布的情况，除去上述用表格的形式（称误差分布表）外，还可以用直观的图形来表示。例如，图 11-1 中以横坐标表示误差的大小，纵坐标表示各区间误差出现的频率除以区间的间隔值，即$\frac{K/n}{d_{\Delta}}$。这样，每一误差区间上方的长方形面积，就代表误差出现在该区间的频数。例如，图中有斜线的长方形面积就代表误差出现在+6″～+9″区间内的频数 0.069，这种图称为直方图，其特点是能形象地反映出误差的分布情况。

如果继续观测更多的三角形，即增加误差的个数，当 $n\to\infty$时，各误差出现的频率也就趋近于一个完全确定的值，这个数值就是误差出现在各区间的概率。此时如将误差区间无限缩小，那么图 11-1 中各长方形顶边所形成的折线将成为一条光滑的连续曲线，如图 11-2 所示，这条曲线称为误差分布曲线，也称正态分布曲线。曲线上任一点的纵坐标 y 均为横坐标 Δ 的函数，其函数形式为

$$y=f(\Delta)=\frac{1}{\sqrt{2\pi}\sigma}e^{-\frac{\Delta^2}{2\sigma^2}} \quad (11-2)$$

式中 e——自然对数的指数，e=2.7183；

σ——观测值的标准差（将在下面讨论），其平方 σ^2 称为方差。

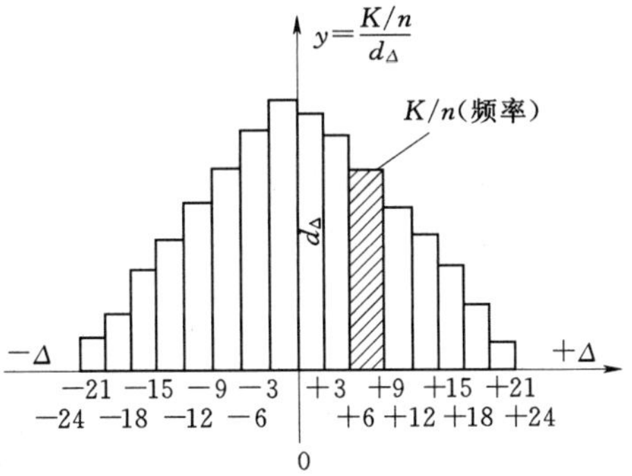

图 11-1 频率直方图

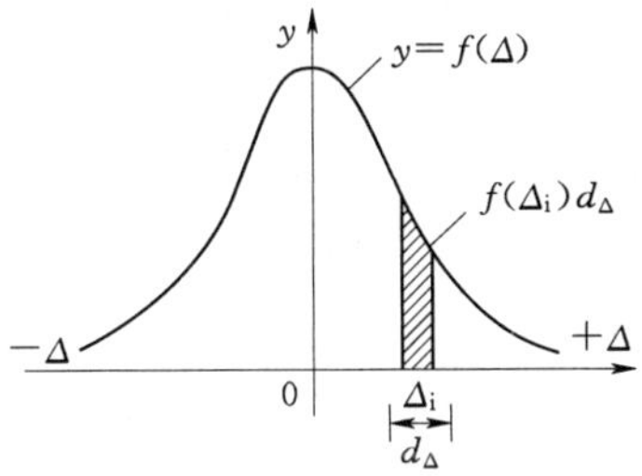

图 11-2 正态分布图

11.2 精度评定指标

为了评定观测成果的精度，以便确定其是否符合要求，需要有一衡量精度的标准。前面已提到，观测成果的精度与观测条件有着密切的关系，观测条件好，则观测结果的精度高；观测条件不好，则观测结果的精度低。在一定的观测条件下进行的一组观测对应着一组确定的误差分布，若误差较集中于零附近，就是误差离散度小，反之误差离散度大。根据正态分布原理，离散度小，表明该组观测质量好，精度高；离散度大，表明该组观测质量差，精度低。精度的衡量可以用列表法或作图法来衡量，但比较麻烦，所以常用一个具体数字来反映离散程度的大小，称为衡量精度的指标或标准。常用的标准有以下几种。

11.2.1 中误差

设在相同的观测条件下对某未知量进行了 n 次观测，观测值为 l_1、l_2、…、l_n，其真值为 X，真误差为 Δ_1、Δ_2、…、Δ_n，则观测误差的标准差 σ 定义为

$$\sigma^2=\lim_{n\to\infty}\frac{[\Delta\Delta]}{n} \quad (11-3)$$

用式（11-3）求 σ 值要求观测数趋近于无穷大，实际上是很难办到的。在实际测量工作中，观测数总是有限的，一般采用下述公式，即

$$m=\pm\sqrt{\frac{[\Delta\Delta]}{n}} \quad (11-4)$$

$$[\Delta\Delta]=\Delta_1^2+\Delta_2^2+\cdots+\Delta_n^2$$

式中 m——中误差；

n——观测次数。

例 11-1 设有两组等精度观测，其真误差分别为

第一组 −3″、+3″、−1″、−3″、+4″、+2″、−1″、−4″。

第二组　+1″、−5″、−1″、+6″、−4″、0″、+3″、−1″。

试求这两组观测值的中误差。

解： $m_1=\pm\sqrt{\dfrac{(-3)^2+3^2+(-1)^2+(-3)^2+4^2+2^2+(-1)^2+(-4)^2}{8}}=\pm 2.8''$

$$m_2=\pm\sqrt{\frac{1^2+(-5)^2+(-1)^2+6^2+(-4)^2+0+3^2+(-1)^2}{8}}=\pm 3.3''$$

比较 m_1 和 m_2 可知，第一组观测值的精度要比第二组高。

必须指出，在相同的观测条件下所进行的一组观测，由于它们对应着同一种误差分布，因此，对于这一组中的每一个观测值，虽然各真误差彼此并不相等，有的甚至相差很大，但它们的精度均相同，即都为同精度观测值。

11.2.2　极限误差

中误差是反映误差分布的密集或离散程度的，不是代表个别误差的大小，因此，要衡量某一观测值的质量，决定其取舍，还要引入极限误差的概念，极限误差又称为允许误差，简称限差。偶然误差的第一特性说明，在一定条件下，误差的绝对值不会超过一定限值，这个限值就是允许误差。此限值有多大呢？根据误差理论可知，在等精度观测的一组误差中，误差落在区间（$-\sigma$，$+\sigma$）、（-2σ，$+2\sigma$）、（-3σ，$+3\sigma$）的概率分别为

$$\left.\begin{aligned}P(-\sigma<\Delta<+\sigma)&\approx 68.3\%\\P(-2\sigma<\Delta<+2\sigma)&\approx 95.4\%\\P(-3\sigma<\Delta<+3\sigma)&\approx 99.7\%\end{aligned}\right\}\qquad(11-5)$$

式（11－5）说明，绝对值大于两倍中误差的误差，其出现的概率为 4.6%，特别是绝对值大于 3 倍中误差的误差，其出现的概率仅为 0.3%，已经是概率接近于零的小概率事件，或者说实际上的不可能事件。因此在测量规范中，为确保观测成果的质量，通常规定以 3 倍或 2 倍中误差 m 为偶然误差的允许误差或限值，即

$$\Delta_{允}(\Delta_{限})=3m$$

或

$$\Delta_{允}(\Delta_{限})=2m\qquad(11-6)$$

当某观测值的误差超过了容许的 2 倍中误差时，将认为该观测值含有粗差，而应舍去不用或重测。

11.2.3　相对误差

真误差、中误差、容许误差都是表示误差本身的大小，称为绝对误差。对于衡量精度来说，有时用绝对误差很难判断观测结果精度的高低。

例如，用钢尺丈量了两段距离，第一段长度为 100m，第二段长度为 200m，中误差均为±0.02m。虽然两者的中误差相同，但就单位长度而言，两者精度并不相同，后者显然优于前者。为了客观反映实际精度，常采用相对误差。

相对误差 K 是中误差的绝对值与相应观测值之比，且化为分子是 1 的形式，用$\dfrac{1}{M}$的形式表示，即

$$K=\frac{|m|}{D}=\frac{1}{D/|m|}=\frac{1}{M}\qquad(11-7)$$

上例中前者的相对中误差为$\frac{1}{5000}$，后者为$\frac{1}{10000}$，表明后者精度高于前者。

11.3 误差传播律

前面叙述了衡量一组等精度观测值的精度指标，并指出在测量工作中通常以中误差作为衡量精度的指标。但在实际工作中，某些未知量不可能或不便于直接进行观测，而需要由另一些直接观测量根据一定的函数关系计算出来。例如，欲测量不在同一水平面上两点间的距离 D，可以用光电测距仪测量斜距 s，并用经纬仪测量竖直角 α，以函数关系 $D=s\cos\alpha$ 来推算。显然，在此情况下，函数 D 的中误差与观测值 s 及 α 的中误差之间，必定有一定的关系。阐述这种函数关系的定律，称为误差传播定律。

设有一般函数，即

$$Z=f(X_1,X_2,\cdots,X_n)$$

式中 X_1、X_2、…，X_n——可直接观测的未知量；

Z——不便于直接观测的未知量。

设 $X_i(i=1、2、\cdots、n)$ 的独立观测值为 l_i，其相应的真误差为 Δx_i。由于 Δx_i 的存在，使函数 Z 亦产生相应的真误差 ΔZ。因此若函数 Z 的中误差为 m_Z，各独立变量 X_1、X_2，…，X_n 对应的观测值中误差分别为 m_1，m_2，…，m_n，只要知道了 m_Z 与 m_i 之间的关系，就可由各变量的观测值中误差来推求函数的中误差。各变量的观测值中误差与其函数的中误差之间的关系式，称为误差传播定律。

11.3.1 线性函数误差传播定律

线性函数形式为

$$F=f_1x_1+f_2x_2+\cdots+f_nx_n$$

条件：观测值 x_1、x_2、…、x_n，相互独立，其中误差 m_1、m_2、…、m_n。

函数 F 的中误差为

$$m_F=\pm\sqrt{f_1^2m_1^2+f_2^2m_2^2+\cdots+f_n^2m_n^2}$$

(1) 对于和差函数 $Z=\pm x\pm y$，有

$$m_Z=\pm\sqrt{m_x^2+m_y^2}$$

如果 $$m_x=m_y=m$$

则 $$m_Z=\sqrt{2}m$$

当 Z 是 n 个独立观测值的代数和时，即 $Z=\pm x_1\pm x_2\pm\cdots\pm x_n$

可推得

$$m_Z=\pm\sqrt{m_1^2+m_2^2+\cdots+m_n^2}$$

如果 $$m_1=m_2=\cdots=m_n=m$$

则 $$m_Z=\pm\sqrt{n}m$$

(2) 对于倍数函数 $Z=kx$

有 $$m_Z=km_x$$

11.3.2　非线性函数误差传播定律

设有非线性函数 $Z=f(X_1, X_2, \cdots, X_n)$，$X_i$（$i=1, 2, \cdots, n$）为独立观测量，并设 X_i 的中误差为 m_i，为此，可先将非线性函数线性化，然后再按线性函数处理。

函数形式：
$$Z=f(x_1,x_2,\cdots,x_n)$$

全微分
$$dZ=\frac{\partial f}{\partial x_1}dx_1+\frac{\partial f}{\partial x_2}dx_2+\cdots+\frac{\partial f}{\partial x_n}dx_n$$

用真误差替代，即

$$\Delta Z=\frac{\partial f}{\partial x_1}\Delta x_1+\frac{\partial f}{\partial x_2}\Delta x_2+\cdots+\frac{\partial f}{\partial x_n}\Delta x_n$$

用中误差的形式表示为

$$m_c^2=\left(\frac{\partial f}{\partial x_1}\right)^2 m_1^2+\left(\frac{\partial f}{\partial x_2}\right)^2 m_2^2+\cdots+\left(\frac{\partial f}{\partial x_n}\right)^2 m_n^2$$

11.3.3　误差传播定律的应用

1. 应用误差传播定律的步骤

（1）列出正确的函数模型（注意：模型符合测量事实；观测量各自独立）。

（2）非线性函数线性化。

（3）运用误差传播定律。

2. 应用举例

例11-2　设对某量进行了 n 次等精度观测，其观测值分别为 l_1，l_2，…，l_n，每一观测值的中误差为 m，算术平均值为 L，求算术平均值的中误差 M。

解：算术平均值为

$$L=\frac{l_1+l_2+\cdots+l_n}{n}=\frac{1}{n}l_1+\frac{1}{n}l_2+\cdots+\frac{1}{n}l_n$$

$$M^2=\left(\frac{1}{n}m\right)^2+\left(\frac{1}{n}m\right)^2+\cdots+\left(\frac{1}{n}m\right)^2=\frac{1}{n}m^2$$

$$M=\frac{m}{\sqrt{n}}$$

例11-3　在1∶500的地形图上测量两点间的距离，图上的距离 $d=42.3$mm，在地形图上量距误差 $m_d=\pm0.2$mm，求实地距离及 m_D。

解：
$$D=500d=500\times42.3\text{mm}=21150\text{mm}=21.15\text{m}$$
$$m_D=500m_d=500\times(\pm0.2\text{mm})=\pm100\text{mm}=\pm0.1\text{m}$$

参 考 文 献

[1] 邹冰．水利工程概论．北京：中国水利水电出版社，2006.
[2] 牛志宏，徐启杨，蓝善勇．水利工程测量．北京：中国水利水电出版社，2006.
[3] 孔达．土木工程测量．郑州：黄河水利出版社，2008.
[4] 罗科勤，何宇鑫．工程测量．北京：清华大学出版社，2011.
[5] 郝海森．工程测量．北京：中国电力出版社，2007.
[6] 唐保华．工程测量技术．2版．北京：中国电力出版社，2007.
[7] 张保民，张晓东，卢满堂，等．工程测量技术．北京：中国水利水电出版社，2012.
[8] 张国辉．土木工程测量．北京：清华大学出版社，2008.
[9] 王金玲．工程测量．武汉：武汉大学出版社，2004.
[10] 杨晓明．数字测图．北京：测绘出版社，2001.
[11] 陈久强，刘文生．土木工程测量．北京：北京大学出版社，2006.
[12] 何习平，张鑫．工程测量．郑州：黄河水利出版社，2009.
[13] 蓝善勇，王万喜，鲁有柱．工程测量．北京：中国水利水电出版社，2009.
[14] 赵树青，甄红锋．道路工程测量．郑州：黄河水利出版社，2008.
[15] 潘松庆．现代测量技术．郑州：黄河水利出版社，2008.
[16] 陈久强，刘文生．土木工程测量．北京：北京大学出版社，2006.